W0053512

Tom Appleton

Warum verschwanden die Neandertaler?

Die Geschichte der Urmenschen

WILHELM HEYNE VERLAG
MÜNCHEN

HEYNE SACHBUCH
19/584

Umwelthinweis:
Dieses Buch wurde auf chlor- und säurefreiem Papier gedruckt.

Redaktion: Verlagsbüro Dr. Andreas Gößling und Oliver Neumann GbR

Originalausgabe 10/99
Copyright © 1999 by Wilhelm Heyne Verlag GmbH & Co. KG, München
http://www.heyne.de
Printed in Germany 1999
Umschlagillustration: Bilderberg/Architekton, Hamburg
Umschlaggestaltung: Atelier Bachmann & Seidel, Reischach
Satz: GRAMMA GMBH, München
Druck und Verarbeitung: Presse-Druck, Augsburg

ISBN 3-453-13206-8

INHALT

1 INKOMPETENT UND DUMM?
  DER NEANDERTALER UND SEIN IMAGE   9

2 DER NEANDERTALER TRITT AUS
  DEM DUNKEL DER ZEIT   33

3 DIE VORGESCHICHTE DER MENSCHHEIT   61

4 DER ALLTAG DER NEANDERTALER   77

5 DIE PHYSIOGNOMIE   95

6 DIE ERFINDUNG DER SPRACHE   113

7 DIE NEANDERTALER PRIVAT –
  PARTNERSCHAFT UND FAMILIE   153

8 ZURÜCK INS DUNKEL DER ZEIT   181

NACHWORT   213

BIBLIOGRAPHIE   223

REGISTER   234

BILDNACHWEIS   239

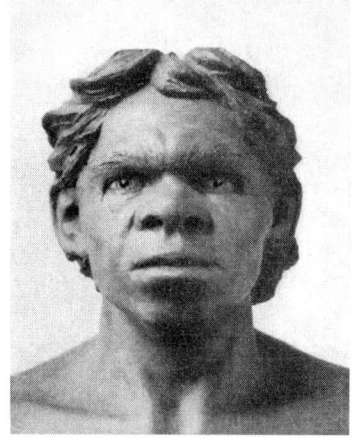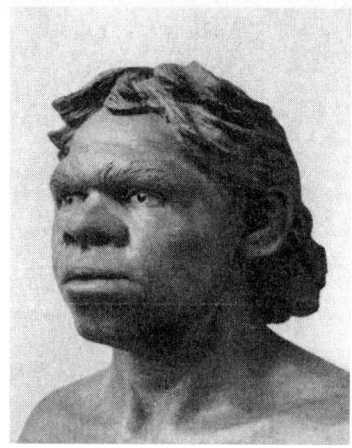

REKONSTRUKTIONSVERSUCH DES NEANDERTALERS
VON G. HEBERER

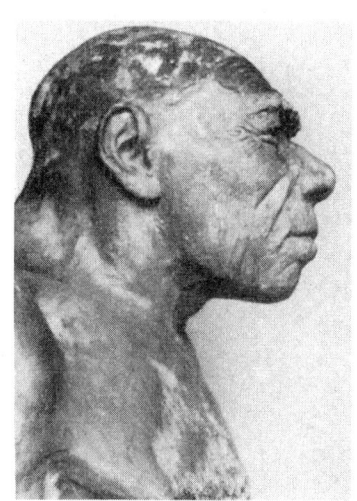

REKONSTRUKTIONSVERSUCH DES NEANDERTALERS
VON G. WANDEL

1

INKOMPETENT UND DUMM?

DER NEANDERTALER UND SEIN IMAGE

NEANDERTALER?! Natürlich wissen wir alle, wie dieses Wort zu verstehen ist. Ein typisches Beispiel dafür, in welcher Bedeutung es allerdings überwiegend verwendet wird, findet sich bei Woody Allen. In seinem Film *Die letzte Nacht des Boris Gruschenko* bemüht sich Woody, Diane Keaton über die Schwachpunkte seines Konkurrenten aufzuklären.

»Der kann ja kaum seinen Namen mit dem Finger in den Sand kritzeln«, entrüstet er sich.

Doch die kümmerliche Intelligenz des Nebenbuhlers scheint Diane nicht sonderlich abzuschrecken. Im Gegenteil. »Er hat so eine animalische Ausstrahlung«, sagt sie, »er hat mein Herz bis in die tiefsten Tiefen erwärmt.«

Nun fährt Woody stärkeres Geschütz auf. »Aber er ist ein Spieler und ein Trinker«, sagt er. Dann holt er zum entscheidenden Schlag aus: »Er hat die Mentalität eines *Neandertalers*!« Und das bedeutet: Er ist ein Primitivling, ein menschlicher Gorilla.

In dieser Bedeutung ist das Wort seit Jahrzehnten im Umlauf, wie ein weiteres Woody-Allen-Zitat bezeugt. Mitte der 60er Jahre erzählte der damals noch junge Komiker bei seinen Auftritten in New Yorker Klubs groteske Geschichten aus dem Alltag eines rothaarigen kleinen Mannes mit Hornbrille. In einer dieser Episoden berichtete er von seiner Begegnung mit einem »Neandertaler«.

Er kommt nach Hause. Es ist zwei Uhr morgens; alles pechschwarz. Er ist ganz allein. Fast allein. Denn in seinem Hauseingang steht – ein *Neandertaler.* Der hat wahrscheinlich gerade erst das aufrechte Gehen erlernt, vermutet Woody. Jedenfalls ist er direkt zu ihm gekommen, vielleicht auf der Suche nach dem Geheimnis des Feuers. »Ich nahm meine Uhr ab«, erzählt Woody, »und ließ sie vor seinem Gesicht hin- und herpendeln. Angeblich lassen sie sich ja manchmal von glitzernden Objekten besänftigen. Aber er *aß* sie.«

Das Publikum lacht einvernehmlich, obwohl oder gerade *weil* hier ein rassistischer Unterton mitschwingt. Man erkennt in diesem »Neandertaler« unschwer einen Zeitgenossen, dem man so gut wie täglich in der U-Bahn begegnet. Weder Woody noch sonst jemand im Publikum muß ihn genauer benennen. Man kennt ihn. Theoretisch könnte er gerade in der Vielvölkerstadt New York den unterschiedlichsten ethnischen Gruppen angehören. Der Kontext macht dies jedoch unwahrscheinlich. Er wird vermutlich nur *einer* Gruppe zugerechnet. Das Wort Neandertaler erhält somit eine zusätzliche Bedeutung. Es ist ein kodierter Ausdruck für das große amerikanische Tabu-Wort *Nigger.*

Schwarzamerikanische Komiker schossen zurück. Anfang der 60er Jahre gab Bill Cosby (der damals noch in der Hauptsache dafür bekannt war, daß er am Mikrophon die aberwitzigsten Geräuscheffekte nachmachen konnte) bei einem Live-Auftritt in Chicago eine Nummer unter dem Titel »Der Neandertaler« zum besten. Die einzelnen Rollen spricht Cosby mit verstellter Stimme selbst. Im folgenden ein kurzer Auszug. Zwei Säbelzahntiger unterhalten sich, und der eine sagt zum andern:

»He, Arnold?«

»Jaaa?«

»Schau nicht hin, aber hinter deiner rechten Schulter schleicht sich gerade ein Neandertaler heran. Er hat einen Stock in der Hand. Und er wird einem von uns damit eins überbraten.«

»Sag bloß? Das ist doch derselbe Knallkopf, der mich gestern mit 'nem Felsen hinterm Ohr getroffen hat und dann wie der Teufel weggelaufen ist.«

»Weißt du, daß sie Ralfie gestern umgebracht haben?«

»Ralfie? Wer is'n Ralfie?«

»Du weißt doch, Ralfie, der seltsame Säbelzahntiger, der drüben auf der anderen Seite des Berges wohnt? Der nur den einen Fäbelfahn hat und immer fo lifpelt beim Knurren?«

»Ja? Und?«

»Sie haben ihn umgebracht. Gestern.«

»Wie schrecklich!«

»Das kannst du laut sagen. Dann haben sie ihm das Fell abgezogen und ihn ins Feuer geworfen.«

»Grauenvoll!«

»Und dann haben sie ihn aus dem Feuer gezogen und ihn aufgegessen.«

»Was für eine Horde Wilder!«

Sogar in der Übersetzung spürt man noch ein wenig von Bill Cosbys umwerfender Bühnenpräsenz. Sein Humor wirkt sehr viel versöhnlicher als der von Woody Allen. Aber *sein* Neandertaler ist klar als *Weißer* zu erkennen. Er kann niemand anderes sein als der ausgestorbene Eingeborene von jenseits des Atlantiks, der beschränkte Vorfahre des amerikanischen *Whitey*. Die Säbelzahntiger bürgen dafür. Sie kamen nur in Europa vor.

So tragen beide Seiten ihre Sticheleien auf dem Rücken des Neandertalers aus. Doch nicht nur in Amerika gilt er als lächerlicher, leicht dümmlicher Höhlenbewohner, der in unzähligen Cartoons herumspukt. Die ganze Welt sieht in ihm die Verkörperung des keulenschwingenden Steinzeit-Urahns. Von Köln bis Honolulu, von Singapur bis Anchorage glauben die Menschen, sich von ihm distanzieren zu müssen wie von einem Onkel im Knast, den die ganze Familie schamhaft unter den Teppich kehrt.

CARLETON COONS
NEANDERTALER

Überraschenderweise hören die Image-Probleme des Neandertalers nicht auf, wenn wir Komiker, Cartoons, Filme und all die anderen Gefilde des populären Mythos verlassen: Sie setzen sich in der Wissenschaft bruchlos fort. Dort etabliert sich gerade in jüngster Zeit wieder ein Bild des Neandertalers als eine Art *Affenmensch,* das fast identisch scheint mit jener Vorstellung, die man sich schon vor 50 oder 100 Jahren von ihm machte. Obwohl es an Bemühungen um eine Korrektur dieses Bildes auch in der Vergangenheit nicht gefehlt hat, waren solche Versuche nie sonderlich zahlreich – zumindest nicht sehr erfolgreich. Das bekannteste Beispiel stammt aus dem Jahr 1939. Damals versah der amerikanische Anthropologe Carleton Coon den 50 000 Jahre alten Schädel eines Neandertalers aus dem französischen Fundort La Chapelle-aux-Saints mit einem eleganten Konterfei, das ihn glattrasiert zeigt, bekleidet mit Hut, Kragen und Krawatte.

Die Gesichtszüge dieses Herrn erinnern zwar, wie man zugeben muß, immer noch von fern an den Bekanntenkreis Al Capones. Trotzdem erweckt die Zeichnung unzweifelhaft den Eindruck, es handle sich bei dem Abgebildeten um ein modernes Mitglied der Spezies *Homo sapiens*. Der Schritt vom Bärenfellträger zum frisierten Zivilisationsmenschen, so schien Coon andeuten zu wollen, ist in Wirklichkeit nur ein Katzensprung. Oder jedenfalls nicht sehr viel weiter als der Weg zum nächsten Friseur.

Auch einige eher naturalistische Rekonstruktionsversuche aus den frühen 20er Jahren zeigten den Neandertaler als relativ grobschlächtigen, jedoch nicht unbedingt primitiven Menschen, den man sich mühelos als Vertreter eines nomadisierenden europäischen Jägervolkes vorstellen konnte. In Anlehnung an den amerikanischen Urzeit-Forscher Ales Hrdlička waren nämlich gerade zu dieser Zeit einige Wissenschaftler der Ansicht, der moderne Europäer stamme *tatsächlich* vom Neandertaler ab. Dementsprechend schmeichelhaft fielen die Porträts oft aus. Die endgültige Rehabilitation des Neandertalers scheiterte jedoch an den politischen Ereignissen der 30er und 40er Jahre und vermutlich nicht zuletzt an Coon, der seinem ehemaligen Schützling nunmehr eine »luxuriöse Menge gorilloider Merkmale« bestätigte. Coons Kommentar galt dem Gehirn des Neandertalers – obwohl dessen Kranialmasse mit durchschnittlich 1600 Kubikzentimetern beträchtlich über dem Durchschnitt (zirka 1400 Kubikzentimeter) fast aller heutigen Menschen lag. (Nur die Inuit kommen an das Schädelvolumen des Neandertalers heran.)

Coons wissenschaftlicher Rückzieher war wohl als Beitrag zum Kampf gegen die Nazis zu verstehen. Denn in der Kriegspropaganda hatte die Einbeziehung des Neandertalers als ideologischer Kampfgefährte eine lange Tradition. Sie reichte in die Zeit vor dem Ersten Weltkrieg zurück. Schon damals hatte die Wissenschaft zu vermelden gewußt, dem Gehirn des Niedrigstirn-Mannes habe es an »Qualität« gemangelt. Insbesondere seine vorderen Stirnlappen hätten an Kapazität zu wünschen übriggelassen. Genau in dieser Region seien beim Menschen jedoch die höheren geistigen Fähigkeiten angesiedelt.

Noch einmal um etliche Nuancen pointierter klang das in den Worten des französischen Experten Marcellin Boule. »Das tierische Erscheinungsbild dieses muskulösen und ungeschlachten Körpers und dieses Schädels mit seinen massigen Kieferknochen«, schrieb er im Jahr 1913, lasse »eindeutig die Vorherrschaft eines triebhaften oder sinnlichen Wesens über die Funktionen des Geistes erkennen.« Die

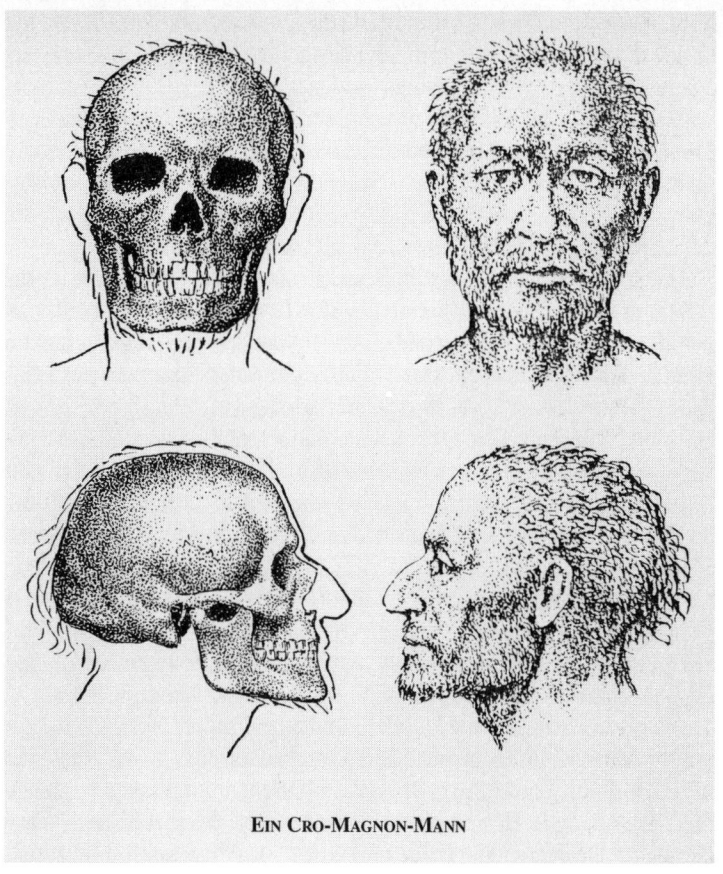

EIN CRO-MAGNON-MANN

Neandertaler, so meinte Boule, seien Wilde gewesen, »ohne jedwede Spur einer Beschäftigung mit ästhetischen oder moralischen Wertvorstellungen«.

Man muß kein Genie sein, um zu erraten, bei welchem Volk Monsieur Boule die Nachkommen eines solchen Untermenschen vermutete. Hier, am Vorabend des Ersten Weltkriegs, schien der Neandertaler klar identifiziert: Er war ein *Boche*, ein Deutscher.

Boules Vorliebe galt den Menschen des Cro-Magnon-Typs, die vor etwa 30 000 Jahren die Neandertaler in Europa ablösten. In ihnen erblickte er weitaus würdigere Vorfahren der modernen Franzosen. Sie besaßen, seiner Meinung nach, »einen schöneren Körper, einen besser ausgebildeten Kopf mit gerader und geräumiger Stirn« und hinterließen »zahlreiche Beweise ihrer Geschicklichkeit, ihres künstlerischen und religiösen Tuns und ihrer geistigen Fähigkeiten«. Nicht die teutonischen Neandertaler also, sondern die französischen Cro-Magnons seien »die ersten« gewesen, wie er triumphierend schrieb, »die den ehrenvollen Namen *Homo sapiens* wirklich verdienen«.

Heute wissen wir: Marcellin Boule irrte – und nicht allein in dieser Hinsicht. Es liegt vielleicht eine gewisse Ironie in dem Umstand, daß vor allem in Frankreich besonders viele Neandertaler-Reste gefunden wurden. Insbesondere die Dordogne-Region im Südwesten des Landes erwies sich als wahres Ausgräberparadies.

Boules Thesen verdeutlichen einmal mehr, daß Wissenschaft so gut wie nie von den politischen und intellektuellen Strömungen ihrer Zeit losgelöst betrachtet werden kann. Sie existiert nicht in einem luftleeren Raum. Auch Wissenschaftler werden in ihrer Arbeit von anderen Menschen beeinflußt. Sie sind Zeitgenossen und damit Gefangene ihrer Epoche.

Nicht anders verhielten sich die Dinge in Deutschland: Politik, Philosophie und Wissenschaft waren hier über weite Strecken des 19. und 20. Jahrhunderts von nationalen Minderwertigkeitskomplexen einerseits und hochfliegenden Überheblichkeitsgefühlen andererseits geprägt gewesen. Allmachtsphantasien wechselten sich ab mit Ressentiments. Grundlegend für das deutsche Menschenbild blieb dabei lange die Zweiteilung in Herren- und Untermenschen. So wurde dem Neandertaler in Deutschland nie irgendeine Art von Ahnenverehrung zuteil, obwohl er, wenn man so will, ein Ur-Deutscher ist – seinen Namen erhielt er zu Ehren des ersten Fundortes: Neandertal bei Düsseldorf. Obwohl der Lebensstil dieses frühen Europäers dem der Indianer im Nordwesten Kanadas und der USA stark ähnelte, wäre kein populärer Autor vom Schlag eines Karl May jemals auf die Idee gekommen, eine Abenteuergeschichte im Neandertaler-Milieu anzusiedeln.[1]

---

1) Das tat erst in den 80er Jahren des 20. Jahrhunderts die Amerikanerin Jean M. Auel mit ihrer Roman-Tetralogie um das Waisenmädchen Ayla, die bei den Neandertalern aufwächst. Dank vieler präziser Details entsteht dabei neben der spannenden Handlung ein lebendiges Panorama der europäischen Lebenswelt in der Eiszeit.

Winnetou war ein *Über*mensch, ein Edelgermane in roter Haut. Der Neandertaler hingegen galt als *Unter*mensch – als Scheusal, eine Kater-Idee der Natur, halb Frankenstein, halb Quasimodo.

ZWISCHEN BLUMENKINDERN UND DEAD WHITE MALES

Erst in den 60er und 70er Jahren, als mit der Rock-Generation der Langhaar-Look gesellschaftsfähig wurde, konnte es kurzfristig auch zu einer Image-Aufwertung des Neandertalers kommen. Weit weg von Deutschland, in einer 50 000 Jahre alten Grabhöhle bei Shanidar im nördlichen Irak an der Grenze zum Iran, hatte der amerikanische Forscher Ralph Solecki schon in den 50er Jahren fossilen Blütenstaub entdeckt. Das unscheinbare Detail gab den Blick auf ein bisher fehlendes Kapitel der menschlichen Vorgeschichte frei. Wie eine Luftspiegelung aus einem verlorengegangenen Film lief vor den Augen Soleckis und seiner Mitarbeiter eine bewegende Szene aus alten Zeiten ab, die die modernen Beobachter zutiefst rührte. Es wurde klar, *daß schon die Neandertaler ihre Toten mit Blumen bestattet hatten.* Die schlichten Grabbeigaben ließen außerdem den Schluß zu, daß auch diesen Menschen Schmerz und Trauer und die Hoffnung auf ein Wiedersehen in einem anderen Leben bekannt gewesen sein mußten. Ihre grundsätzliche Gleichartigkeit mit uns, ihre Humanität stand damit außer Frage.

Es lag nahe, daß Solecki, als er in den späten 60er Jahren die Resultate seiner Arbeit zusammenfaßte, in dieser friedlichen Geste eine gewisse Ähnlichkeit mit den blumengeschmückten Hippies zu entdecken meinte, die damals gegen den Krieg in Vietnam protestierten. So gab er seinem Buch über die Neandertaler von Shanidar (es erschien 1971) den Titel *Die ersten Blumenkinder.*

Doch der Blumenfrühling hielt nicht lange an. Das politische Klima in Amerika schlug schon bald wieder um. Eine neue konservative Eiszeit kündigte sich an. Das liberale Erbe der 70er Jahre verkrustete in den 80ern. Die mühsam erkämpften Rechte der ethnischen Minderheiten und Frauen wurden schrittweise abgebaut. Doch weite

Teile der Gesellschaft empfanden das erkaltete politische und soziale Klima unter Ronald Reagan und George Bush bald als unerträgliche Bürde, von der man sich befreien müsse. Es war kaum verwunderlich, daß einige dabei in ihren Bemühungen zu weit gingen. Wie in dem Sprichwort, wo das Kind mit dem Badewasser ausgeschüttet wird, wollten sie das traditionelle kulturelle Erbe insgesamt – Shakespeare und Beethoven und alle anderen *Dead White Males* – über Bord werfen. Prähistoriker in Amerika und teilweise auch in England fühlten sich bemüßigt, ihrerseits Ballast abzustoßen – in Form ihrer *toten weißen Männer*, der Neandertaler.

Gleichzeitig behauptete eine neue Theorie, die 1987 erstmals von Rebecca Cann, Mark Stoneking und Allan Wilson vorgestellt wurde, der erste *moderne* Mensch sei eine Frau gewesen, die vor 200 000 Jahren in Afrika gelebt habe. Von ihr allein, so hieß es nun, stammten alle heutigen Menschen ab. Um einen Namen für diese Urmutter der Menschheit waren die Medien nicht lange verlegen. Sie tauften sie *African Eve,* Afrikanische Eva.

Die schwarze Madonna entsprach ganz dem Geschmack der Zeit. Als handliche Ikone erfüllte sie die Bedürfnisse der verschiedensten Interessengruppen. Das Fernsehen hatte eine verständliche Metapher, die man nicht erst erklären mußte. Der Name Eva befriedigte die zahllosen fundamentalistisch eingestellten Gruppen in der amerikanischen Gesellschaft, die keinen Zweifel an der Faktizität des biblischen Schöpfungsmythos duldeten und Darwins Evolutionstheorie immer schon für Teufelswerk gehalten hatten.

Die afroamerikanische Bevölkerungsschicht fühlte sich im eigenen Selbstwertgefühl bestärkt. Denn obgleich die Wissenschaft kaum jemals Zweifel daran gelassen hatte, daß die ursprüngliche Wiege der Menschheit in Afrika stand, so bedeutete es doch noch einmal etwas ganz anderes, wenn nun der erste *moderne* Mensch aus Afrika stammen sollte. Auch die schon immer starke amerikanische Frauenlobby, besonders ihre feministische Fraktion, zeigte sich glücklich darüber, daß endlich einmal eine *Frau* die Hauptrolle in der menschlichen Entwicklungsgeschichte spielte. Und die Journalisten freuten sich, weil dieses Ergebnis aus der untadeligen harten Wissenschaft der Vererbungslehre, der Genetik, stammte. Für die Neandertaler wurde es eng in dieser Konstellation.

So verstärkte sich der Trend, sie auf ein Nebengleis der Geschichte abzuschieben. Sie wurden zunehmend dehumanisiert und als qualitativ verschieden von den ihnen nachfolgenden Menschen des Oberen Paläolithikums dargestellt. Zahlreiche Wissenschaftler der unterschiedlichsten Disziplinen hefteten sich an ihre Fersen und zerrissen sie förmlich in der Luft. In der Schule des Überlebens hatten die Neandertaler das Klassenziel nicht erreicht. Sie waren die großen Sitzenbleiber der Evolution und bekamen dafür ein Zeugnis mit rundum mangelhaften Noten ausgestellt.

So galten sie zu Beginn der 90er Jahre als
- inkompetente Benutzer von Sprache und symbolischem Denken;
- inkompetente Jäger, die unfähig waren, die Verhaltensmuster von Jagdtieren zu erkennen und vorauszusagen;
- unfähig, zukünftige Bedürfnisse für Werkzeug zu bestimmen, weswegen sie nur die naheliegendsten Technologien benutzten;
- unfähig, in ihrer Sprache Zukunftsformen zu verwenden;
- unfähig, Familienverbände zu bilden, so daß sie nur die primitivsten Formen des Zusammenlebens kannten;
- unfähig, eine eigene ethnische Identität aufzubauen.

Außerdem hieß es, sie hätten weder Versammlungsorte noch irgendeine Form von Zuhause gekannt, seien weder zu abstraktem noch zu realistischem künstlerischem Ausdruck fähig gewesen, hätten keinerlei Werte und symbolische Fähigkeiten besessen, die sich auf die absichtliche Bestattung von Toten bezögen, und seien demzufolge auch nicht in der Lage gewesen, irgendwelche ausgeprägten religiösen Vorstellungen zu entwickeln. Schließlich hätten sie nicht einmal die grundlegende motorische und konzeptionelle Ausstattung besessen, um effektivere Steinmesser und Knochenwerkzeuge herzustellen.

Kurzum: Die Neandertaler hätten in jeder Weise der Kultur entbehrt, wie wir sie kennen und als solche erkennen. Es schien, als müßte sich jeder einigermaßen normale Mensch die Frage stellen, wie ein solch rückständiges Wesen überhaupt zu unserer Spezies gehören könne. Mußte man ihm nicht die Epauletten runterreißen, die ihn als Mitglied der menschlichen Familie auswiesen?

Tatsächlich hat sich in den letzten Jahren in Amerika genau dieser Trend durchgesetzt. Man stufte den *Homo sapiens neanderthalensis* um einen Rang zurück. Man degradierte ihn gewissermaßen, indem man ihm das *sapiens* aus dem Namen strich, und ordnete ihn damit einer eigenen, separaten, untergeordneten menschlichen Art zu.

»Meiner Meinung nach«, erklärte 1995 der amerikanische Paläanthropologe Ian Tattersall, »und ebenso nach Meinung einer zunehmenden Anzahl von Kollegen gibt es keinen guten Grund, daran zu zweifeln, daß die Neandertaler es verdienen, als eine eigene Spezies anerkannt zu werden.« Wer etwaige Zweifel an dieser neuen Sicht hegte, wurde sogleich, im Ton um eine Spur herber, belehrt: »Nach allen etablierten Standards der Säugetiersystematik ist klar, daß der *Homo neanderthalensis* eine eigene Spezies darstellt.«

Der lästige Vetter vom Lande paßte nicht mehr in das moderne Schöpfungsmärchen. Es genügte ein Strich auf dem Papier, und die Verwandtschaft war aufgekündigt. So nähert sich der Stil, in dem heute vom Neandertaler gesprochen wird, zunehmend wieder der Diktion Marcellin Boules.

»Aus unerfindlichen Gründen«, meint beispielsweise der amerikanische Wissenschaftsjournalist John McCrone, sei das Gehirn dieses Hominiden »so groß wie das des modernen Menschen, in manchen Fällen sogar größer« gewesen. Die Möglichkeit, daß der Besitzer dieses beachtlichen Denkapparats eine uns vergleichbare, durchaus fortschrittliche Stufe vernunftbegabter Geistesarbeit und sprachlicher Verständigung erreicht haben könnte, zieht der Autor zwar kurz in Erwägung. »Allerdings«, winkt er bereits im nächsten Satz wieder ab, »hatte der Neandertaler noch ein fliehendes, affenähnliches Kinn und einen relativ schwach gewölbten Gaumen, was darauf hindeuten könnte, daß die für ein schnelles und deutliches Sprechen erforderlichen Stimmorgane noch nicht ausgebildet waren.«

Es scheint augenfällig, daß ein solch schwerfälliger Mümmler, wie ihn McCrone hier darstellt, bei den Nachkommen der *Afrikanischen Eva* kaum punkten konnte. Eine genetische Verbindung zwischen Neandertalern und modernen Menschen wird von den Vertretern dieser Hypothese deshalb auch gar nicht ernsthaft erwogen. »Wenn eine Vermischung überhaupt in Betracht gezogen werden sollte«, meint beispielsweise Ian Tattersall, »dann nur in einem Szenario, bei dem gutausgerüstete und trickreiche *Homo sapiens* sich über Neandertalergruppen hermachen, dabei alle Männer töten – durch Strategie und Einfallsreichtum, gewiß nicht durch überlegene Körperkraft – und die Frauen entführen. Es scheint jedoch höchst unwahrscheinlich, daß aus den resultierenden Vereinigungen überlebensfähige Nachkommen entstanden sein könnten. Die Neandertalerinnen wären für die Invasoren also kaum von nennenswerter Bedeutung für die Erzeugung von Nachwuchs gewesen.«

Der Physiologe und Wissenschaftsautor Jared Diamond schlägt in die gleiche Kerbe, wenn er schreibt: »Sollte das Verhalten der Neandertaler so primitiv und ihr Aussehen so prägnant gewesen sein, wie ich vermute, dürften nur wenige Cro-Magnon [-Männer] den Wunsch zur Paarung mit Neandertaler [-Frauen] verspürt haben.«

DIE NEANDERTALERIN IM SPIEGEL DER PALÄANTHROPOLOGIE

Man kann natürlich mit Fug und Recht bezweifeln, ob derlei *ästhetische* (?) Erwägungen bei Vergewaltigungen in Kriegssituationen eine Rolle spielen. Diamond selbst hat detailliert über die Ausrottung der Tasmanier geschrieben. Die angebliche Primitivität dieser südaustralischen Ureinwohner hinderte ihre männlichen europäischen Eroberer im 18. und 19. Jahrhundert nicht im geringsten daran, Sex mit den Tasmanierinnen zu haben. Der Hauptgrund, warum diese beiden Bevölkerungsgruppen nur wenige Nachkommen miteinander produzierten, bestand nicht im mangelnden Genfluß. Die Nachkommen fehlten, weil die erobernden Männer die eroberten Frauen üblicherweise *ermordeten,* nachdem sie sie vergewaltigt hatten.

Doch von solchen Überlegungen einmal abgesehen, wird wohl selbst den unmusikalischsten Lesern und Leserinnen bei den eben zitierten Autoren das völlige Fehlen jener ehrfürchtigen Stimmlage aufgefallen sein, mit der sonst in Fernsehdiskussionen oder Museumsausstellungen von den »Ahnen der Menschheit« gesprochen wird. Wenigstens ein liebevoller Spitzname ist allen gewiß. Das gilt für die putzige kleine *Lucy* (drei Millionen Jahre alt), den schlaksigen *Tur-*

kana Boy (anderthalb Millionen Jahre), den vergleichsweise jungen *Ötzi* (5000 Jahre), der sich sogar solcher Beliebtheit erfreute, daß er mit posthumen Heiratsanträgen überschüttet wurde. Bereits kurze Zeit nach seiner Bergung aus den Tiroler Gletschern hatten sich, wie damals aus der Presse zu erfahren war, Dutzende von potentiellen Leihmüttern in aller Welt gemeldet und um ein Gen-Transplantat des Eismannes angehalten. Die technischen Möglichkeiten zu einem solchen *Jurassic-Park*-Eingriff gab es bereits. Der schwedische Genetiker Svante Pääbo hatte in den frühen 80er Jahren DNA aus einer 2000 Jahre alten ägyptischen Mumie und aus der noch älteren Torfleiche eines Paläo-Indianers aus Florida wieder zum Leben erweckt – mit Hilfe einer als Polymerase-Kettenreaktion oder PCR bezeichneten Technik, die beispielsweise in der AIDS-Forschung dazu verwendet wird, den HI-Virus zu bestimmen. Man kann die PCR auch zum Klonen verwenden, um das genetische Material lebendiger oder verstorbener Lebewesen zu vervielfältigen.

Hätte man statt des Mannes aus dem Ötztal einen *Neandertaler* aus dem Gefrierfach der Erde geborgen, so hätte das Interesse der Leihmütter mit Sicherheit bei null gelegen. Und für eine eisige Neandertaler*in* hätte sich vermutlich erst recht niemand erwärmt. Nicht einmal, wenn sie im Fell-Bikini erschienen wäre wie einst Raquel Welch in dem Film *Eine Million Jahre vor unserer Zeit.*

In dieser Hinsicht unterscheidet sich auch die Wissenschaft nicht allzu sehr von der Vorstellungswelt der populären Medien. Gewöhnlich wird gerade in der Paläanthropologie gerne so getan, als hätte es sich bei den Neandertalern um einen reinen Herrenverein gehandelt. Weibliche Körperproportionen, Brüste, Geburten und dergleichen kamen offenbar nicht vor. Unter Hunderten von Rekonstruktionen und Abbildungen findet man nur ganz selten die eine oder andere Darstellung weiblicher Gestalten. Die lebensnahe plastische Rekonstruktion einer »Neandertalerin« im Neandertal-Museum in Mettmann bei Düsseldorf ist eine Ausnahme. Sie soll ausdrücklich »ein Frauenbild reflektieren, welches wissenschaftlichen Ansprüchen gegenwärtiger Forschung gerecht« wird. Ob bei diesen Bemühungen der wissenschaftlichen Korrektheit zuliebe nicht ein wenig zu viel des Guten getan wird, mag dahingestellt bleiben. Vergeblich sucht man nach einer einzigen Rekonstruktion einer Neandertalerin, die auch nur irgendwie feminine Züge aufwiese. Angesichts solch offenkundiger Blindheit gegenüber dem anderen Geschlecht wird man das Selbstverständlichste noch einmal klar und überdeutlich ins Blickfeld rücken müssen: Daß es auch unter den Neandertalerinnen, genau wie bei allen anderen Menschengruppen der verschiedensten Regionen und Zeiten, schöne, *möglicherweise sogar hinreißend schöne* Frauen gegeben haben muß (ganz abgesehen davon, daß bereits damals – nicht anders als heute – jede Frau *erkennbar weibliche Züge* besessen haben dürfte). Das ist sicher nicht der einzige und auch nicht der wichtigste Aspekt, aber die grundlegende Fraulichkeit der Neandertalerinnen ist so konsequent unterschlagen worden, daß man auf ihre Existenz offenbar noch einmal ausdrücklich aufmerksam machen muß.

So gesehen müßte man es also schon als positiv bewerten, wenn bei Tattersall oder Diamond überhaupt einmal von Neandertal-Frauen die Rede ist – wäre da nicht der nicht eben menschenfreundliche Ton, in dem von ihnen gesprochen wird.

Ein solcher Tenor wäre in einem anderen Feld der modernen Anthropologie völlig undenkbar. Keinem ernstzunehmenden Wissenschaftler würde es heute noch einfallen, Indianer- oder Romafrauen als häßlich, Eskimomänner als primitiv oder die Papuas als minderwertig zu bezeichnen. Selbst die australischen Aborigines, lange Zeit Stiefkinder der Anthropologie, gelten heute als Bewahrer einer uralten Kultur und bedeutenden Spiritualität. In der *Paläo*anthropologie dagegen liegen die Dinge anders.

Hier, an der Schnittstelle zwischen Anthropologie (dem Studium des Menschen) und Paläontologie (dem Studium ausgestorbener Lebensformen), wird, vielleicht unbewußt, ein fast entgegengesetzter Umgangston gepflegt, besonders wenn es um den Neandertaler geht.[2] In vielen anderen Forschungsgebieten sind Wissenschaftler von (manchmal nur ideologischen, zuweilen aber auch sehr realen) Kontrollen und Vorschriften umgeben. Doch wer würde schon an die Tür

---

2) Zwei Beispiele von Jared Diamond: »Mir sind auch keine Fälle von Paarungen zwischen Menschen und Schimpansen bekannt, obwohl beide heute nebeneinander existieren.« Und: »Es mag zunächst paradox klingen, daß die viel muskulöseren Neandertaler den Cro-Magnons unterlegen gewesen sein sollen, aber [...] es sind ja heute auch nicht die Gorillas, die in Zentralafrika die Menschen auszurotten drohen.« Durch die Verwendung der Reizworte »Schimpanse« und »Gorilla« werden die Neandertaler in die Nähe der Primaten gerückt – und zugleich in eine weitaus größere Distanz vom heutigen Menschen gebracht, als es wissenschaftlich gerechtfertigt erscheint.

eines Paläanthropologen klopfen, um sich lautstark zu beschweren? Welche empörte Pro-Neandertal-Lobby würde je einen Gelehrten wegen übler Nachrede zur Rechenschaft ziehen? Die Antwort erübrigt sich. Denn eines liegt klar auf der Hand: Kein einziger heutiger Mensch, nicht einmal Woody Allen, ist jemals wirklich einem Neandertaler begegnet.

ZU EINEM PROZENT ANDERS

Wie erklärt sich dann aber die anhaltende Lieblosigkeit und allgemeine Geringschätzung einem Menschentyp gegenüber, der sich, in den Worten des Biologen Fred H. Smith, von uns kaum mehr unterschied als ein britisches Hausschwein von einer russischen Wildsau? (Beide gehören, so verschieden sie auch aussehen mögen, der gleichen Art an, *Sus scrofa*. Wie beim Menschen handelt es sich auch beim Schwein um eine einzige, polytypische Spezies. Der Unterschied im äußeren Erscheinungsbild ist offensichtlich durch die Domestizierung weiter verstärkt worden – beim Schwein, ebenso wie beim Menschen.)

Selbst wenn die Distanz zwischen uns und unserem wilden Vorfahren *größer* wäre – wie lassen sich unsere negativen Emotionen erklären? Gerade, wo doch sonst jede noch so theoretische Möglichkeit der zwischenartlichen Kommunikation mit anderen Lebewesen unser tiefes Interesse und Mitgefühl erregt? Denken Sie an all die Filme, in denen Kinder mit Außerirdischen, Drachen oder Delphinen innigliche Gespräche führen. Wer hat nicht bei *Gorillas im Nebel* Tränen der Rührung vergossen? Wer wurde nicht von einem Gefühl tiefer Wehmut gepackt beim Anblick von Jane Goodalls TV-Schimpansen? Empfinden wir nicht Bedauern darüber, daß wir mit unseren entfernten Cousins nur so unzulänglich kommunizieren können – und verspüren wir nicht zugleich auch so etwas wie vorweggenommene Trauer, weil sie, leider durch unser eigenes Zutun, demnächst ausgestorben sein werden? Befriedigt es nicht unsere humansten Instinkte, wenn Artenschutz-Aktivisten die Menschenrechte auf Orang-Utan & Co. ausgedehnt sehen wollen? Warum nur empfinden wir dann eine solche Abneigung gegen unsere *allernächsten* Cousins, die Neandertaler?

Sind sie nicht harmlose, weil ausgestorbene, längst im Dunkel der Geschichte versunkene *Menschen wie wir selbst?* Stumme Schatten, die keine Revanche, keine Rache wollen? Die keine Fragen, keine Reparationsforderungen stellen, keine Klagen äußern, keinen Laut?

Ist also der *Mann im Fellumhang* – der Höhlenmensch – nur ein bequemer Stellvertreter? Ein Ersatz für die »niederen Menschenrassen«, die es in der neuen, politisch korrekten Anthropologie nicht mehr gibt? Ein Prügelknabe für alle möglichen Zwecke? Oder gilt unser Haß tatsächlich *ihm selbst?*

Sind wir vielleicht doch, allen aufgeschlossenen Beteuerungen zum Trotz, von der alten Furcht des 19. Jahrhunderts befallen, dieser Mensch könnte wirklich *mit uns verwandt* sein? Denn: daß uns diese Frage nach wie vor beunruhigt, darüber kann kaum ein Zweifel bestehen. Wir haben uns zwar daran gewöhnt zu hören, der Mensch sei der »dritte Schimpanse«. Doch wir wissen auch: Unsere Wege trennten sich vor unendlich langer Zeit. Dennoch bleibt ein Rest Unsicherheit und Angst. *Der Planet der Affen* ist, so hoffen wir, nichts weiter als ein Zerrbild, eine bösartige Karikatur, die mit unserer eigenen Welt nicht wirklich etwas zu schaffen hat. Mag der Schimpanse immer noch 99 Prozent unseres Gen-Materials mit sich herumschleppen – wir sehen in ihm trotzdem nur einen kosmisch weit entfernten Verwandten. Ein lebendes Fossil, übriggeblieben aus einer Zeit vor vielen Millionen Jahren. Wir bilden uns viel ein auf unser einprozentiges Anderssein.

Der Neandertaler stört diese Sicht der Dinge. Die wenigen Jahrtausende, die uns von ihm trennen, erscheinen uns als unzureichende Distanz. Er rückt uns unangenehm nah auf die Pelle. Könnten wir ihm heute ins Gesicht sehen, sähen wir uns selbst wie in einem Hohlspiegel. Verzerrt, aber doch eindeutig erkennbar: als Mensch. Ist der Grund, warum sich die aufgestaute Aggression heutiger Wissenschaftler gegen den Neandertaler mit Vorliebe im Sexualbereich entlädt, der, daß wir ihn nicht zu nahe an uns herankommen lassen möchten?

Welchen Zweck könnten Paläanthropologen wie Tattersall oder Diamond sonst damit verfolgen, einen längst verschwundenen Vorfahren als minderwertig darzustellen, insbesondere auch als *sexuell* minderwertig? Ist es eine Art Penisneid? Eine metaphorische Kastration? Oder ein testosteronspritzendes Imponiergehabe gegenüber einem toten Rivalen? Der Tanz auf seinem Grab?

Denn daß er tot ist, ändert nichts an seiner Macht. »Die Toten«, schreibt Freud in *Totem und Tabu,* »sind mächtige Herrscher.« Wie bei den Vampiren fürchtet man zuerst ihre Wiederkehr. Entstammt dieses Ausradierenwollen der Neandertaler der abergläubischen Furcht, sie könnten aus ihren Gräbern auferstehen?

ZU BREIT, UM SCHÖN ZU SEIN?

Zugegeben: Diese Überlegungen mögen etwas weit hergeholt scheinen. Und gewiß wäre auch die Behauptung übertrieben, ausgerechnet jene Wissenschaft, die sich mit dem evolutionären Schicksal des Neandertalers befaßt, betreibe eine bewußte Kampagne zu seiner Verunglimpfung. Das wäre vermutlich genau *eine* Verschwörungstheorie zuviel – und eine ganz besonders lächerliche dazu.

Dennoch sollten wir uns vor der Annahme hüten, daß unsere heutigen Wissenschaftler sachlichere, vernünftigere Menschen seien als ihre Vorgänger vor 100 oder 500 Jahren. Auch sie sind große Eisberge des Unbewußten, die in den Tiefen ihres Wesens so manche Ängste und Vorurteile ihrer Zeit mit sich herumschleppen. Und eben *weil* sie Menschen sind, können die Resultate ihrer Arbeit nie völlig unbelastet von jenen Macken sein, die unserer Art, dem *Homo sapiens sapiens,* gewöhnlich anhaften.

So ist es beispielsweise eine oft beobachtete Tatsache, daß Verhaltensforscher, die sich mit giftigen Schlangen beschäftigen, im allgemeinen eine panische Angst vor Spinnen haben, während umgekehrt Spinnenforscher sich vor Schlangen fürchten. Ob diese Phobien auf uralte Erfahrungen aus der Zeit unserer bäumebewohnenden Vorfahren zurückzuführen sind oder nur auf frühkindliche Schrecken, weiß niemand zu sagen. Fest steht nur, *daß* es so ist und daß solche Veranlagungen die grundlegende wissenschaftliche Ausrichtung und die Ergebnisse dieser Forscher beeinflussen. Ähnliches gilt für alle anderen Verhaltensforscher und natürlich auch für die Paläanthropologen.

Im Kontrast zu dieser schlichten Erkenntnis muß es als überraschendster Zug vieler Naturwissenschaftler gelten, daß sie implizit von einer behavioristischen Psychologie ausgehen, also ein Verständnis von Psychologie besitzen, wie man es bei Romangestalten von Jules Verne erwarten würde. Sie werten – wie Wissenschaftler des 19. Jahrhunderts – die Ergebnisse und Themen ihrer Arbeit immer noch als objektive Tatsachen, die mit ihrer eigenen inneren Persönlichkeit kaum etwas zu tun haben.

Beispielhaft hierfür ist sicherlich der mechanistische Zugriff vieler Wissenschaftler auf die Sexualität historischer Wesen unserer Art, der Angehörigen der Gattung *Homo*. Sie sehen den Paläo-Sex dieser Hominiden als Amalgam aus ihren eigenen unbewußten Sexualvorstellungen und nüchternen Beobachtungen aus der tierischen Verhaltenslehre. In der Regel suchen sie nach einer Vergleichsbasis bei Lebewesen, deren letzter gemeinsamer Ahne mit uns bereits vor vier bis 16 Millionen Jahren gelebt hat – bei den Menschenaffen. Zugleich betrachten sie den *Mann* als Norm für den *Menschen*. So entsteht bisweilen eine kuriose, oft rein funktionalistische Betrachtungsweise der gesamten menschlichen Sexualität, die sich aus der tierischen Verhaltenslehre speist und letztlich immer auf die Bedürfnisse des Mannes zugeschnitten bleibt.

Im Gegensatz zu den übrigen Primaten (so heißt es dann etwa) versorge *er* (der Mann beim Menschen) seine Nachkommen und deren Mütter regelmäßig mit Nahrung und genieße im Austausch für solche Haushaltshilfe mehr oder minder kontinuierlichen Sexualzugang zum Weibchen. Gegenüber anderen Primatinnen bleibe die menschliche Frau während ihres gesamten reproduktiven Zyklus sexuell empfänglich. Diese dauerhafte Venusfalle sei biologisch entsprechend getarnt. Die Frau kündige weder durch geschwollene Geschlechtsteile noch durch andere sexuelle Werbemaßnahmen an, wann sie fruchtbar sei, und auch der Zeitpunkt des Eisprungs bleibe sorgfältig verborgen. Durch keine Veränderungen körperlicher Art oder in ihrem Verhalten sei erkennbar, wann er eintrete. Sowohl der Partner als auch alle anderen Männchen blieben uninformiert, wann dieses wichtige biologische Ereignis stattfinde. Nicht einmal die Frau selbst wisse es, heißt es, weshalb man annehmen könne, daß es ihr evolutionär irgendwie zum Vorteil gereichen müsse, über diese Vorgänge in ihrem Inneren in Unkenntnis zu verweilen. Anders ausgedrückt: keiner weiß, wann die Falle zuschnappt, doch die Natur hat es in ihrer Weisheit so eingerichtet, daß immer einer da sein wird, der dafür zahlen muß.

Was hier wie ein etwas merkwürdiges Szenario wirken mag, in dem die sogenannte Josefsvaterschaft quasi als Norm aufgestellt wird, erweist sich als potentiell realistisch, wenn man einmal das Sexualverhalten der anderen *Herrentiere* zum Vergleich heranzieht. (Der Name ist nicht polemisch gewählt, sie werden in der Wissenschaft tatsächlich so genannt.) Gorilla-Männchen leben von einem Harem umringt, den sie nach besten Kräften allein zu bedienen versuchen. Dennoch gelingt es jüngeren und kleineren Gorillas immer wieder einmal, auch zum Zuge zu kommen. Das wäre ohne die aktive Teilnahme der Gorilla-Weibchen kaum möglich. Den Schimpansinnen stehen vergleichsweise mehr Männer zur Auswahl. Im Prinzip sind aber auch sie Haremsdamen, die sich einem obersten Herrscher gefügig zeigen müssen. Wieder ist hier der sexuelle Betrug die einzige Möglichkeit der Frauen, einmal auf ihre Kosten zu kommen, und vor allem: um der Inzucht vorzubeugen.

Betrug, Untreue, Ehebruch sind jedoch keine Kategorien, die für Vorgänge in der Biologie allzuviel Erklärungswert besitzen. Der englische Zoologe Richard Dawkins entwickelte daher für diese Prozesse das Modell vom »Eigenleben des Gens«. Das Gen (die DNA oder Erbanlage) benutzt demzufolge das jeweilige Individuum, das es bewohnt, fast wie ein Parasit seinen Wirt. Der Organismus seines Gastgebers ist ihm dabei egal. Er besitzt die Funktion einer Trägerrakete, die im richtigen Moment abgestoßen wird. Wichtig ist nur, daß das egoistische Gen wie ein kosmischer Satellit seine Reise durch die Unendlichkeit unbehindert fortsetzen kann.

Die Theorie des egoistischen Gens weist bei genauerem Hinsehen freilich gewisse sozialdarwinistische Züge auf. Im Grunde ist sie nichts anderes als die Übersetzung des Hollywood-Star-Systems in die Sphäre der Biologie: Der Fitteste bekommt die Hübscheste. In Wirklichkeit dürfte das Gen auf seiner Reise jede beliebige Mitfahrgelegenheit nutzen. Sexualität funktioniert eher nach einem Zick-Zack- oder Zufallsprinzip. Die Gen-Idee macht nur dann Sinn, wenn man die weibliche Sexualität als wenigstens gleichwertiges und nicht minder treibendes Element betrachtet. Das Gen bedient sich über den Sexualakt der Schubkraft beliebiger Partner. Im Prinzip läßt sich in der Bewegung *weg* von der maskulinen Dominanz und *hin* zu größerer Unabhängigkeit der Frauen beim Menschen eine ganz bestimmte evolutionäre Tendenz erkennen.

Tatsächlich sind die gelegentlich als *Missing Link* oder Bindeglied (zwischen uns und den Primaten) apostrophierten Zwergschimpansen, die Bonobos, nahezu klassisch mutterrechtlich organisiert. Ihre Konflikte lösen sie durch geringere Aggression und bereitwillig angebotene sexuelle Gefälligkeiten. Die größere Gleichberechtigung der Frauen muß demnach schon vor einigen Millionen Jahren bei den frühen Hominiden als Motor für wichtige evolutionäre Neuerungen gedient haben. Das Entscheidende bei diesem Prozeß dürfte die stärkere Einbindung der Männer als Mitverantwortliche in einer Organisation rund um das »Nest« der Frauen gewesen sein.

Für die *Neandertal*-Frauen indes bleibt auch hier die Schelte nicht aus. Die amerikanische Anthropologin Olga Soffer von der University of Illinois schlägt in dieselbe chauvinistische Kerbe wie ihre männlichen Kollegen: Sie beklagt sich über die unordentliche Haushaltsführung der Neandertalerinnen. Außerdem hätten sie, meint Frau Soffer, viel zu breite Schultern gehabt, um wirklich attraktiv zu wirken. (In untadelig wissenschaftlicher Diktion spricht sie von »mangelnder Grazilisierung« der Neander-Damen beziehungsweise von der »hypertrophen Muskelbildung« bei beiden Geschlechtern.)

DIE GROSSEN UNGELIEBTEN DER URGESCHICHTE

Es scheint an der Zeit (und das ist ein Hauptanliegen dieses Buches), unsere Einstellung gegenüber den NeandertalerInnen völlig neu zu überdenken und sie als vollwertige Menschen zu betrachten. Diese Position steht im Gegensatz zur heute vorherrschenden Meinung, und das macht dieses Buch notgedrungen zu einem in vielen Punkten polemischen Werk. Wissenschaft wird leicht, wie Abraham Maslow einmal schrieb, ein Abschottungssystem, ein kompliziertes Verfahren, um beängstigenden und ärgerlichen Problemen aus dem Weg zu gehen. Sie wird zu einer Institution, die dazu dient, zu ordnen und zu stabilisieren, statt zu entdecken und zu erneuern. Aber auch die Evolution muß sich weiterentwickeln. Genau deswegen braucht die Wissenschaft – und die Gesellschaft – Bücher aus dem Geist des Widerspruchs, aus der Lust am ungebundenen oder gar wilden Denken, dem es in erster Linie nicht um die Verbesserung der Wissenschaft, sondern des gesellschaftlichen Lebens geht.

Die Prämisse dieses Buches lautet daher, auf den einfachsten Nenner gebracht: Wir haben keinen Grund, uns über die Neandertaler zu erheben. Der amerikanische Anthropologe Milford Wolpoff sagt, er sehe einen Neandertaler jeden Tag – wenn er in den Spiegel blicke. Man hat diese Aussage als *Witz* gewertet. In Wirklichkeit zeigt sich darin ein tiefer philosophischer Ernst, eine Bereitschaft, dem Neandertaler mit *Liebe* zu begegnen. Und das ist gut so. Denn ein Anthropologe, der sich um die Klärung der großen Menschheitsfrage nach unserer Herkunft bemüht, kann nicht automatisch davon ausgehen, daß die Objekte seines Interesses belächelnswerte Geschöpfe sind.

Das Wort »Liebe« ist keine paläanthropologische Kategorie und klingt in diesem Zusammenhang verdächtig nach Esoterik – »Liebe den Neandertaler in dir selbst« oder dergleichen. Doch darum soll es hier nicht gehen. Den Neandertal-Menschen mit Liebe zu begegnen bedeutet einfach, sich einer kognitiven Erfahrungsmöglichkeit zu bedienen, die bisher vielleicht nicht ausreichend genutzt wurde. Kaum jemand begreift Liebe als unsere wichtigste soziale Errungenschaft, ohne die wir uns in der Welt nicht zurechtfänden. Auch in der Tierwelt gibt es Mitgefühl und Liebe. Darin unterscheiden wir uns nicht von anderen Lebewesen. Aber wir haben Liebe und Sympathie zu einer eigenen Erkenntniskategorie ausgebaut. Ohne sie besäßen wir nicht die Fähigkeit, uns in andere Lebewesen hineinzufühlen oder hineinzudenken. Ohne diese Fähigkeit, die wir auf andere Objekte übertragen können, wären wir nie hinter die Geheimnisse der Physik oder auch nur der Philatelie gekommen. Selbst der kühl-rationalistische Sherlock Holmes handelt im Grunde als Liebender.

Erst Liebe, Einfühlungsvermögen, Intuition können uns zu einem besseren Verständnis unserer Geschichte verhelfen. Die Geschichte *unserer* Entwicklung umfaßt uns selbst, die Vertreter der *Homo-sa-piens-sapiens*-Kategorie, doch genauso unsere nur mit einem einfachen *sapiens* versehenen und alle anderen biologischen Verwandten. Den Neandertalern mit Liebe zu begegnen heißt, sie als eigenständige, intelligente Lebewesen zu akzeptieren und zum ersten Mal überhaupt verstehen zu lernen. Nur das: sie zu *verstehen* – ohne mit ihnen in Konkurrenz zu treten, ohne sie noch einmal töten zu wollen. Damit drehen wir zugleich die in der Biologie übliche Perspektive herum. Die körperlichen und verhaltensmäßigen Zusammenhänge und Kontinuitäten zwischen Tier und Mensch werden dort meist einseitig zum Nutzen des Menschen eingesetzt: Sei es im Tierexperiment oder in der Verhaltensstudie. Wir dagegen wollen die Merkmale des *einen* Menschentyps zum Verständnis des *anderen* einsetzen. Wir schließen vom Menschen auf den Menschen.

Denn die Neandertaler sind in Wirklichkeit die wahren ETs, die einzigen Extraterrestrischen Intelligenzen, mit denen wir auf absehbare Zeit Kontakt aufnehmen können – zeitverschoben, aber um nichts minder real. Ihnen zu begegnen bedeutet, sich auf ein Abenteuer einzulassen, auf eine geistige Reise, die unsere Weltsicht ebenso total verändern kann, wie es die Entdeckungen eines Kopernikus, Kolumbus, Darwin oder Freud getan haben. Es ist – wie bei *Alice im Wunderland* – ein Trip, der uns hinunter führt in die Tiefe der Zeit.

Das ist das Abenteuer dieses Buches: die Erweiterung unserer Kosmogonie, die Ausdehnung unseres eigenen Seins/Bewußtseins um vergleichsweise riesige Zeitdimensionen. Ein Unternehmen, das begleitet wird vom Risiko der Lächerlichkeit. Zugleich birgt es die Gefahr des Absturzes in vollkommene Humorlosigkeit. Doch ohne diese etwas ernsthafte Dummheit, ohne Liebe, ohne Mitgefühl, ohne Einfühlungsvermögen und Phantasie *können* wir die Neandertaler nicht verstehen. Wenn wir ihnen äffische Verhaltensmuster unterschieben, bleiben sie uns fremd. Wir müssen uns ihnen als *Menschen* nähern. Sonst werden sie das bleiben, was sie (in der biblischen Erzählung von Jakob und Esau) immer schon gewesen sind: Geschwister, die wir verstießen, die Großen Ungeliebten der Urgeschichte.

2

DER NEANDERTALER TRITT AUS DEM DUNKEL DER ZEIT

ZEIT UND GESCHICHTE

Werfen wir zunächst einen Blick zurück. Mitte des 19. Jahrhunderts: Der Neandertaler, so hört oder liest man immer wieder, drang in die Welt des Viktorianischen Zeitalters ein wie ein Kannibale bei einem Damen-Nähkränzchen. Treffend gesagt, ein *Bonmot*, aber eben ein Klischee. Trotzdem entbehrt auch das Klischee nicht einer gewissen poetischen Qualität. Es ist immer der erstarrte Ausdruck einer alten Wahrheit, die erkaltete Lava einer längst vergangenen gesellschaftlichen Erschütterung.

Und eine solche Erschütterung – wenn nicht gar *die* Erschütterung der Neuzeit – war die Ankunft des Neandertalers in der festgefügten Welt des 19. Jahrhunderts ganz bestimmt. Sein Erscheinen zerriß die bis dahin gültigen Koordinaten aus Raum und Zeit. Er war der erste Reisende, der aus dem Dunkel der Zeit in das globale Bewußtsein der Menschheit trat. Er kam nicht als Messias, war auch kein *Star-Trek*-Bote aus der Zukunft, sondern stieg aus den tiefsten Abgründen der Vergangenheit empor.

Ohne Zweifel hat die Ankunft dieses Zeitreisenden unser Verständnis von Zeit und Geschichte grundlegend verändert. Die beiden Begriffe – Zeit und Geschichte – hängen heute noch zusammen, sind aber reißverschlußartig auseinandergetrennt worden. Bis zur Mitte des 19. Jahrhunderts gehörten Zeit- und Geschichtsbewußtsein noch eng zusammen. Verschiedene Interpretationen der heiligen Schriften ergaben verschiedene Daten für die Erschaffung der Welt. Sie hatte irgendwann zwischen 3700 und 5199 Jahren vor Christus stattgefunden. Die Vergangenheit besaß ein eigenes Leuchten wie in den Märchen der Gebrüder Grimm. Sie war eine gemütlichere Welt, in der man noch Träume von Prinz Eisenherz und König Artus ansiedeln konnte. Es gab keine Äonen, keine ausgedehnten Strecke geologischer Zeit, die ein Gefühl der Unendlichkeit und kosmischer Zeitreisen in andere Welten hervorriefen.

Heute klaffen Zeit- und Geschichtsbewußtsein auseinander. Es gehört zu den Eigentümlichkeiten unserer Zivilisation, daß sie einen gigantisch gewachsenen Zeitbegriff ihr eigen nennt – vom Makro-Bereich der Äonen zum Mikro-Bereich der Nano-Sekunden –, während sie zugleich ein merkwürdig geschrumpftes Geschichtsbewußtsein besitzt. Unser Begriff von Zeit und Ort hat sich gewandelt, doch unser Geschichtsbewußtsein hat mit den enormen technologischen Möglichkeiten, die uns heute umgeben, nicht mitgehalten. Der Kontrast zum 19. oder 18. Jahrhundert könnte nicht augenfälliger sein. Damals betrachtete man (an sich lächerlich genug) das Römische Reich noch als Antike. Heute beginnt die Antike bei Kennedys Ermordung, und Lee Harvey Oswald ist unser Brutus. Fotos aus weiter zurückliegenden Jahrzehnten wirken auf uns wie bizarre Schatten im Gedächtnis von Alzheimer-Patienten. Die Zeit besitzt keine Tiefenschärfe mehr.

Immerhin läßt sich feststellen, daß es Geschichte weiterhin gibt, daß zumindest die Vorstellung von ihr noch einigermaßen real ist. An den Universitäten wird nach wie vor eine Disziplin namens Geschichte gelehrt, vermutlich so lange, bis das Papier zerfällt oder die elektronischen Dateien einmal aus Versehen gelöscht werden. Ein Ende gehört zur Idee von Geschichte genauso wie ihr Anfang.

Dieser Anfang mag in der jüngeren Altsteinzeit gelegen haben, zu einem Zeitpunkt, als der Pfeil erfunden wurde. Der konkrete, abgeschossene Pfeil ließ sich ins Denken übertragen als *Idee* vom Pfeil. Die Vorstellung vom *Pfeil der Zeit* war einst die wichtigste kognitive Neuerung der Welt. Die Zeit erhielt damit eine deutliche Gerichtetheit, *aus* der Vergangenheit *durch* die Gegenwart *in* die Zukunft. Diese Richtung ließ sich als Links-rechts- oder Rechts-links-Bewegung darstellen und wurde später als *Schrift* auf dem Papier oder Papyrus aufschreibbar, abrufbar, er-*zähl*-bar: eins, zwei, drei, erst passierte dies, dann das, dann jenes.

Dies ist die Zeitvorstellung des alten Ägypten, die in eine ferne Zukunft mit Totenerweckung mündet. In Ansätzen hat es das gleiche bei allen frühen Hochkulturen und wahrscheinlich bereits bei den Neandertalern von Shanidar gegeben, die in den Höhlen des nördlichen Irak lebten. Sie kannten noch nicht den Pfeil, aber der hölzerne Wurfspeer war für sie keine Neuheit mehr. Auch in Europa, in der Nähe von Schöningen bei Helmstedt in Niedersachsen, gab es ihn, wie wir jetzt wissen, schon vor 400 000 Jahren – eine bereits damals lange etablierte Technik. Der Speer war ein sauber geschliffenes, ausbalanciertes Instrument – auf einen Schwerpunkt im Vorderteil hin austariert, ein Projektil.

Möglicherweise fand die Erfindung der Zeit also schon lange vor den Neandertalern statt. Damals herrschte eine Vorstellung von Zeit, die vorausschauendes Planen und, wie der Speer, eine Gerichtetheit von A nach B kannte, die aber noch weitgehend verkürzt blieb auf die Elemente Gegenwart und Rückschau auf die Vergangenheit. Der hölzerne Speer gereicht uns dabei auch als Indiz für die Existenz eines weiteren Instruments – des Krummstocks –, jenes Kerbholz, das ursprünglich als Stütze zur Erinnerung an die Ahnen diente, als eine Art »Gedächtniskrücke«. Solche Ahnenstäbe sind in allen Steinzeitkulturen der Welt zu finden. Wenn beispielsweise ein Maori in Neuseeland anhand der knopfartigen Erhebungen an seinem *Whakapapa* bis zu 40 Generationen seiner Vorfahren namentlich aufsagen konnte, so tat er dies im Rahmen einer Kultur, die von ihm erwartete, daß er die korrekte Reihenfolge der Namen und die Namen selbst niemals vergaß und sie ebenso korrekt an seine Nachkommen weiterreichte.

Die ursprünglich an einen derartigen Stab geknüpfte Auflistung der Ahnen findet sich auch am Anfang des Alten Testaments, das an der Schwelle des Übergangs von der oralen zur schriftfixierten Tradition entstand. Dieser Stock blieb bei schottischen Klans und in Gestalt des christlichen Bischofsstabs bis in unsere Tag erhalten. Das mündliche Weiterreichen der Kultur in der Steinzeit war extrem aufwendig. Die Erfindung der Schrift erlaubte es später, das Gedächtnis von der Bürde des Erinnerns zu entlasten, in der irrigen Annahme, daß das Papier bewahren werde, was man ihm mit heiterer Gelassenheit überantwortete. So markiert die geschichtliche Zeit in Wahrheit den Beginn eines großen Vergessens. Kein Wunder, daß wir von uns und unserer Welt und von unseren Vorfahren und deren Welt möglicherweise weniger wissen als ein Steinzeitmensch von den seinen – daß wir letztlich weniger »kultiviert« sind als ein Neandertaler.

In deren Zeitbewußtsein reichte das Kommende, das Morgen, drei Tagesreisen weit bis zum nächsten Gebirge und mündete von dort wieder in das Gestern. Die Zeit schloß sich zum Kreis, die Geschichte trat auf der Stelle. So gehörte die Zukunft möglicherweise noch nicht völlig zur Vorstellungswelt der Neandertaler – sie wird bis in unsere Tage hinein oft als unbestimmbares Kismet aus den Denkbemühungen der Menschen ausgeklammert. Aber die Neandertaler werden bereits die Vorstellung vom Tod als *Reise* gekannt haben – als Reise mit unbekanntem Ziel. (Weshalb hätte man den Verstorbenen sonst nützliche Objekte mit ins Grab gegeben?)

Erst in jüngster Zeit kam dann die Idee der Zukunft als gigantische, frei verfügbare und kontrollierbare Zeitdimension dazu. Durch Judentum, Christentum und Islam wurde die drei-einige Zeit (mit Vergangenheit, Gegenwart, Zukunft) zum allgemeinen Zeitbegriff unserer Welt, den heute jede Supermarktuhr punktgenau bis auf eine Fehlermarge von einer Sekunde pro Millionen Jahre im Griff hat.

Indes, die Linearität geschehener, zu Geschichte gewordener Zeit zerdröselt sich zusehends zwischen TV und Internet im absoluten Hier und Heute. Die einstige religiöse Zukunftsorientierung wird ersetzt durch den allgegenwärtigen Weltgeist des elektronischen Medienuniversums. Im Säurebad dieser Zeit zerfließt alle Zeit: Eine Vorwegnahme der Ewigkeit im kleinen Maßstab. Tatsächlich ist unsere ganze geschichtliche Zeit, aus paläontologischer Sicht betrachtet, nichts weiter als *ein Tag*, unser Heute, unser Präsens, eben: die Neuzeit. Die Zeit der Zivilisation. Die Skythen vor 2500 Jahren unterschieden sich nicht von Mitgliedern irgendeiner heutigen Gegenkultur. Den eisigen Gräbern Sibiriens entsteigen sie in unseren Tagen wie bärtige Hippies, mit langen Zöpfen und abstrakten Ethno-Tätowierungen auf den Schultern, als wollten sie einem *Aerosmith*-Konzert beiwohnen. Ihre Kunst fertigten sie in Gold an, statt auf dem Papier, doch der Stil ihrer Zeichnungen war pures *Comic Book*.

Phantasiebegabte Autoren wie Peter Kolosimo, Erich von Däniken, Robert Charroux, Louis Pauwells, Jacques Bergier und Immanuel Velikovsky, die verblüfft vor den gigantischen Skulpturen, Bauten und Landschaftsanlagen aus vorgeschichtlicher Zeit stehen und sie außerirdischen Bauherren zuschreiben, unterstreichen letztlich nur die grundlegende Tatsache, daß unsere Vorfahren in den letzten 20 000 Jahren (und mehr) Menschen waren wie wir selbst. Die Cro-Magnons wären, wenn sie heute lebten, vermutlich genauso berufstätig und sozialversichert wie wir. Ihr Gestern ist unser Heute und umgekehrt. Der *Pfeil der Zeit* dreht sich im Kreis wie die verwirrte Kompaß-Nadel eines frühen Seefahrers im Südmeer.

Es läßt sich aber auch nicht leugnen, daß wir in einem sehr realen Sinn zu kosmischen Eintagsfliegen mutiert sind. Wir sind allesamt Bewohner einer globalen Totenstadt, Bürger von *Necropolis City*. Wir wissen mehr über die Pyramiden als die Pharaonen. Wir kennen Michelangelos verschlüsselte Tagebücher. Uns bleibt nichts verborgen. Wir werfen unseren Röntgenblick auf jedes Felsgemälde in den verborgensten Höhlen der Eiszeit. Wir erleben Urwelt-Echsen, die einander auf Erden nie begegnet sind, Seite an Seite im gleichen *Dinorama*. Was Äonen trennten, vereint sich in unserer Hand. Wir blinzeln Sternen zu, die vor Ewigkeiten erloschen. Wir hören die Geräusche des titanischen Herzschlags, die monotone Abfolge von Urknällen und Endknällen des Universums. Wir tanzen zum Rhythmus des Sonnenwinds. Und wir haben Marilyn Monroe auf derselben Zeitungsseite lebendig und tot gesehen.

Die individuelle Lebenszeit verliert in den hier angesprochenen Dimensionen ihre Bedeutung, und auch das *Nachleben* definiert sich nicht mehr unbedingt von der Religion her; eher noch aus der Paläanthropologie. Das Ausgegrabenwerden nach Tausenden von Jahren, möglichst komplett, als Skelett, erlaubt eine neue, wenn auch körperlich reduzierte Existenz, die gewisse Züge des Lebens nachahmt. Sie gestattet den Individuen einen Wiedereintritt in die geschichtliche Zeit. Doch auch hier hängt der Nachruhm zuweilen von Zufällen ab – beispielsweise von einem passenden Namen. Gelegentlich verirrt sich die Hand des Schicksals dabei und greift in den falschen Zettelkasten, wie im Fall des Joachim Neumann.

DAS NEANDER-THAL

Als dieser Komponist geistlicher Gesänge im 17. Jahrhundert in sein Grab sank, hätte er sich bei aller Glaubensseeligkeit wohl kaum träumen lassen, daß er schon zwei Jahrhunderte später wiederauferstehen würde. Tatsächlich blieb seine Totenerweckung eher virtuell als real, denn es war ein *anderer*, der den Namen Neumanns erhielt. Als marginales, zusätzlich verwirrendes Detail kommt hinzu, daß Joachim Neumann selber seinen Namen zu Lebzeiten so schmuck nicht gefunden hatte. Der Düsseldorfer Tonsetzer wollte sich rundum erneuern, zu einem völlig neuen Menschen werden, und transponierte seinen Namen deshalb in eine andere Sprache, ins Altgriechische. So wurde aus Joachim Neumann ein Joachim *Ne-ander* (»neuer Mensch«).

Als der fromme Liedermann gestorben war, machte sich seine Düsseldorfer Gemeinde Gedanken darüber, wie man ihm ein passendes Denkmal setzen könnte. Man erinnerte sich, daß Herr Neander zu Lebzeiten gern in den zerklüfteten Felsen eines Flußtals an der nahegelegenen Düssel umherzuklettern pflegte. So wurde diese Gegend nach ihm benannt: das *Neander-Thal*.

Heute ist das Neandertal buchstäblich niedergerissen. Die Vergangenheit ist beseitigt. Das Resultat bleibt gleichwohl optisch lieblich anzuschauen. Im lauschigen Grün hoher Bäume plätschert ein Schubert-Bächlein, die Düssel, ohne weiteres Aufhebens dem Rhein entgegen. Die Felsen, auf denen der Orgelspieler sich näher bei Gott fühlte, sind verschwunden. Das Neandertal war eine enge Rinne, die sich der Düsselbach im Lauf von Jahrtausenden aus dem mitteldevonischen Kalk

DAS NEANDERTAL VOR DEM KALK-ABBAU (NACH J. H. BONGARD)

LINKS DIE KLIPPEN DES RABEN-STEINS. IM VORDERGRUND, MIT DEN BEIDEN KLETTERERN, DER »NEAN-DERSTUHL« OBERHALB DER NEAN-DERSHÖHLE. GEGENÜBER, AUF DER ANDEREN TALSEITE, DIE PORTALAR-TIGE ÖFFNUNG DER »FELDHOFER KIRCHE«. »DIE KLEINE FELDHOFER GROTTE« MIT DEM NEANDERTALER-FUND LAG RECHTS VON DER FELDHO-FER KIRCHE.

des bergischen Landes herausgefräst hatte. Ein Ort mit wilder Klüftung und schroffen Wänden.

Doch auch hier ist wie überall entlang des Rheins das Landschaftsbild durch den Kalkabbau völlig umgekrempelt worden. Die schmale Schlucht, durch die sich das Flüßlein an dieser Stelle zwischen den Ortschaften Erkrath und Mettmann ergoß, wurde abgetragen und um 200 Meter verbreitert. Der Kalk wurde im Zuge der Industrialisierung ins Ruhrgebiet verbracht. Die Knochensplitter, die es hier gab oder gegeben haben mag, wurden zu Splitt zermalmt. Sie liegen unter dem Asphalt von Duisburg, Essen, Bochum begraben. Nur ein einziger Felsen blieb am Ufer der Düssel stehen. Die Höhlen, die der Fluß aus dem Gestein gewaschen hatte, wurden in die Luft gejagt.

Die größte und bekannteste dieser Höhlen war ein 27 Meter langer Tunnel, 7,5 Meter breit, 4,8 Meter hoch, mit zwei Öffnungen – die Neandershöhle. Sie lag am rechten Düsselufer, an einer Stelle, die damals Hunsklipp genannt wurde. Rund 20 Meter oberhalb des Eingangs zur Höhle befand sich (war man die steile Wand erst einmal hinaufgeklettert) eine Art Dachvorsprung oder natürlicher Aussichtsposten, der Neanderstuhl. Von diesem Hochsitz aus konnte man gegenüber, auf der anderen Talseite, die portalartige Öffnung der Feldhofer Kirche sehen, einer weiteren Höhle. Rechts daneben öffnete sich, um einiges schwerer zugänglich, die Feldhofer Grotte.

Hier wurde das Skelett gefunden. Joachim Neander dürfte mehrmals in unmittelbarer Nähe dieser Stelle daran vorbeigestiegen sein. Ob er jemals *in* der Höhle war, ist nicht bekannt. Der Zugang war eng und die Chance, dem Verursacher seines Nachruhms persönlich zu begegnen, gering. Das Skelett lag, unterschiedlichen Angaben zufolge, zwischen 60 und 180 Zentimeter tief unter Erdablagerungen und Schlamm begraben. An die 60 000 Jahre lang hatte nichts seine Totenruhe gestört.

Doch das 19. Jahrhundert wartete schon ungeduldig auf seinen *Großen Knall.* Da das Dynamit erst zehn Jahre später erfunden werden sollte, nahm man bei den Sprengarbeiten, was man hier immer schon genommen hatte: Schwarzpulver. So betrat der Neandertaler die Bühne der Welt an einem Sommertag im August 1856 unter beträchtlichem Getöse und mit katapultartiger Beschleunigung. Von einer geordneten archäologischen Grabung konnte dabei keine Rede sein.

DIE NEANDERSHÖHLE (NACH J. H. BONGARD)
ANSICHT DES SÜDEINGANGS ÜBER DER DÜSSEL, UNTERHALB DES »NEANDERSTUHLS«
(VGL. ABB. S. 40). IM HINTERGRUND DER ZWEITE EINGANG DER 27 M LANGEN, 7,2 M
BREITEN UND 4,8 M HOHEN TUNNELHÖHE.

Als die Arbeiter ihr Werk anschließend begutachteten, entdeckte
jemand in der aufgesprengten Höhle ein paar verrottet wirkende
Knochen. Einer der Betreiber des Steinbruchs, ein Mann namens
Beckershoff, der verständigt worden war, meinte, es müsse sich um
die Reste eines Höhlenbären handeln. Man suchte den Schutt nach
weiteren Knochen ab. Zuletzt befand sich Beckershoff im Besitz
einer ungewöhnlich großen und soliden Schädeldecke und etlicher
anderer Teile eines Skeletts. Er lagerte den Fund, wahrscheinlich in
einen rauhen Sack verpackt, eine Zeitlang bei sich zu Hause, möglicherweise in seinem Geräteschuppen – bis er ihn schließlich einem
ortsansäßigen Gelehrten namens Johann Carl Fuhlrott überbrachte.

Der Gymnasialprofessor Fuhlrott war in diesen Dingen ein kennt-
nisreicher Amateur und erkannte schon auf den ersten Blick, daß es
sich bei den Knochen nicht um die Reste eines Höhlenbären handelte.
Mehr noch: Ihm wurde schnell klar, daß er es hier mit einem echten
Jahrhundertfund zu tun hatte. In dieser spezifischen Situation bewies
Fuhlrott wahre Größe. Er hätte eifersüchtig über seinen Entdecker-

ruhm wachen können, wie es später der Holländer Eugène Dubois tat, der auf Java den ersten *Homo erectus* ausgrub und ihn danach jahrelang unter den Dielenbrettern seiner Wohnung in Haarlem versteckt hielt. Nicht so Fuhlrott. Er zog sogleich einen der gediegensten Wissenschaftler seiner Zeit ins Vertrauen, den Bonner Anatomen Herrmann Schaaffhausen. In einer gemeinsamen Präsentation stellten die beiden Forscher ihren *Neandertaler* im folgenden Jahr der wissenschaftlichen Welt vor.

Schaaffhausen kam bei dieser Gelegenheit zu dem Schluß, daß »die menschlichen Gebeine und der Schädel aus dem Neanderthale für das älteste Denkmal der früheren Bewohner Europas gehalten werden« dürften und »daß der Gründe genug vorhanden sind für die Annahme, daß der Mensch schon mit den Tieren des Diluviums [Zeitalter vor der Flut in der Bibel, heute Pleistozän genannt] gelebt hat«. Er erklärte, »daß so manche barbarische Rasse vor aller geschichtlichen Zeit zusammen mit den Tieren der alten Welt verschwand, während jene Rassen, deren Organisation verbessert ward, die Art weitergeführt haben«.

Danach wies Fuhlrott auf das hohe Alter der Gebeine hin, »die durch die Eigentümlichkeit ihres osteologischen Charakters und die localen Bedingungen ihres Vorkommens zu der Ansicht verleiten können, daß sie aus der vorhistorischen Zeit, wahrscheinlich aus der Diluvialperiode, stammen und daher einem urtypischen Individuum unseres Geschlechts einstens angehört haben«.

Was der Wissenschaftler und der inspirierte Amateur in der kleinen Universitätsstadt Bonn bei einem Treffen des »Naturhistorischen Vereins der Preussischen Rheinlande und Westphalens« im Frühsommer 1857 gemeinsam vorbrachten, war im Kern nichts Geringeres als eine komplette Evolutionstheorie (immerhin: zwei Jahre *vor* Darwin) – samt dem greifbaren Beweis ihrer Richtigkeit (den Darwin in dieser Form *nicht* zu bieten hatte).

Eine erste Präsentation des Neandertalers hatte bereits im Frühling stattgefunden; dabei war Fuhlrott offenbar nicht zugegen gewesen. Schaaffhausens Ideen waren zu diesem früheren Zeitpunkt schon voll ausgereift. Im *Correspondenzblatt* des Naturhistorischen Vereins (Nr.2, 1857) findet sich darüber folgendes Protokoll, das Schaaffhausens Vortrag verkürzt wiedergibt:

»An den vorliegenden Knochen fällt sogleich die Stärke derselben auf, die eine ganz ungewöhnliche ist; ein Vergleich des Oberschenkelknochens mit dem eines Riesens, welchen das anatomische Museum unserer [Bonner] Universität aufbewahrt, zeigt diesen freilich um 104 mm länger, aber die Dicke der Knochen ist fast ganz übereinstimmend und übertrifft das gewöhnliche Mass um etwa $1/3$. Die auffallende Schädelbildung, die eine Entwickelung der Stirnhöhlen und ein davon abhängiges Vortreten der Augenbrauenbogen zeigt, wie es bisher noch nicht beobachtet, wenigstens nicht beschrieben worden ist, steht mit der ungewöhnlichen Stärke des Körperbaus wohl in einem physiologischen Zusammenhange. Die Stirnhöhlen sind Anhänge der Athemwege, ihre Ausdehnung steht auch bei Thieren oft in nachweisbarer Verbindung mit der Kraft und Ausdauer ihrer Körperbewegungen. Der stark vortretende obere Augenhöhlenrand deutet selbst wie die starken Gräten und Leisten der übrigen Knochen auf gewaltige Muskeln, die sich daran befestigten. Sehr zu bedauern ist, dass von den übrigen Gesichtsknochen, dem Ober- und Unterkiefer, deren Gestalt für die Gesichtsbildung massgebend ist, nichts erhalten wurde. Andeutungen dieser auffallenden und thierischen Stirnbildungen, die weder für eine blos individuelle Abweichung von der gewöhnlichen menschlichen Form noch für eine krankhafte Veränderung oder gar künstlich hervorgebrachte Entstellung gehalten werden kann, kommen nicht selten an den Köpfen wilder Völker vor [...] Die Möglichkeit, dass diese menschlichen Gebeine aus einer Zeit stammen, in der die zuletzt verschwundenen Thiere des Diluviums auch noch lebten, kann nicht bestritten werden, aber ein Beweis für diese Annahme liegt in den Umständen der Auffindung nicht. Der Schädel hat in den allgemeinen Umrissen, zumal in dem verlängerten Hinterhaupt, Aehnlichkeit mit dem alten Celten- und Germanenschädel, deutet aber auf ein viel roheres Volk, als es diese zu Zeit der Römer waren, er gehört desshalb wohl einem höhern Alterthume an oder einem jener wilden Stämme des nordwestlichen Europa, von denen uns römische Schriftsteller berichten. Den Typus jenes Volkes, dessen Ueberreste in den ältesten Grabdenkmälern des Nordens gefunden werden, und das vor der Einwanderung der Celten und Germanen auch einen Theil von Deutschland bewohnt zu haben scheint, hat er nicht.«

Wäre der Neandertaler in unserer Zeit gefunden worden, hätte der entsprechende Medienrummel sicher dafür gesorgt, daß Schaaffhausen und nicht Darwin als Begründer der Evolutionstheorie in die Geschichte eingegangen wäre. Tatsächlich war Schaaffhausen ein Mann von nicht geringem wissenschaftlichem Kaliber. Schon in einer Arbeit aus dem Jahr 1853, betitelt »Über Beständigkeit und Umwandlung der Arten«, findet sich bei ihm der Satz: »Die Unveränderlichkeit der Arten ist nicht bewiesen.« Volle sechs Jahre vor Darwins *Ursprung der Arten* (erschienen 1859), und noch ehe die Neandertaler-Fossilien gefunden wurden, hatte Schaaffhausen somit wichtige Elemente der Darwinschen Theorie vorweggenommen. Jetzt hatte er zusätzlich den schlagenden Indizienbeweis dafür gefunden.

Daß der prähistorische Skelettfund tatsächlich als Beleg für die Abstammungslehre gelten konnte, bestätigte Darwin persönlich. (In späteren Ausgaben von *Ursprung der Arten* findet man gleichwohl nur einen einzigen Satz zum Neandertaler. Darwin war ein großer Wissenschaftler und ohne Zweifel der hervorragendste Biologe des 19. Jahrhunderts. Aber er wußte auch, im Gegensatz zu Schaaffhausen, wie man die eigene Karriere managt.)

FRÜHE FEHLDEUTUNGEN

Das Erscheinen des Neandertalers änderte die Art und Weise, wie die Menschheit über sich selbst zu denken beliebte, von Grund auf. Bis zu diesem Zeitpunkt war das Aussterben zwar als eine Tatsache in der Natur anerkannt worden. Gerade aus Europa waren zahllose fossile Tierarten bekannt, und man hatte die unübersehbare Ähnlichkeit beispielsweise zwischen Mammut und Elefant registriert. Aber die Vorstellung von perfekten und unveränderlichen Arten war dennoch relativ ungetrübt erhalten geblieben. Das Leben auf der Erde galt als Resultat eines einmaligen göttlichen Schöpfungsaktes. In der Tat wurde die gesamte Vergangenheit als *biblische* Vergangenheit angesehen. Genesis, Eden, die Sintflut – all diese Dinge waren keine Mythen, sondern vertraute historische Ereignisse, die zudem noch nicht einmal sehr weit in der Geschichte zurücklagen.

Den vorherrschenden Ideen zufolge waren Fossilien nichts weiter als die Überreste von Kreaturen, die in der *Sünd*-Flut untergegangen waren, von Tieren also, die keinen Platz mehr auf Noahs Arche gefunden hatten und daher nicht mit irgendwelchen heute lebenden Formen verwandt sein konnten.

Schaaffhausen hatte Mühe, diese Vorstellungen mit seinen wissenschaftlichen Erkenntnissen in Einklang zu bringen. »Auch die Geschichtsforschung hat allen Grund«, schrieb er, »auf ein höheres Alter des Menschengeschlechtes zu schliessen, als der bisher angenommenen fünf- oder sechstausend Jahre.« Er war in Wirklichkeit über die Engstirnigkeiten seiner Zeit längst hinaus: »Wenn aber der Mensch schon mit den Mastodonten gelebt hat«, liest man in der erwähnten Arbeit aus dem Jahr 1853, »wenn er Zeitgenosse des Mammuth und der meisten großen Säugetiere des Diluviums gewesen ist, so wird er selbst auf ihre Ausrottung den größten Einfluß genommen haben.«

Auf die Menschen von 1853 mußten solche Ansichten – im übrigen in unmittelbarer Nähe des obersten Kölner Prälaten der katholischen Rheinlande verfaßt – geradezu wie Ketzereien wirken. Doch die Zeitstimmung änderte sich; zwar nicht über Nacht, aber immerhin, innerhalb eines Jahrzehnts nach Veröffentlichung von Darwins Buch. Es machte den Sündenfall der Biologie komplett. Für Schaaffhausen selbst »fiel die Einsicht, dass die Arten sich verändern, wie eine reife Frucht vom Baume«. Andere mußten sich die neuen Gedanken erst noch mühsam aneignen. Darwins Buch bot ihnen eine nachvollziehbare theoretische Basis für die biologische Evolution im allgemeinen. Und die Entdeckung weiterer Fossilien in den nächsten Jahren lieferte neue Beweise auch für die Evolution des Menschen.

Überraschend bleibt dennoch, daß dieser erste Fund so spät ans Licht kam. Fossile Tierarten waren zur Genüge bekannt, und Neandertaler-Fossilien sind, wie wir heute wissen, in Europa zahlreicher vertreten als alle anderen. Tatsächlich war der Original-Neandertaler keineswegs der erste Fund seiner Art. Man war nur vorher nicht in der Lage gewesen, zahlreiche rätselhafte Objekte, die bereits in der Vergangenheit aufgetaucht waren, korrekt zu identifizieren.

So war in Forbes Quarry, unweit der englischen Festung auf Gibraltar, im Frühjahr 1848 eine merkwürdige Schädeldecke gefunden worden. Man hatte sie in ein Kabinett gestellt, wo sie jahrelang Staub ansetzte. Dieses sogenannte *Gibraltar 1 Cranium* ist leichter gebaut und daher möglicherweise weiblich, wurde aber im nachhinein eindeutig als Bestandteil eines Neandertal-Menschen identifiziert.

Es ist also mehr als wahrscheinlich, daß im Verlaufe der Jahrtausende Hunderte von Skeletten unerkannt an die Erdoberfläche drangen und wieder verlorengingen. Auch von dem bis zu seinem Fund möglicherweise intakten Skelett aus dem Neandertal verblieb nur ein Bruchteil der Knochen: das Schädeldach, die beiden *Femora* oder Oberschenkelknochen, Elemente des oberen rechten und unteren linken Arms, ein Teil des Beckens und ein paar andere Stücke.[3]

Schaaffhausen lieferte von all diesen Objekten eine detaillierte anatomische Beschreibung, in deren Verlauf er auf die Dicke der Knochen und die massiven Einkerbungen darauf hinwies – den Spuren der Muskeln, die an diesen Knochen befestigt gewesen waren. Er beschrieb die massiven Augenbrauenbögen, die niedrige, enge Stirn, die großen Frontalsinusse. Und er kam zu dem Schluß, daß diese Züge weder das Resultat künstlicher Verformung noch Folge einer pathologischen Deformation sein konnten und daß sie deshalb diesen Vertreter seiner Art außerhalb alles dessen ansiedelten, womit er, Schaaffhausen, vertraut war. Darum suchte er nach Vergleichen aus entlegenen Zeiten und Gebieten.

Im belgischen Engis hatte 1829 ein Forscher namens Philippe Charles Schmerling zwei ungewöhnliche Schädel entdeckt. Sie stammten aus unterschiedlichen Zeiten, auch wenn sie in der gleichen Höhle gefunden worden waren. Der eine gehörte einem modern aussehenden Individuum, der andere einem Neandertaler-Kind. Schaaffhausen erwähnte den Fund von Engis, meinte damit aber den *neuzeitlichen* Schädel; der wirklich archaische Schädel von Engis war noch zu jung, um die charakteristischen Augenbrauenbögen aufzuweisen. Deshalb entging seiner Aufmerksamkeit, daß der *andere* Schädel einem Neandertaler gehört hatte.

Der Bonner Anatom zählte verschiedene alteuropäische Stämme

---

3) Erst 1997 gruben die beiden deutschen Wissenschaftler Ralf Schmitz und Jürgen Thissen noch einmal unter einem Schrottplatz in der Nähe nach den damals, 1856, beiseitegeschafften dicken Sprengschuttschichten und fanden neben Steinwerkzeugen und Tierknochen 20 weitere menschliche Knochenfragmente. Ein Fragment paßte sogar exakt in eine Bruchlücke des historischen Oberschenkels!

auf, die für ihre Wildheit bekannt gewesen waren, jedenfalls wenn man sie durch die Brille klassischer oder frühchristlicher Chronisten betrachtete. Er kam zu dem Schluß, daß sein Knochenmann »wahrscheinlich zu den barbarischen Ureinwohnern gezählt werden könnte, die einst den Norden Europas vor den Germani bewohnten«. Schaaffhausens Arbeit ist ein klassisches Beispiel für eine sorgfältige, einsichtsvolle und gelehrte Analyse, die einzig durch den damaligen Mangel an Wissen in enge Grenzen verwiesen wurde. Aus heutiger Sicht ist es gleichwohl erstaunlich, daß Schaaffhausen überhaupt zu einer derart ausgewogenen Betrachtung der Dinge fähig war.

Sein Bericht erschien 1858 und wurde 1861 in einer Übersetzung (samt zustimmendem Kommentar) durch den Anatom Georg Busk in England veröffentlicht. Dort wußten von allem Anfang an neben Darwin auch etliche andere Forscher die Bedeutung der Neandertal-Fossilien zu würdigen, in erster Linie natürlich Thomas Huxley, der streitbare Vorreiter des Darwinismus.

Die in Deutschland herrschende Meinung hingegen – also jene, die die Menschen zu akzeptieren bereit waren – ging dahin, daß die Knochen nicht eine ausgestorbene menschliche Art oder »Rasse« darstellten, sondern einem modernen, krankhaft verunstalteten Individuum angehörten.

Rudolf Virchow, der bedeutendste und in vielen Belangen fortschrittlichste Mediziner seiner Zeit, sah in den massiven Knochen die sterblichen Überreste eines gewöhnlichen Menschen, der von einem besonders unglücklichen körperlichen Leiden geplagt gewesen war. Virchow übernahm Schaaffhausens Hinweis auf die »nordischen Schädel«, verwies auf die angeblich starken Analogien des Neandertaler-Schädels zu friesischen Schädeln und fragte, »ob derselbe nicht wirklich dieser Gruppe angehört«? Bei einer späteren Gelegenheit vertrat er die Ansicht, daß die Fossilien wohl die Knochen eines Idioten seien, der zu Gewalttätigkeiten geneigt habe. Die flache Stirn und die schweren Augenbrauen seien durch Schläge auf den Kopf verursacht worden.

Anderen Autoritäten zufolge handelte es sich bei dem Neandertaler um »das Opfer eines Wasserkopfes«, »einen alten Holländer« oder ein »Mitglied der keltischen Rasse«. Selbst die damals schon diskreditierte (aber immer noch populäre) Scheinwissenschaft der Phrenologie, die von der Schädelform auf den Charakter des Menschen schloß und von dem aus Tiefenbronn bei Pforzheim gebürtigen, aber in Wien berühmt gewordenen Arzt Franz Joseph Gall entwickelt worden war, wurde noch einmal bemüht, um der fliehenden Stirn des Neandertalers eindeutig primitive Züge zuzuweisen.

RÄTSEL UM DEN NEANDERTALER

So versuchten viele Wissenschaftler von Beginn an, den Fund möglichst weit entfernt von der normalen Menschheit einzuordnen. Großen Anklang fanden bei diesen Ausgrenzungsbemühungen die närrischen Possen eines Universitätskollegen Schaaffhausens, des Bonner Anatomen August Franz Mayer.

Wie Virchow hielt auch er die Neandertalerknochen für die Reste eines modernen Menschen mit pathologischer Degeneration, verursacht durch Rachitis in der Kindheit. Rachitis ist eine Krankheit, die auf Vitaminmangel beruht und zu starker Verbiegung der Knochen führt. Die Krümmung der außerordentlich soliden Knochen des Neandertalers hätte also nur während einer kurzen rachitischen Phase stattfinden können, als die Knochen noch verformbar waren – eben in der Kindheit.

Aus der Form der Oberschenkelknochen schloß Mayer, daß der Neandertaler O-Beine gehabt haben müsse, wie viele Reiter sie im Laufe ihres Lebens erwerben. Da die Form des Schädels auf eine moderne »niedere Rasse« schließen lasse, folgerte er, daß es sich um einen außereuropäischen Reiter gehandelt habe, nämlich einen mongolischen Kosaken, genauer: einen Deserteur der Tschernitscheffschen Reiterarmee, die bei der Verfolgung der flüchtenden Truppen Napoleons durch Deutschland gezogen war und auf dem Weg zur Invasion Frankreichs vor der Überquerung des Rheins im Januar 1814 im Neandertal gelagert hatte.

Des weiteren gab es in dem verbliebenen Ellbogengelenk, wie schon Schaaffhausen korrekt festgestellt hatte, Anzeichen eines Traumas. Der rechte Arm war gebrochen und anschließend schlecht verheilt. Der Besitzer des Arms muß also zu Lebzeiten unter ständigen Schmerzen gelitten haben. Diese Verletzung, so behauptete Mayer, bilde die Erklärung für die ungewöhnliche Form des Schädels. Permanentes Stirnrunzeln, hervorgerufen durch den Schmerz der Verletzung, habe die knochigen Bögen über den Augen verursacht.

In dieser launigen Weise »widerlegte« Mayer die Analyse Schaaffhausens. Tatsächlich wäre an seiner wissenschaftlichen Beobachtungsgabe nicht viel auszusetzen gewesen, nur wirkten die meisten Schlußfolgerungen wie das Resultat einer kindischen Trotzreaktion. Es ist aus heutiger Sicht schwer einzuschätzen, ob diese Handlungsweise einer katholisch-konservativen Geisteshaltung oder vielleicht der rheinischen Lust an Jux und Klamauk entsprang. Dabei hätte Mayer, als er dies schrieb (1864, also fünf Jahre *nach* Veröffentlichung von Darwins *Ursprung der Arten*), sich über die Bedeutung des Neandertalers eigentlich längst im klaren gewesen sein müssen. Er bestand jedoch darauf – wie bei vielen Gegnern der Abstammungslehre auch heute noch üblich –, den Neandertaler nicht als historisch anderen, sondern als krankhaften modernen Menschen anzusehen.

Offenbar wehrte er sich gegen die in Deutschland damals populär gewordene verkürzte Formel Ernst Haeckels, der Mensch stamme »vom Affen« ab. Haeckel war ein Mann, der auf *Die Welträtsel* (so der Titel seines bekanntesten Werks) eine Antwort parat hatte. In aufreizender Art gab er sich als brillanter Biologe und sonniger Blondgermane in einer Person, eine Kombination, die in der Öffentlichkeit gut ankam und Haeckel zum Bestsellerautor machte, ihn aber auch zu einem der Wegbereiter der nationalsozialistischen Rassenideologie werden ließ. Virchow haßte ihn: »Haeckel ist einfach ein Narr. Das wird sich schon noch herausstellen.« Und was den Neandertaler betraf, so konnte Virchow »in keiner Weise eine Annäherung an irgendeinen Affenschädel« erkennen.

Mayer wußte sich mit Virchow eins, auch wenn er dafür in Schaaffhausen den Falschen prügelte. Denn der hatte den Neandertaler nie als Affenmenschen bezeichnet. Trotzdem wies Mayer in seiner Kritik an Schaaffhausen darauf hin, daß dem Neandertaler ein Scheitelkamm fehle – also jenes knochige Segel über dem Hirnschädel, die sogenannte *Sagittal*-Leiste, die beispielsweise bei den großen Affen, den Gorillas, als Ansatzfläche für die massige Kaumuskulatur dient.

»Zeigt mir einen fossilen Menschenschädel mit *Crista sagittalis*«, verlangte er, »so will ich Euch unsere Abstammung vom Urahn *Pithe-*

cus zugeben.«[4] Mayers Wissenschaft war, wie man sieht, durchaus fundiert. Seine Interpretation aber, daß ein sterbender Kosake mitten im Winter eine gut 20 Meter hohe, fast senkrechte Klippe hinaufgeklettert sei, um sich dort nackt unter einer anderthalb Meter dicken Decke aus Schlamm zum Sterben niederzulegen, hatte mehr mit der Politik jener Zeit oder den Feindseligkeiten der Wissenschaftler untereinander als mit dem Neandertaler selbst zu tun.

Diese Diskussionen wurden durch die Entdeckung weiterer Fossilien abgekürzt, die neue Beweise für die Evolution der Menschen lieferten. Zwischen 1866 und 1910 förderten ein gutes Dutzend Fundstellen in Frankreich und Belgien Neandertaler-Reste zutage, samt Steinwerkzeugen und den Resten von wolligem Nashorn, Mammut, Höhlenbär und anderen ausgestorbenen Tierarten. Damit gab es keinen Grund mehr, die Neandertaler als verrückte oder krankhafte moderne Menschen anzusehen. Man war nun auch recht bald gewillt, ihren fossilen Status zu akzeptieren. Das heißt, es galt als gesichert, daß sie vor Zehntausenden von Jahren ausgestorben waren. Doch die meisten Forscher ließen sich Zeit mit der Einsicht, daß es sich bei den Neandertalern um eine moderne, fortgeschrittene Menschenart gehandelt hatte. Sie zeigten sich weit weniger gewillt, den Neandertaler als Variante des *Homo sapiens* anzuerkennen, als sie bereit gewesen waren, seinen fossilen Status zu akzeptieren. Noch bis in die 50er Jahre des 20. Jahrhunderts hinein wurde er als viel weiter entfernt vom modernen Menschen und den Menschenaffen sehr viel näher stehend angesehen, als es bei einer einigermaßen kompetenten Untersuchung der Beweismaterialien auch nur im entferntesten zulässig gewesen wäre. Er galt als halbes Monster, körperlich unansehnlich, häßlich und tierhaft, mit schlurfendem Schritt.

Typisch für dieses Bild war die Beschreibung des Neandertalers, die H. G. Wells in seinem *Abriß der Geschichte* (1922) lieferte. Zwar schrieb Wells dort: »Wir wissen sehr wenig über das Aussehen des Neandertalers.« Trotzdem ließ er sich durch diese Unwissenheit nicht davon abhalten, eine »niedrige Stirn, die überhängenden Augen-

---

4) Tatsächlich wurde der geforderte »affenartige Vorfahr« knapp 100 Jahre später gefunden: in Tansania, 1959. Der sogenannte »Nußknacker-Mann«, der *Australopithecus boisei* mit den kräftigen Backenmuskeln und dem deutlichen Scheitelkamm, war 1,8 Millionen Jahre alt.

brauen, den Affenhals und die kleine Körperstatur« zu konstatieren und auf »eine sehr starke Behaarung, eine gewisse Häßlichkeit oder abstoßende Fremdartigkeit in seiner Erscheinung« hinzuweisen. Als Garant für die Richtigkeit seiner Phantasien zitierte Wells die Ansichten einer heute vergessenen Autorität, Sir Harry Johnston: »»Die verschwommene Erinnerung an solche gorillaähnlichen Ungeheuer mit listigem Verstand, schlenkerndem Gang, haarigem Körper, kräftigen Zähnen und möglicherweise kannibalistischen Neigungen mag das Urbild des Menschenfressers in der Folklore gewesen sein ... ‹«

Mit diesen Ansichten fiel der gewöhnlich seiner Zeit vorauseilende Science-fiction-Autor Wells noch hinter den Erkenntnisstand der 60er Jahre des 19. Jahrhunderts zurück. Selbst wenn man den Neandertaler nur als Angehörigen einer Subspezies des *Homo sapiens* betrachtete, die Europa zuletzt vor 30000 Jahren bewohnte, hätte es beispielsweise keinen Zweifel daran geben können, daß er *aufrecht* ging.

DAS BILD VERVOLLSTÄNDIGT SICH

Wie Wells' *Unsichtbarer Mann* trat auch der Neandertaler nur langsam aus dem Dunkel der Vorzeit ans Licht.

Erst allmählich wurde das Gesicht dieses Menschen erkennbar. Von dem ursprünglichen Fund im Neandertal waren nur die Stirn und ein Teil der Schädeldecke übriggeblieben. 1866 gesellte sich aus der Höhle La Naulette in Belgien ein erster Unterkiefer dazu. Er war unvollständig, da zahnlos, aber in seiner Form völlig menschlich. Doch was weit auffallender war: Er besaß kein Kinn! Kinnlosigkeit bedeutete im damaligen Verständnis, daß er dem Affen nahe stand. Wieder gab Virchow einen Kommentar ab. Er untersuchte das Originalfossil und entdeckte eine »pathologische Knochenwucherung« unterhalb der Zähne, also eine Art Verdickung des Kieferknochens oberhalb des Kinns, die seiner Meinung nach das Kinn nur verschüttet habe. Moderne Beobachter haben diese angebliche »Wucherung« vergeblich zu finden versucht. Virchow verfolgte offenbar die nicht allzu schwer zu durchschauende Absicht, den fossilen Charakter der Fundstücke weiterhin zu leugnen. Wenn es seinen Zwecken nützlich schien, war er sogar bereit, alle wissenschaftlichen Prinzipien fahren zu lassen. Als 1886 an einem weiteren belgischen Fundort bei Spy (sprich: Spie) zwei komplette Neandertaler-Skelette ausgegraben wurden, war für die übrige wissenschaftliche Welt die Streitfrage über den Status der Neandertaler endgültig beigelegt. Allein Virchow stritt auch diesem Fund hartnäckig jegliche Bedeutung ab.

Gegen den bärbeißigen Virchow und den Bestseller-Autor Haeckel konnte der allzu biedere Schaaffhausen wenig ausrichten. In seinen *Gesammelten Schriften* (1885) finden sich viele kluge, einsichtige Aufsätze – nicht aber seine einzige wichtige Arbeit über den Neandertaler! Der wird im ganzen Buch nur zweimal und auch dann nur *en passant* erwähnt. Mit einer solchen Publikationspolitik verzichtete er von vornherein auf seinen Platz im Pantheon der Wissenschaft. Auch der Name *Homo primigenius*, den er für den Neandertaler gewählt hatte, erwies sich als nicht übermäßig hitverdächtig. Es blieb dem irischen Anatomen William King vorbehalten, 1864 den Namen *Homo neanderthalensis* in die wissenschaftliche Literatur einzuführen. (Das *sapiens* wurde erst 100 Jahre später, 1964, hinzugefügt.)

So ist Schaaffhausen, der einen Moment lang wie ein deutscher Darwin dastand, heute völlig vergessen. In keinem Lexikon findet sich sein Name. Fuhlrott wird öfter als Entdecker der Knochen genannt – im Fischer-Lexikon *Anthropologie* (1970) ist er sogar als »Begründer der Paläanthropologie« aufgeführt, was vielleicht eine etwas allzu lokalpatriotische Einschätzung darstellt. Haeckels anhaltender Ruf beruht auf seinen wunderbaren biologischen Zeichnungen. Virchow war stets zugleich progressiv *und* reaktionär, aber er blieb dabei immer ein großer Mediziner. Für die Anthropologie wird sein Name erst wieder auf dem Umweg über die Politik interessant: als entschiedener Gegner aller rassistischen Bestrebungen und jeglichen Germanen-Dünkels.

Die Arbeit am Neandertaler fiel von nun an hauptsächlich den französischen und englischen Kollegen zu. 1868 folgte der berühmte Skelettfund im Cro-Magnon-Felsüberhang in der Dordogne im westlichen Frankreich mit den Überresten der frühesten, eindeutig modernen Menschen in Europa. 1874 wurden einige wahrscheinlich neandertalische Fragmente in Pontnewydd in Wales gefunden, das damit den Rekord als nördlichster Fundort aufstellte. 1880 fand sich ein winziges Fragment eines jugendlichen Neandertaler-Unterkiefers im mährischen Sipka. Schaaffhausen verteidigte diesen Fund als echtes Stück eines *Homo primigenius*. In den 80er Jahren tauchte außerdem an einigen mährischen Fundorten weiteres Cro-Magnon-Material auf, also wesentlich östlicher als die ursprünglichen französischen Funde.

Unterdessen erkannte der französische Gelehrte Gabriel de Mortillet vier, später sechs deutlich unterscheidbare Perioden der Herstellung von Steinwerkzeugen im französischen Paläolithikum und benannte jede davon nach einem Fundort, an dem sie besonders vertreten war – Chelléen, Acheulium, Mousterium, Aurignacium. Dazu kamen später das Solutréen und das Magdalenium und ganz zuletzt das Chatelperronium.

Im Jahr 1909 wurde dann die alpine glaziale Sequenz (oder Aufeinanderfolge der verschiedenen Eiszeiten in den Alpen) von den österreichischen Geographen Albrecht Penck und Eduard Brückner etabliert. Diese Einteilung blieb die Basis für die Chronologie des Pleistozäns, bis sie in den 60er und 70er Jahren des 20. Jahrhunderts weitgehend von der Sauerstoffisotopmethode verdrängt, aber doch nicht völlig ersetzt wurde. Sie hat den Vorzug der Handlichkeit, und man merkt sich die Reihenfolge leicht, weil sie alphabetisch ist – Würm, Riss, Mindel, Günz. Man muß sich allerdings eine Eselsbrücke bauen, um zu wissen, ob man vor oder zurück rechnet: *Günz* ist *ganz* unten, bei *Würm* wird es wieder *warm*, da steigen wir der Gegenwart entgegen. (In Wirklichkeit war die Würm-Eiszeit natürlich keineswegs warm, sondern nur die jüngste. Sie dauerte von 100 000 bis 10 000 Jahre vor heute und umfaßt die Hauptlebenszeit der Neandertaler.)

Als nächstes kamen Max Lohest (einer der Spy-Entdecker) und Julien Fraipont von der Universität Liege zu dem Schluß, daß die Spy-Neandertaler zwar aufrecht gegangen, aber mit durchgebogenen, gebeugten Knien einhergeschlurft seien. So begann der Mythos von der affenähnlichen Gehweise der Neandertaler. Das historisch wichtigste Skelett eines stark gealterten Neandertalers wurde 1908 in einer kleinen Höhle unweit der Ortschaft Chapelle-aux-Saints – ein Stück östlich davon, in der Corrèze-Region – entdeckt und von Marcellin

Boule, dem Professor für Paläontologie am National Museum für Naturgeschichte in Paris, für eine detaillierte Studie ausgewählt. Boule veröffentlichte mehrere ausführliche Monographien über diesen Fund, die in den Jahren 1911 und 1913 erschienen. Seine Studie gilt als eines der erstaunlichsten Phänomene in der Geschichte der Menschheitserforschung und ist als eine Art verzweifeltes Bemühen beschrieben worden, die eigenen Vorfahren um jeden Preis schlechtzumachen. Boule konstatierte, daß die Gehirne der Neandertaler denen von mikroenzephalitischen (also schwachsinnigen) Menschen oder jenen der großen anthropoiden Affen glichen. Zugleich betrug nach seiner Berechnung die Gehirnkapazität von La Chapelle mehr als 1600 Milliliter. Die Haltung und Gangart des Neandertalers wurden, auf der Basis des angeblich »äffischen« Arrangements der Rückenmarkswirbel, als vornübergebeugt und mit krummen Knien dargestellt. Die Füße hätten vielleicht, wie Boule meinte, noch Greifzehen besessen. Bis 1957 (!) galt diese Studie als wichtige Informationsquelle zum Neandertaler.

Im gleichen Jahr wiesen die Anatomen William Strauss (USA) und Alec Cave (England) definitiv nach, daß der Fund von La Chapelle kaum als typischer Vertreter seiner Art gelten konnte. Das Skelett gehörte einem Mann zwischen 40 und 50, der unter Arthritis und Altersbeschwerden gelitten hatte, ansonsten aber ein effizienter Biped gewesen war, also ein Zweibeiner, genau wie wir. Von Strauss und Cave stammt die berühmte, wenn auch ein wenig zweischneidige Bemerkung, daß der *Alte Mann von La Chapelle*, falls er wieder zum Leben erweckt, gebadet, rasiert und in einen modernen Anzug gesteckt werden könnte, in einer New Yorker U-Bahn nicht mehr auffallen würde als manche jener Leute, denen man dort täglich begegnet.

Auch im kroatischen Krapina wurde zunächst ein einziges Schädeldach gefunden (ungefähr 120 000 Jahre alt). Entdeckt hatte es der serbokroatische Paläontologe Dragutin Gorjanovic-Kramberger. Als er seinen Fund 1906 in einer Abhandlung beschrieb, hatte der Fundort – ein wahres El Dorado der Urgeschichte – bereits mehrere hundert weitere hominide Stücke und Stückchen hervorgebracht, darunter eine Anzahl von partiellen Schädeldecken und Fragmenten von Skeletten von Kleinkindern und Kindern sowie Erwachsenen. Krapina bot eine Anhäufung menschlicher Überreste aus einer Zeit zwischen

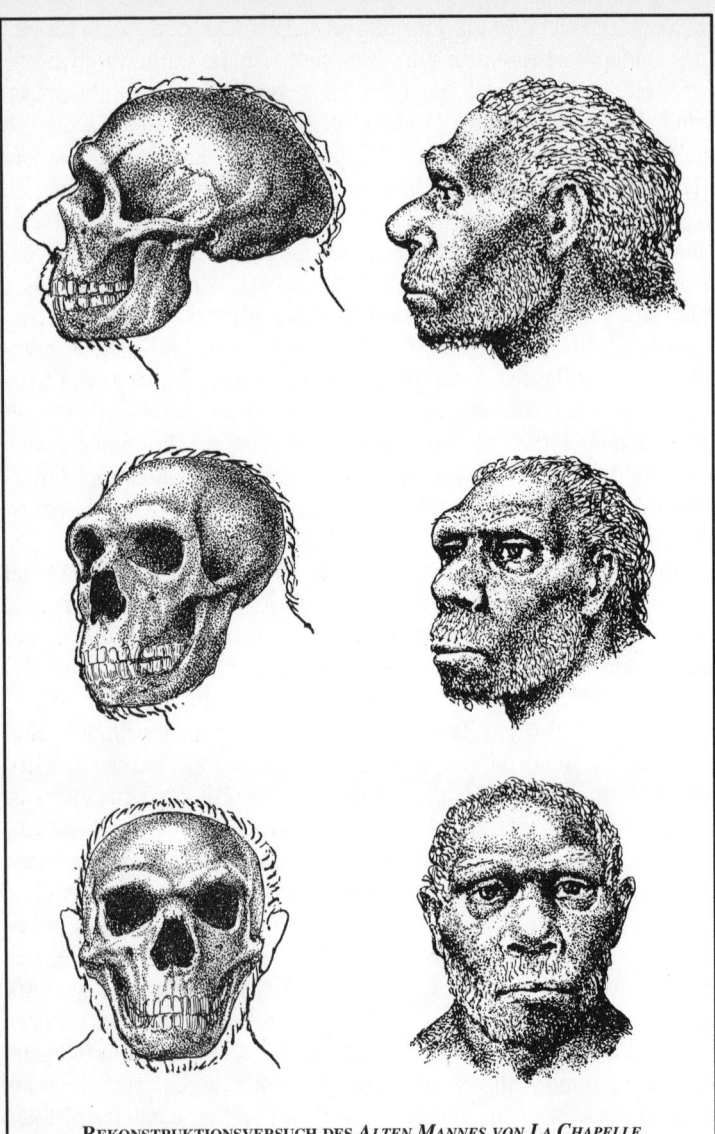

REKONSTRUKTIONSVERSUCH DES *ALTEN MANNES VON LA CHAPELLE*

130 000 und 80 000 Jahren vor heute. Der Großteil des Materials stammte aus der Hauptzeit der letzten Zwischeneiszeit (vor 127 000 bis 115 000 Jahren).

1912 verkündete Arthur Smith Woodward, ein Experte im Bereich fossile Fische, die Entdeckung eines Schädels und Unterkiefers in einer Kiesgrube bei Piltdown in Sussex und nannte die Fundstücke *Eoanthropus dawsoni* (»Dawsons Frühmensch«), zu Ehren des Rechtsanwalts und Amateurarchäologen Charles Dawson, der die Stücke Smith Woodward zur Kenntnis gebracht hatte. Es war ein bizarrer Fund: ein kleiner (1070 ml) aber moderner menschlicher Schädel mit dem Bruchstück eines vorgeschobenen Schimpansenunterkiefers. Dazu gehörte ein vereinzelter, deutlich äffischer Vorderzahn. Die Wissenschaft stand vor einem Rätsel.

Erst 40 Jahre später, zu Beginn der 50er Jahre, erwies sich der Pilotdown-Fund als ausgeklügelte Fälschung. Als Beteiligte an diesem gehobenen Studentenulk wurden viele berühmte Namen genannt. Auf der Verdächtigenliste standen insbesondere Pierre Teilhard de Chardin, aber auch Sir Arthur Conan Doyle und nicht zuletzt Sir Arthur Keith, das einflußreichste Mitglied des britischen paläoanthropologischen Establishments. Wirklich nachweisen konnte man es niemandem. (Seit neuestem wird Martin Hinton, ein Zoologe des British Museum, als Hauptverdächtiger favorisiert.)

Echt war dagegen ein im Jahr 1907 in einer Kiesgrube in Mauer bei Heidelberg entdeckter guterhaltener Unterkiefer, den man sogleich für eine neue Menschenart hielt, den Homo heidelbergensis. Der benachbarte Steinheim-Mensch aus Steinheim an der Murr nahe Stuttgart wird gern als Proto-Neandertaler angesehen. Im gleichen Jahr barg der deutsche Antiquar Otto Hauser einen jugendlichen Neandertaler-Schädel aus Le Moustier, Frankreich. Moustier, ein geschützter Felsüberhang im Tal der Vezère, sollte der »Moustier-Industrie« den Namen geben, der für die Werkzeugkultur der gesamten Neandertaler-Zeit prägend blieb. Hauser, ein archäologischer Scharlatan, der seine Funde gern mehrfach aus- und wieder eingrub, um sie dann im Beisein von Experten immer wieder neu zu »entdecken«, zählt trotz seiner kuriosen Praktiken zu den ganz Großen seines Metiers.

Die ältesten Funde, die gemeinhin zu den Neandertalern gerechnet werden, sind wahrscheinlich jene von Ehringsdorf (bei Weimar) und Saccopastore in Italien. Die Prä-Neandertaler von Ehringsdorf lebten in der letzten Warmzeit in einer Freilandstation. Insgesamt fanden sich dort ab 1908 in einer kalkhaltigen Quellablagerung die Knochen von möglicherweise neun verschiedenen Individuen, die in der letzten Zwischeneiszeit (von 130 000 bis 115 000 Jahren vor der Gegenwart) gelebt haben dürften. Unterschiedliche Datierungsmethoden deuten auf eine noch fernere Lebenszeit hin – 245 000 bis 190 000 Jahre.

Zwischen 1917 und 1921 hob der Amateurarchäologe Dr. Emil Bächler das Drachenloch aus, einen Fundort in den Churfürsten-Bergen in der Schweiz, und fand einen Höhlenbärenschädel, dem ein *Femur* (Oberschenkelknochen) im Rachen steckte. Zuviel Zufall für ein natürlich vorkommendes Arrangement? Ein Hinweis auf einen »Bärenkult«? Warum nicht? Auch in Amerika betrachteten die Indianer den Bären als eine Art »verkleideten Bruder« – und der überdimensionale eiszeitliche Höhlenbär begleitete den Neandertaler während seines gesamten Erdenwandels. Warum soll es nicht ein inniges Freund/Feind-Verhältnis zwischen den Populationen von Mensch und Bär gegeben haben?

Der amerikanische Paläanthropologe Ales Hrdlička war überzeugt, daß die Neandertaler in der direkten Linie der menschlichen Abstammung stünden. Er sehe, sagte er in einem Vortrag im Jahr 1927, »weniger Grund für die Vorstellung einer Neandertal-Spezies als einer Neandertal-*Phase* der Menschheit«. Eine grundsätzlich neue Einschätzung der menschlichen Entwicklung versuchte auch der deutschen Paläontologe Gustav Schwalbe.

ABBILDER DES NEANDERTALERS IN DER LITERATUR

Die deutsche Anthropologie blieb über ein Jahrhundert lang in erster Linie Anthropo*metrie*: Sie *maß* und *verglich* Schädel oder Skelette und veröffentlichte, wenn sie harmlos war, Aufsätze mit Titeln wie »Zur Variation der Nasenform bei west- und ostafrikanischen Bantunegern« (1974). Als weniger harmlos erwiesen sich die »Neuen

Merkmalskarten von Mitteleuropa« (1941) in der *Zeitschrift für Rassenkunde* und all jene anderen, letztlich mordbringenden »Forschungen« über »die Juden«.

Große Namen gab es erst wieder unter den deutschen und österreichischen Völkerkundlern oder Geologen. Das waren zumeist Reisende auf fremden Schiffen, ehrliche Makler und selbstlose Vermittler zwischen Kolonialherren und Kolonialvölkern. Sie beschrieben die Sitten und Gebräuche der Menschen anderer Erdteile mit solcher Gründlichkeit, als gälte es, sie vor dem Untergang noch rasch auszustopfen. Der Völkerkundler Martin Gusinde lebte nach dem Ersten Weltkrieg bei den »Urmenschen« auf Tierra del Fuego. »Professor Gusinde gelang es«, vermerkte ein Umschlagklappentext, »alles Wissenswerte über die letzten Angehörigen dieser heute für immer ausgestorbenen Indianerstämme zu sammeln, kurz bevor diese als Opfer ihrer Entdecker, der weißen Menschen, zu Grunde gingen.«

Die heutige Bevölkerung Samoas kennt ihre eigenen Traditionen nur deshalb, weil in *Die Samoa-Inseln* (Band 1 und 2, veröffentlicht 1901) ein Dr. Augustin Krämer von der Kolonialabteilung des deutschen Auswärtigen Amts mit deutscher Gründlichkeit wirklich *alles* Wissenswerte festgehalten hat. Andere Wissenschaftler bastelten sich ihren Samoaner lieber selbst. Erich Scheurmann erfand den Südseehäuptling Tuiavii von der Insel Tiavea und ließ ihn nach einem mythischen »Berlin« reisen. Die Prämisse seines Buches lautete: Wie würde der zivilisationskranke Mitteleuropäer aussehen, wenn wir ihn mit den Augen eines naturbelassenen Wilden sehen könnten? Die Antwort mußte natürlich heißen: zum Kaputtlachen! Das berühmte Buch *Der Papalagi* (»Der Weiße«) ist ein Stück imaginäre Ethnographie, Scheurmanns Häuptling Tuiavii eine Phantasiegestalt (*Tuiavii* bedeutet nichts weiter als »Häuptling«). Aber das Lesepublikum merkte es nicht. (Und wurde wohl auch absichtlich über seinen Irrtum im Dunkeln gelassen.) Es hielt die literarische Gestalt und den Autor für identisch. Das Buch wurde zum Bestseller, und zwar kurioserweise gleich zweimal im Abstand von 50 Jahren.

Reiseabenteuer bei edlen Wilden beschrieb auch Karl May, der sich dazu keinen Schritt vor die Haustür begab. Die imaginäre Reise wurde zu einer deutschen Tradition – bis weit über die Mitte des 20. Jahrhunderts hinaus. Der anonyme Verfasser der Krimi-Reihe

Jerry Cotton kannte in New York jede Häuserecke, ohne je dort gewesen zu sein. Als er dann tatsächlich einmal hinfuhr, wetteiferte er in puncto Lokalkenntnis mit den New Yorker Taxifahrern.

Auch in England, Frankreich und Amerika begaben sich die Autoren auf den Trip in die Welten der Phantasie. Jules Verne schickte seine Reisenden horizontal gegen die Uhrzeit und vertikal in die Urzeit. Einmal in 80 Tagen um die Erde, das nächste Mal hinunter zu ihrem Mittelpunkt. Dann wieder vertikal nach oben, aus der Vergangenheit in die Zukunft, zum Mond und um den Mond herum. H. G. Wells erfand den Begriff *Zeitreisender* (der Titel eines seiner Romane), aber letztlich handeln alle von ihm. Der Neandertaler blieb eine der grundlegenden Metaphern in Wells' gesamtem Werk, der Kern seiner innersten Verstörung. Die Marsmenschen in *Krieg der Welten*, die Monster auf der *Insel des Doktor Moreau,* sie alle sind Reflexionen auf den Neandertaler.

Edgar Rice Burroughs erfindet ihn als Affenmenschen neu, krempelt ihn jedoch ideologisch um. Tarzan ist Lord Greystoke ist Superman ist der Neandertaler. Burroughs schickt ihn auf Reisen – in die Zukunft und die Vergangenheit, ins Erdinnere und nach Pellucidar. Dracula entsteht als Horrorvision des Zeitreisenden: der Anti-Christ, der von den Toten aufersteht und um die halbe Welt reist, um die Lebenden heimzusuchen.

Die Ankunft des Neandertalers hatte also, wie diese Beispiele zeigen, auf das kollektive Bewußtsein des 19. Jahrhunderts die gleiche Wirkung wie das Erscheinen der großen Religionsstifter in ihrer Zeit. Das festgefügte Bild von Zeit und Geschichte, sämtliche Werte, sämtliche Religionen wurden erschüttert. Es war kein Zufall, daß Karl Marx *Das Kapital* mit einer Widmung an Darwin versehen wollte (Darwin lehnte dankend ab). Plötzlich sah man die Gesetzmäßigkeiten der Evolution auch in der menschlichen Geschichte. Biologie und Politik verbanden sich auf der Ebene der Ideologie. Ideologie und Biologie schwappten zurück in die Politik. Was Literaten und Philosophen sich ausdachten, führten andere aus. Nietzsche erfand den »Übermenschen«, Wagner schrieb den Soundtrack dazu, und Nietzsches Schwester begann, ihn zu züchten – mit einem Trupp blonder Teutonen im Dschungel Südamerikas. Am indianischen Wesen sollte der »Papalagi« genesen. Oder war es umgekehrt?

3

DIE VORGESCHICHTE DER MENSCHHEIT

ZWISCHEN TIER UND MENSCH:
DER AUSTRALOPITHECUS

Der Neandertaler war nicht der erste Mensch, das Rheinland nicht die Wiege der Menschheit. Tatsächlich gab es viele verschiedene Hominiden, die den Neandertalern vorausgingen. (Das Wort »Hominiden« bezieht sich auf Mitglieder der menschlichen Familie.) Heute ist klar, daß der Neandertaler der *letzte* Mensch war – der letzte *andere* Mensch neben uns. Der erste dagegen ist noch immer unbekannt. Aber obwohl die fossile Urkunde alles andere als komplett ist und die Belege oft recht fragmentarisch sind, ist in den letzten eineinhalb Jahrhunderten genügend Material zusammengekommen, um eine recht brauchbare Ahnengalerie erstellen zu können.

Die Trennung zwischen den Menschen und den heute lebenden Menschenaffen (Gibbon, Orang-Utan, Gorilla, Schimpanse, Bonobo) wurde früher vor 15 bis 20 Millionen Jahren angesetzt; einige Forscher hielten sogar einen Zeitraum zwischen 30 bis 40 Millionen Jahren für möglich. Manche Primaten, die damals auftauchten, wie *Ramapithecus,* wurden als mögliche Vorfahren des Menschen angesehen; heute gelten sie eher als Verwandte des Orang-Utans. Biochemische Analysen lassen mittlerweile auf einen letzten gemeinsamen Verwandten zwischen Mensch und Affe vor fünf bis zehn Millionen Jahren schließen. Andere sprechen von sechs bis neun Millionen Jahren. Wichtiges Detail: Für einen Zeitraum zwischen einer halben und fünf Millionen Jahren entsteht an dieser Stelle eine Lücke im fossilen Beleg.

Die frühesten Hominiden, die die Paläanthropologie heute kennt, gehören der Spezies ***Ardipithecus ramidus*** an. Sie ist mit 4,4 Millionen Jahren die älteste bekannte Hominidenart und wurde der Fachwelt erst im September 1994 vorgestellt. Die meisten Überreste bestehen aus Schädelfragmenten, aber es soll auch schon ein zu 45 Prozent komplettes Skelett gefunden worden sein. Indirekte Hinweise lassen darauf schließen, daß *ramidus* aufrecht ging und eine Größe von etwa 1,22 Metern erreichte. Die Zähne befinden sich entwicklungsgeschichtlich in der Mitte zwischen früheren Affen und *Australopithecus afarensis,* obwohl ein aufgefundener Babyzahn eher einem Schimpansenzahn als einem der bekannten Hominidenzähne gleicht. Andere Fossilien, die im Zusammenhang mit *ramidus* gefunden wurden, deuten darauf hin, daß dieser Hominide ein Waldbewohner war. Damit haben sich auf alle Fälle jene Theorien als überholt erwiesen, die den aufrechten Gang des Menschen als Resultat einer Anpassung an eine Savannenumgebung sahen. Heute ist klar: die Hominiden besaßen den aufrechten Gang, lange bevor sie in der Savanne eintrafen.

Der *Australopithecus anamensis* – so benannt seit dem August 1995 – besteht aus insgesamt 21 Fossilien, die zwischen 1988 und 1994 an zwei verschiedenen Fundstellen in Kenia aufgesammelt wurden. *Anamensis* lebte vor 4,2 bis 3,9 Millionen Jahren und besitzt eine Reihe von Merkmalen, die ihn als Übergangsform ausweisen. Die Zähne und der Kiefer ähneln denen früherer fossiler Primaten. Eine teilweise erhaltene *Tibia* (der größere der beiden Knochen des Unterschenkels) deutet auf Bipedalismus (den aufrechten Gang). Ein Oberarmknochen sieht bereits extrem menschenähnlich aus.

Australopithecus afarensis lebte zwischen 3,9 und drei Millionen Jahren vor der Gegenwart. Er besaß vermutlich ein affenähnliches Gesicht mit ausgeprägten Augenbrauenbögen, einer niedrigen Stirn und keinem Kinn. Das Gehirnvolumen variierte zwischen 375 und 500 Kubikzentimetern; der Schädel gleicht dem eines Schimpansen, mit Ausnahme der menschenähnlicheren Zähne. Becken und Beinknochen passen ebenfalls weit besser zu denen moderner Menschen und zeigen, daß dieser Hominide äußerst kräftig war.

Weibliche *Australopithecinen* waren möglicherweise wesentlich kleiner als die männlichen – die Körperhöhe variierte zwischen 1,07 und 1,52 Metern. Die Größenunterschiede können aber auch dadurch bedingt sein, daß es sich um zwei verschiedene Zweige der gleichen Art handelt. Finger und Fußzehen waren länger als bei heutigen Menschen, aber sonst in der Form der meisten anderen Details durchaus vergleichbar. Viele Wissenschaftler hielten dies für ein Anzeichen, daß *afarensis* noch teilweise für das Klettern in den Bäumen ausgestattet war. Andere sahen es als evolutionären Ballast. Erst dem Anthropologen Robin Crompton von der Universität Liverpool gelang es, solche subjektiven Annahmen und Vermutungen durch exakte Messungen und wissenschaftliche Experimente zur Erforschung der Frühgeschichte zu widerlegen. In einem Computermodell mit einem digitalen Skelett erbrachte er den Nachweis, daß für diesen Hominiden weder der schaukelnde Gang eines Schimpansen noch der schlurfende Schritt eines Menschen, der den Gang eines Schimpansen imitiert, in Frage gekommen wären. Bei der ersten Fortbewegungsart wäre *afarensis* hintübergekippt, bei der zweiten hätte er zuviel Kraft beim Gehen verbraucht. Nur mit dem aufrechten Gang konnte dieser Hominide problemlos durch die digitale Savanne schlendern.

Australopithecus africanus existierte zwischen drei und zwei Millionen Jahren vor der Gegenwart. Dieser Hominide war *afarensis* ähnlich und ebenfalls ein voll entwickelter Zweibeiner. Sein Gehirn scheint mit 420 bis 500 Kubikzentimetern etwas größer als das Gehirn eines heutigen Schimpansen gewesen zu sein (bei gleicher Körpergröße), die Gehirnregionen, die für die Entwicklung von Sprache zuständig sind, waren anscheinend noch nicht entwickelt. Doch darüber lassen sich nach dem heutigen Wissensstand keine definitiven Aussagen machen. Man könnte genausogut – wie wir später sehen werden – die Ansicht vertreten, daß die Entwicklung einer erhöhten Kommunikationsfähigkeit (noch nicht unbedingt einer *Sprache,* aber sprachähnlicher Prozesse) ein Motor unserer Entwicklung *von Anfang an* gewesen sein muß.

Obwohl die Zähne und der Kiefer von *africanus* weit größer als die irgendeines heutigen Menschen waren, sind sie menschlichen Zähnen doch ähnlicher als denen von Affen. Der Kiefer hat hier bereits die für Menschen typische Parabelform erreicht, und die Eckzähne sind im Vergleich zu denen von *afarensis* weiter reduziert. *Australopithecus afarensis* und *africanus* werden als grazile, das heißt schlanke *Australopithecinen* bezeichnet, dennoch waren sie wesentlich robuster als moderne Menschen.

Australopithecus aethiopicus lebte vor 2,6 bis 2,3 Millionen Jahren. Diese Art ist durch einen berühmten Fund, den »schwarzen Schädel«, und einige andere, weniger wichtige Beispiele dokumentiert. Sein Gehirnvolumen ist mit 410 Kubikzentimetern sehr niedrig, und das massive Gesicht, die starken Kiefer, der einzelne Zahn, der gefunden wurde, und auch die große Sagittalleiste (die größte unter allen Hominiden) deuten auf einen robusten Verwandten von *afarensis* hin. In der Tat weisen die meisten Fossilfunde aus der Anfangszeit der Hominidenfamilie nicht auf einen Stammbaum, wie ihn Ahnenforscher gerne gesehen hätten. Es entsteht eher das Bild eines Stamm*gebüschs* – einer Vielzahl verwandter und verschiedener Spezies, die neben- und nacheinander existierten, ohne eine einzige, direkte Abstammungslinie klar zu markieren. Es ist letztlich nicht einmal auszuschließen, daß keiner der Genannten wirklich direkt mit uns verwandt ist.

Australopithecus robustus glich körperlich dem *africanus,* aber mit kräftigerem Schädel und Gebiß. Er lebte zwischen zwei und 1,5 Millionen Jahren vor heute. Ein breites, flaches Gesicht ohne Stirn, aber mit großen Augenbrauenbögen. Kleine Vorder- und kräftige Mahlzähne. Die meisten Funde zeigen eine Sagittalleiste. Er dürfte sich von einer schwerverdaulichen Pflanzenkost ernährt haben. Das Gehirnvolumen beläuft sich auf durchschnittlich 530 Kubikzentimeter. *Robustus* benutzte bereits Knochen als Werkzeuge.

Australopithecus boisei existierte zwischen 2,1 und 1,1 Millionen Jahren vor heute. Er glich *robustus,* was Gesicht und Gehirn anging, besaß aber noch massivere Backenzähne, manche davon mit einem Durchmesser von zwei Zentimetern.

DIE VERTRETER DER HOMO-ARTEN

Homo habilis, der »handwerkliche Mensch«, wird so genannt, weil sich Spuren von Werkzeugen in der Nähe seiner Fundplätze erhalten haben. Er existierte ab zirka 2,4 bis 1,5 Millionen Jahren vor der Gegenwart. In vielerlei Hinsicht ähnelt er den *Australopithecinen.* Das Gesicht steht nicht so weit vor wie bei *africanus,* die Backenzähne sind kleiner, aber immer noch ein gutes Stück größer als beim modernen Menschen. Das durchschnittliche Gehirnvolumen beläuft sich auf 650 Kubikzentimeter, ist also wesentlich größer als das der Australopithecinen, wobei die Größe zwischen 500 und 800 Kubikzentimetern variieren kann und sich am oberen Ende mit dem *Homo-erectus*-Bereich überschneidet. Die Form des Gehirns ist ebenfalls menschenähnlicher. Das Broca-Zentrum (motorisches Sprachzentrum), das für die Sprachfähigkeit grundlegend wichtig ist, läßt sich in zumindest einem Hirnabguß erkennen. Der *Homo habilis* muß somit bereits irgendeine Form von Sprache besessen haben. Der kleinwüchsige (1,27 Meter, 45 Kilogramm) *habilis* wird von manchen Forschern für in Wirklichkeit zwei verschiedene *Homo*-Spezies gehalten. Dennoch läßt sich das Argument vertreten, daß wir den Menschen ab 2,4 Millionen Jahren, also ab Beginn der von da an dann nur noch monoton weiter verlaufenden *Gehirnexpansion,* bereits als physisch und rituell weitgehend komplettes, biologisches Wesen unserer Gattung ansehen können.

Homo erectus existierte zwischen 1,8 Millionen und 300 000 Jahren vor heute. Wie bei *habilis* besaß das Gesicht einen kräftigen, vorstehenden Kiefer mit großen Backenzähnen, aber ohne Kinn, dazu dicke Augenbrauenbögen, einen langgestreckten, niedrigen Schädel und ein Gehirnvolumen zwischen 750 und 1225 Kubikzentimetern. Die frühen *Homo erectus* kommen im Schnitt auf 900 Kubikzentimeter, spätere weisen einen Durchschnitt von 1100 Kubikzentimetern auf. Manche asiatischen *erectus*-Schädel verfügen über eine Sagitalleiste. Das Skelett ist robuster als das moderner Menschen, was auf größere körperliche Kraft schließen läßt. Die Körperproportionen sind unterschiedlich. Der *Turkana Boy* ist hochgewachsen und schlank wie moderne Menschen aus der gleichen Gegend. Die wenigen Beinknochen des *Peking-Menschen,* die man gefunden hat, deuten auf einen kürzer und solider gebauten Typus. Eine Untersuchung des Skeletts des *Turkana Boy* scheint den Schluß zuzulassen, daß er ein geschickterer Läufer war als moderne Menschen, deren Skelette sich der Geburt großköpfiger Babys anpassen mußten.

Homo habilis und die *Australopithecinen* lebten nur in Afrika, doch *erectus* war umtriebiger. Man findet seine Überreste in Afrika und Asien, eindeutige Nachweise für seine Anwesenheit in Europa sind bisher nicht ans Licht getreten. *Erectus* benutzte bereits das Feuer, und seine Steinwerkzeuge waren wesentlich geschliffener als diejenigen von *habilis.*

Der archaische **Homo sapiens** erscheint erstmals vor einer halben Million Jahren. Der Begriff umfaßt eine Gruppe von Schädeln, die recht unterschiedliche Züge sowohl des *erectus* wie moderner Menschen tragen. Das Gehirn ist mit durchschnittlich 1200 Kubikzentimetern größer als bei *erectus,* aber kleiner als heute üblich. Der Schädel ist runder, und die Zähne sind gewöhnlich weniger robust als bei seinem Vorgänger. Viele Schädel weisen aber nach wie vor kräftige Augenbrauenwülste auf, eine fliehende Stirn und ein zurückweichendes Kinn. Es gibt keine klare Trennungslinie zwischen spätem *erectus* und archaischem *sapiens.* Viele Fossilien aus der Zeit zwischen 500 000 und 200 000 Jahren vor heute sind entsprechend schwierig dem einen oder anderen zuzuordnen.

Der **Homo sapiens neanderthalensis** – um den es in diesem Buch in erster Linie geht – existierte zwischen rund 230 000 und 30 000 Jahren vor der Gegenwart. Das Gehirn ist mit im Schnitt 1450 Kubikzentimern (und oft mehr) größer als das heutiger Menschen, doch das hängt wahrscheinlich mit seiner größeren Massigkeit insgesamt zusammen. Die Hirnschale ist jedoch länger und niedriger als bei modernen Menschen und besitzt eine ausgeprägte Ausbuchtung am Hinterkopf. Wie *erectus* besaßen die Neandertaler einen vorstehenden Kiefer und eine fliehende Stirn. Das Kinn war gewöhnlich nur schwach ausgeprägt. Die Gesichtsmitte ragte nach vorne heraus, ein Charakteristikum, das sich weder bei *erectus* noch bei *sapiens* findet und wahrscheinlich eine Anpassung an die Kälte darstellt. Es gibt einige kleinere anatomische Unterschiede zum modernen Menschen, insbesondere an den Schulterblättern und am Schambein in der Beckengegend. Die Neandertaler lebten meistens in klimatisch kalten Gegenden, und ihre Körperproportionen entsprachen denen moderner, an Kälte angepaßter Völker. Sie waren gedrungen und kräftig mit kurzen Gliedmaßen. Männer kamen im Schnitt auf eine Größe von 1,68 Metern, ihre Knochen zeigen die Spuren kräftiger Muskeln.

Nach modernen Gesichtspunkten müssen Neandertaler ungeheuer stark gewesen sein. Ihre Skelette belegen, daß ihr Leben sehr hart war. Eine große Anzahl ihrer Werkzeuge und Waffen sind gefunden worden, die fortgeschrittener wirken als diejenigen des *Homo erectus.* Neandertaler waren hervorragende Jäger und die ersten Menschen, die ihre Toten nachweislich begruben (die älteste Grabstelle ist etwa 100 000 Jahre alt). Sie waren in ganz Europa und im Nahen Osten anzutreffen. Westeuropäische Neandertaler besaßen oft eine robustere Körperform und werden »klassische Neandertaler« genannt. Neandertaler, die man anderswo fand, neigten seltener zu solcher Robustheit.

Der moderne **Homo sapiens sapiens** erscheint vor rund 120 000 Jahren auf der Bildfläche. Moderne Menschen haben ein Gehirn von durchschnittlich 1350 Kubikzentimetern. Ihre Stirn erhebt sich zumeist steil nach oben, die Augenbrauenbögen sind klein oder eher noch abwesend, das Kinn steht deutlich vor, und das Skelett ist extrem feingliedrig. Vor rund 40 000 Jahren, mit dem Erscheinen der Cro-Magnon-Kultur, begannen die Werkzeugansammlungen immer fortschrittlichere Züge zu tragen. Eine große Menge unterschiedlicher Materialien kamen zur Anwendung wie beispielsweise Knochen und Geweihe sowie Geräte zur Herstellung von Bekleidungsstücken und Kunstwerken. Verziertes Werkzeug, Schmuckperlen, Elfenbeinschnitzereien von Menschen und Tieren, Tonfiguren, Musikinstrumente und eindrucksvolle Höhlenmalereien erschienen im Lauf der nachfolgenden 20 000 Jahre.

Sogar während der vergangenen 10 000 Jahre läßt sich deutlich ein Trend in Richtung auf kleinere Backenzähne und abnehmende Robustheit ausmachen. Die Gesichter, Unterkiefer und Zähne der Menschen aus der mittleren Steinzeit vor 10 000 Jahren sind etwa zehn Prozent robuster als heutige Menschen. Menschen des Oberen Paläolithikums vor 30 000 Jahren sind 20 bis 30 Prozent robuster als die moderne Norm in Europa und Asien. Interessanterweise haben einige heutige Menschen (wie die australischen Aborigines) Zähne, deren Größe eher charakteristisch für den archaischen *sapiens* ist. Die kleinsten Zähne finden sich dort, wo die Nahrungsmittelbearbeitung durch andere Werkzeuge als die Zähne am längsten eingeführt war. Dies ist wahrscheinlich ein Beispiel für eine natürliche Zuchtwahl und Entwicklung, die sich in den letzten 10 000 Jahren ergeben hat.

Einige neuere Entdeckungen zeigen, in welche Richtungen die paläanthropologische Forschung gegenwärtig arbeitet:

Eine Reihe von *Homo*-Fossilien in Spanien, datiert auf 780 000 Jahre, könnte zu den ältesten europäischen Hominiden gehören; zu klären bleibt noch, zu welcher Spezies.

Neue Funde in Spanien und Kroatien lassen es möglich erscheinen, daß die Neandertaler länger überlebten, als man bislang annahm – bis vor zirka 28 000 Jahren.

Vier *Australopithecinen*-Fußknöchel, datiert auf 3,5 Millionen Jahre, sind die ältesten Hominidenfossilien, die bisher in Südafrika gefunden wurden. Sie scheinen für die Bipedie eingerichtet zu sein, zeigen aber eine faszinierende Mischung äffischer und menschlicher Merkmale.

Zwei Hominidenzähne aus China, auf 1,9 Millionen Jahre geschätzt, sind der Nachweis dafür, daß der frühe afrikanische *Homo erectus* eine Million Jahre eher nach Asien auswanderte als bislang angenommen.

Neuere Forschungen deuten darauf hin, daß einige *Australopithecinen* zu einem Präzisionsgriff fähig waren, der jenem des modernen Menschen gleicht, sich aber von dem des Menschenaffen unterscheidet. Dies würde darauf hindeuten, daß unsere frühen Vorfahren bereits vor vier oder fünf Millionen Jahren begonnen haben müssen, Stein- und andere Werkzeuge gezielt einzusetzen.

Doch unser Thema liegt zeitlich und geographisch näher.

LEBEN IN DER EISFALLE

Europa vor 125 000 bis 75 000 Jahren. England und Irland sind noch Teil des europäischen Festlandes. Tiefe Täler existieren an jenen Stellen auf der Landkarte, wo sich heute der Ärmelkanal und Nord- und Ostsee befinden. Riesige Flüsse strömen durch diese Täler, Flüsse, in die sich die Seine, die Themse und der Rhein als Zuträger ergießen. Löwen, Hyänen, Elefanten und andere Tiere bevölkern die fast menschenleeren Landstriche.

Die Menschengruppen, die in Westeuropa während der vorletzten Eiszeit auf Jagd gehen, bestehen aus Individuen, die anatomisch vom modernen Menschen scheinbar noch weiter entfernt sind als ihre eigenen Vorfahren, die 6000 oder 7000 Generationen vor ihnen lebten. Sie besitzen große Gehirne, zugleich aber einen niedrigen Hirnschädel, der oben abgeplattet ist und an den Seiten in die Breite geht. Dazu kommt eine flach abfallende Stirn mit schweren Augenbrauenbögen und eine große Nase, die raubvogelartig weit aus dem Gesicht nach vorn herausragt. Ihre Körper sind mit Muskeln bepackt. Sie wirken wie menschliche Brauereipferde: untersetzt, von gedrungener Gestalt. Ihre Kraft ist außerordentlich, ihre Knochen sind zehn bis 20 Prozent schwerer als unsere, dichter und solider, mit einem engeren Knochenmarkskanal. Die Schienbeine widerstehen Beuge- und Drehkräften, bei denen unsere Knochen wie trockene Zweige zersplittern würden.

Diese Menschen besitzen einen Handgriff, der zwei- oder dreimal kräftiger ist als der unsere, und die stärksten unter ihnen, heißt es, sollen Lasten bis zu 15, 16, 17 (und mehr!) *Zentner* stemmen können. Sie vollbringen gewohnheitsmäßig an jedem Tag ihres Lebens körperliche Schwerstarbeit, wozu wahrscheinlich auch Märsche von 30 oder mehr Kilometern durch unwegsames Gelände voller Schnee und Eis gehören, von denen sie mit Fleisch, pflanzlicher Nahrung und Brennholz bepackt zurückkehren. Selbst wenn man ihre enorme körperliche Kraft in Betracht zieht, ist es schwer zu verstehen, wie sie unter diesen Bedingungen überleben und solche langen Wege durch den Schnee zurücklegen können – offenbar ohne Schneeschuhe, Schlitten oder irgendwelche anderen spezialisierten Ausrüstungsgegenstände. Jede Reise muß größere Probleme mit sich bringen. Man kann nur voller Staunen innehalten vor der Fähigkeit dieser Menschen, die intensive Kälte im damaligen Europa zu ertragen. Ihre Einsamkeit muß unvorstellbar sein. In unserer heutigen, dicht bevölkerten Welt ist es beinahe immer möglich, jemanden zu benachrichtigen und einen Rettungshubschrauber oder Suchtrupp herbeizurufen, wenn etwas schiefgeht. Aber in jener Welt ist jede Gruppe auf sich selbst gestellt. Wenn die Schneewehen bei Winterstürmen besonders hoch sind, geht niemand mehr irgendwohin. Das Überleben in dieser Welt ist ohne umfangreiche Reserven an Nahrung und Brennstoff und ohne die richtige Kleidung unmöglich.

Die Jagdgründe bestehen hauptsächlich aus kargen Kältesteppen, einem weiten, flachen Gelände, das von eisigen Winden durchweht wird, wo aber unter der Schneedecke noch eßbare Gräser wachsen. In den subarktischen Regionen Kanadas bieten solche Kältesteppen heute die Lebensgrundlage für die dortigen Rentiere, die Karibus, die die wichtigste Nahrungsquelle für menschliche oder tierische Karibujäger sind. Ähnliches gilt sicher für die Rentiere und ihre Jäger in Europa vor 50 000 Jahren. Doch die Jagd allein wirft im Winter nicht genug Nahrung ab. Einer Schätzung zufolge braucht man rund 400 Kilogramm solides Fleisch, um zehn Personen einen Monat lang durchzufüttern, und die Winter jener Zeit dürften vier bis fünf Monate dauern. Solche Bedingungen verlangen nach Vorratslagern. Die Menschen benutzen dafür wahrscheinlich mit Lebensmitteln gefüllte Fliegenschränke, unterirdische Keller und Erdlöcher, die sie aus dem dauerhaft gefrorenen Boden heraushacken müssen. (Eine dieser prähistorischen »Tiefkühltruhen«, die man in einer Höhle auf der Insel Jersey vor der französischen Westküste fand, enthielt einen reichhaltigen Vorrat an großen Stücken Fleisch: drei Rhinozeros-Schädel und die Überreste von mindestens fünf Mammuts, die bereits kochfertig zugerichtet waren.)

Die Westeuropäer sitzen in jenen Urzeiten gefangen in einer Eisfalle, buchstäblich eingezwängt von einer glazialen Kneifzange. In den kältesten Zeiten rücken die Gletscher der großen skandinavischen Eisdecke südwestlich ins Zentrum von Polen vor, während gleichzeitig Gletscher von den Alpen her nordostwärts zu den Karpaten und zur Donau hinauf wandern. Die Eismassen treffen nie ganz aufeinander. Zwischen ihnen bleibt stets ein Korridor offen, der einige hundert Kilometer breit ist. Doch es gibt vielleicht nur wenige Routen und Pässe, die durch dieses Gebiet führen. Während der Zeiten stärkster Vereisung werden die Wege vollends unpassierbar. Viele Bevölkerungsgruppen bleiben dann Jahrhunderte und sogar Jahrtausende isoliert.

So kommt es, daß sie sich auch körperlich verändern. Diese Menschen sind vollkommen an ihre Umgebung angepaßt, wie man schon an der Form ihres Körpers erkennen kann. Ihre kräftigen Kiefer passen sich möglicherweise an einen Speiseplan an, der viel zähes Fleisch enthält, das praktisch roh oder nur leicht geröstet und mit Blut oder Asche gewürzt gegessen wird. Salz gibt es nicht oder nur selten. Trotzdem empfinden sie wahrscheinlich kein übermäßiges Bedürfnis, ihre Sachen zu packen und fortzuziehen. Sie bleiben, wo sie sind, denn es gibt Fallen, die noch viel wirkungsvoller sind als Klima oder Geographie. Die meisten Menschen fühlen sich ihrer Heimat verbunden, selbst wenn das Land unwirtlich und jeder Tag ein Kampf ums Überleben ist.

Sie verlassen ihre Gegenden nicht, denn sie fühlen sich dem Land verbunden – weil ihre Ahnen hier gelebt haben. Leben und Tod sind unter diesen besonderen Umständen zu etwas Besonderem geworden. In den vorausgegangenen Jahrhunderttausenden der Menschheitsgeschichte erfolgte das Sterben der Menschen wohl in der gleichen Weise wie bei anderen Tieren. Auch sie wurden zurückgelassen, wenn sie zu schwach waren, um mit dem Rest der Gruppe Schritt zu halten, oder machten sich von selbst davon, um irgendwo still auf ihr Ende zu warten.

Jetzt, das legen die Begräbnisse nahe, geht man auf eine ganz neue Art mit den Toten und auch mit den Lebenden um. Dieses Mitgefühl für den Nächsten ist eine Reaktion auf die oft bitterkalten Lebensbedingungen, weil die Menschen einander weit mehr brauchen und stärker aufeinander angewiesen sind als in Zeiten, die geringere Anforderungen an sie stellten. Die Menschen beginnen, sich umeinander zu kümmern. Sie knüpfen intimere Gefühlsbande und empfinden daher tieferen Schmerz beim Abschiednehmen, besonders, wenn der Tod kommt.

Das bittere Klima muß mit dieser neuen Geisteshaltung etwas zu tun gehabt haben. Wir wissen von zahlreichen Beispielen aus unserer eigenen Zeit, daß Menschen, die (in quälender Armut oder in Flüchtlingslagern als ethnisch Verfolgte oder Todgeweihte) unter den bedrückendsten Umständen leben, oft die allergrößten Hoffnungen für die Zukunft hegen, Hoffnungen auf ein besseres Leben – in einer anderen Welt, wenn schon nicht in dieser, in der sie leben. Neu ist nicht das Leiden. Das hat immer schon zur Geschichte aller Lebewesen dazugehört. Neu ist das Gehirn dieser Menschen – ein Gehirn, das eine nie gekannte Größe erreicht hat und fähig ist, sich völlig neuartige Fragen vorzulegen, auf die es gänzlich neue Antworten findet.

DIE LETZTE ZWISCHENEISZEIT

Die Wirkung einer Eiszeit ist dramatisch. An den Polen bilden sich Eiskappen, und weltweit sinken die Temperaturen um etwa zehn Grad Celsius. Das Leben auf der Erde konzentriert sich auf einen Streifen in Äquatornähe und kann auch dort kaum angenehm genannt werden. Die ausgedehnten polaren Eiskappen binden große Mengen des auf der Erde verfügbaren Wassers. Die Regenfälle gehen zurück, und die vorher fruchtbaren tropischen Landschaften verwandeln sich in ausgedorrte Wüstengegenden. Viele Gattungen, wie zum Beispiel Mammut, Höhlenbär und Säbelzahntiger, passen sich an die kalten Temperaturen der Eiszeit an, indem sie sich ein dickes Fell zulegen und immer größer werden, um die Wärme zu konservieren. Die regelmäßige Wiederkehr kurzer Warmperioden führt jeweils zu einer explosionsartigen Vermehrung der an das wärmere Klima angepaßten Tierarten und zum Aussterben der Eiszeitspezialisten.

Seit Beginn des Pleistozäns (der letzten drei Millionen Jahre) hat es rund 15 solche Zyklen gegeben. Das Muster zeigt in der Regel ein langsames Aufbauen des Eises oder Absinken der Temperaturen zu einem glazialen Maximum beziehungsweise Minimum, gefolgt von einer relativ raschen Erwärmungsphase samt Auflösung der Eisdecken am Ende des Kreislaufs. Aber die erdgeschichtliche Urkunde zeigt auch Fluktuationen in kleinerem Maßstab auf. Im allgemeinen waren die Sommer in einer Eiszeit nicht sehr viel kälter, als sie es heute sind, die Winter dagegen länger und weitaus strenger. Die Warmwasserheizung der Ozeane wurde außer Kraft gesetzt. Daher der Aufbau von Eis. Gegen Ende jeder Glazialperiode wurde das Klima auch sehr viel trockener.

In den letzten knapp 800 000 Jahren hat es acht volle klimatische Zyklen gegeben, fast in einem 100 000-Jahre-Rhythmus. Der letzte, der vor etwa 127 000 Jahren begann, fällt in jene Zeit, die normalerweise als Oberes Pleistozän bezeichnet wird. Es umfaßt die letzte Zwischeneiszeit, die letzte Eiszeit und die wärmere Periode, in der wir uns gegenwärtig befinden. Diese Warmphase setzte vor etwa 10 000 Jahren ein und wird als Holozän bezeichnet. Auch in dieser relativ kurzen Epoche hat es manche klimatische Fluktuationen gegeben, etwa die Kleine Eiszeit, die um 1650 ihren Höhepunkt erreichte und uns von den Schnee-Gemälden Breughels bekannt ist. Oder wärmere Perioden wie jene, die es Hannibal und seinen Elefanten erlaubte, die Alpen zu überqueren – über Pässe, die heute wegen der Gletscher unpassierbar sind.

Die Eiszeiten waren keine Perioden dauerhafter Kälte, sondern eher ein Fleckenteppich unterschiedlicher Umwelten. Als vor 127 000 Jahren die letzte Zwischeneiszeit begann, schmolzen die riesigen polaren Eiskappen dahin. Auch die Alpen und Pyrenäen wurden eisfrei. Während dieser Zeit bewegten sich neben den Neandertalern in Europa Flußpferde, Nashörner und Waldelefanten mit geraden Stoßzähnen über die Landschaft bis hinauf ins nördliche England. Weiter im Norden gab es Rentiere, das zweihörnige Wollnashorn und das wollige Mammut. Vor etwa 115 000 Jahren setzte eine Abkühlung ein, die

Wälder dünnten aus, Grasflächen verbreiteten sich, große Herden von Pferden, Rindern und Geweihträgern wanderten über sie dahin. Im Herzland der Neandertaler gab es leichte Waldungen. Vor 75 000 Jahren begann die letzte Eiszeit.

Kurz danach geschah eine jener periodischen Klimakatastrophen, die mit jenem Ereignis vergleichbar ist, das vor 60 Millionen Jahren die Dinosaurier auslöschte: Toba, ein Vulkan auf der Insel Sumatra, brach aus. Zwei Wochen lang spuckte er Milliarden Tonnen von Asche mehr als 30 Kilometer hoch in die Atmosphäre. Er hinterließ 3000 Kubikkilometer Magma auf Sumatra und dem umliegenden Boden der Ozeane. Die Folge: Die Temperaturen rund um die Erde stürzten ab, und innerhalb von 5000 Jahren hatten die Gletscher genug Wasser aus den Ozeanen gezogen, um die Meeresspiegel weltweit um 50 Meter absinken zu lassen. Toba preßte die menschliche Abstammungslinie durch einen Flaschenhals, so daß sich die Erdbevölkerung Schätzungen zufolge während dieser Zeit auf insgesamt nicht mehr als 10 000 Individuen belief. Dieser Engpaß muß für die Neandertaler in Europa besonders einschneidende Folgen gehabt haben, von denen sie sich letztlich nie mehr wirklich erholten. Vor rund 70 000 Jahren sanken die Temperaturen rapide, bis vor 40 000 Jahren vollglaziale Bedingungen herrschten. Der Niedergang der Neandertal-Bevölkerung verläuft parallel dazu. Das europäische Klima wurde trocken und blieb vornehmlich unangenehm kalt. Eisige Winde aus dem Norden sorgten für eine durchschnittliche Jahrestemperatur um minus zwei Grad Celsius.

Die Klimazonen in Europa waren jeweils unterschiedliche Variationen des gleichen Themas. Tundra, Wind, fliegender Löß, Juli-Temperaturen nicht selten unter zehn Grad. Die Neandertaler, zu diesem Zeitpunkt die letzten Nachfahren einer viele hundertausend Jahre währenden europäischen Besiedlung, standen mit dem Rücken zur Wand. Der riesige Höhlenbär starb aus. Die Höhlenhyäne, der Höhlenlöwe, alle viel größer als ihre heutigen Nachfahren, überlebten noch bis zum Ende der nächsten Eiszeit vor 20 000 Jahren. Arktische Füchse, Hasen, Lemminge und zahlreiche andere Tiere mit kurzen Gliedmaßen und weißem Fell hoppelten über den Kontinent. Sie folgten damit der bekannten Allenschen Regel, die besagt, daß Tiere in kalten Gebieten solide Körper und kurze Gliedmaßen erwerben, um die Wärme besser in ihrem Körper zu konservieren. Auch die Neandertaler entsprechen dieser Regel, und wir können davon ausgehen, daß sie Zeit und genügend Gelegenheit gehabt haben, *weiß* zu werden und sich als sekundäre Adaptation wieder eine relativ kräftige äußere Grannenbehaarung wachsen zu lassen, wie sie heute noch an besonders stark körperbehaarten Individuen auftritt.

Die Nordsee war vereist, kein Meer milderte die bitterkalten Winde aus dem Norden ab. Bewohnbar für die Neandertaler blieb nur der Süden Europas – Südfrankreich, Italien, Griechenland, Jugoslawien. Hier gab es kleine Waldstücke, viel Regen, die Temperaturen im Sommer lagen um neun Grad, im Winter um minus 13. Ein vergleichsweise angenehmes Klima also, zumindest erträglich.

4

DER ALLTAG
DER NEANDERTALER

DIE FRAGE DER ERNÄHRUNG

W as wissen wir über das Alltagsleben der Neandertaler? Nahezu alle Spekulationen über diese Menschen beruhen auf Schlußfolgerungen anhand von Skelettfunden. Können wir etwas Handfestes darüber aussagen, welcher Art die körperlichen Aktivitäten waren, die bei der Beschaffung der Nahrungsmittel und beim Überleben zum Tragen kamen? Es ist offensichtlich, daß die Männer, Frauen und Kinder mit einer größeren Muskelmasse ausgestattet waren als vergleichbare Menschen des Oberen Paläolithikums.[5]

Das Ausmaß, in dem die Neandertaler, wenigstens zu bestimmten Jahreszeiten, auch beträchtliche Mengen an Körperfett transportierten – eine ziemlich effektive Körperisolierung, die zudem Zugang zu schnell abrufbaren Kalorienreserven bot – ist gegenwärtig nicht bekannt. Vielleicht kann man irgendwann einmal Rückschlüsse aus gewissen Muskelbildungen ziehen. Wenn die Robustheit der Oberschenkelknochen Hinweise auf das Gewicht gibt, das sie tragen mußten, und auf eine anhaltende Aktivität beim Transport dieser relativ großen Körpermasse, dann läßt sich daraus auf den Konsum einer beträchtlichen Energiemenge in Form von Kalorien durch die Nahrung schließen.

Die Energie wurde durch den Stoffwechsel aufgenommen, durch kalorienreiche Nahrung, vermutlich in Form von großen Mengen an tierischem Fett, Knochenmark, Gehirn und dergleichen mehr und *Sauerstoff*. Die Frage ist: Wieviel mehr Sauerstoff als die späteren, grazileren Menschen brauchten sie, um genügend Kalorienbrennstoff umzusetzen und das Muskelsystem in Gang zu halten? Um genügend Wärme in den Muskeln zu produzieren, damit eine Körpertemperatur aufrechterhalten wurde, die ausreichte, um Menschen das Überleben in der Umgebung vergletscherter Gebiete (und mit einer gering entwickelten kulturellen »Pufferzone« wie Kleidung, festen Wohnungen

---

5) In der deutschsprachigen Literatur gibt es häufig die Unterteilung der Steinzeit in eine Alt-Altsteinzeit oder Jung-Altsteinzeit, verwirrenderweise existieren aber auch Begriffe wie Jungsteinzeit, Mittelsteinzeit, Mittel-Altsteinzeit usw. Die Altsteinzeit, mit der wir es hier zu tun haben, das Paläolithikum, wird heute gewöhnlich unterteilt in ein Jung-, Mittel- und Alt-Paläolithikum, während in der internationalen Literatur die Bezeichnung Unteres, Mittleres und Oberes Paläolithikum üblich ist. Das Mittlere Paläolithikum ist die Hauptlebenszeit der Neandertaler. Das Obere Paläolithikum liegt uns am nächsten, es ist jene Zeit, als die Neandertaler ausstarben und die modernen Menschen in Europa heimisch wurden.

etc.) zu ermöglichen? Können diese Faktoren manche anatomischen Eigentümlichkeiten der Neandertaler erklären?

Es muß von großer Bedeutung für sie gewesen sein, unter diesen kalten Bedingungen und ohne angemessene künstliche oder natürliche Isolierung körperlich aktiv zu sein – durch ständiges Gehen oder Traben, um das massive Muskelsystem für die Erhaltung und Gewinnung der Körperwärme einzusetzen. Es scheint offensichtlich, daß die westeuropäischen Neandertaler auch ohne ihr Zehnkämpfer-Programm beträchtlich mehr Kalorien als grazilere Menschen gebraucht hätten, allein schon, um diese großen Muskel- und Knochenmassen in Bewegung zu halten.

Wenn Erik Trinkaus, der amerikanische Neandertaler-Spezialist von der University of New Mexico, Recht hat und die Neandertaler eine regelmäßige, ausgedehnte *tägliche* Anstrengung zu bewältigen hatten, wie es bei polaren Jägervölkern heute gelegentlich noch vorkommt, dann stellt sich die Frage, welche Mengen von Kalorien nötig waren, um einen Neandertaler am Leben zu erhalten. Wieviel verwertbare tierische Biomasse war dem Zugriff des einzelnen angesichts der (wie manche Forscher meinen) noch recht elementaren Jagdtechnik der Neandertaler täglich zugänglich? Und was für Rückschlüsse kann man aus diesen Zahlen ziehen hinsichtlich der Größe der jeweiligen Gruppen und der Zeitdauer, die sie im Lager verbringen konnten, ohne sich auf die Suche nach Nahrung, Brennmaterial und dergleichen machen zu müssen? Dienen die geringe Größe der neandertalischen Jagdtrupps und die durchschnittlich kürzere Zeit, die sie im Lager verbrachten, als Erklärung für die deutlich wahrnehmbaren Unterschiede im Grad der Beschaffenheit und Einrichtung ihrer Wohnräume im Vergleich zu späteren Jägern?

Natürlich sind die meisten offenen Lagerstätten durch Erosion zerstört worden, aber es gibt wichtige Fundstätten aus dem Mousterium, dem Zeitalter der Neandertaler. Von seltenen Ausnahmen abgesehen, liegen die meisten offenen Fundstellen neben aktiven oder einst aktiven Quellen, Seen oder Flüssen, weil dies beliebte Plätze zum Lagern oder für die Nahrungsbeschaffung waren. Bekannte offene Lagerplätze in Deutschland sind beispielsweise Ehringsdorf, Salzgitter-Lebensted, Königsaue und Rheindalen. Eine wichtige neuere Fundstätte nördlich von Mönchengladbach enthielt Messerklingen aus

Feuerstein und andere Werkzeuge, die grundsätzlich seit 80 000 bis 100 000 Jahren nicht mehr bewegt worden waren. Manche Rohmaterialien waren aus Entfernungen von bis zu 150 Kilometern – aus dem Mittelgebirge, der Osteifel – herangeschleppt worden. Die Objekte werden zur Zeit noch ausgewertet; sie dürften wichtige Rückschlüsse auf das Leben der einst dort ansässigen Menschengruppen liefern.

Wenn die Lagerstellen, die in natürlichen Schutzräumen (Höhlen, Überhängen) gefunden wurden, in erster Linie Winterbehausungen darstellten, die während Zeiten der größten körperlichen und psychischen Belastung bewohnt wurden – könnten wir dann nicht erwarten, daß ihre offenen Sommerlager Anzeichen größerer Trennung von verschiedenen Aktivitäten und Einteilungen in unterschiedliche Wohnbereiche aufweisen (vorausgesetzt, es gelänge, weitere Lagerstätten wie jene von Mönchengladbach zu finden, die nicht durch Bodenbewegungen der letzten 100 000 Jahre völlig durcheinandergewirbelt wären)? Oder sind diese Menschen wirklich so unablässig auf Achse gewesen, daß die Lagerstätten nur eine ziemlich beliebige Anordnung der Materialien aufweisen können?

Die Beantwortung solcher und ähnlicher Fragen wird die Forschung noch lange beschäftigen. Wir müssen uns hier mit einigen Anhaltspunkten aus der Neuzeit begnügen. Carleton Coon berichtete beispielsweise, daß die Kanu-Indianer auf Tierra del Fuego (an der arktischen Spitze Südamerikas gelegen) in eisigem Wetter unbekleidet umherpaddelten, da ihr Basisstoffwechsel angeblich um 160 Prozent höher gelegen habe als der von Weißen (Europäern) gleicher Größe und gleichen Gewichts. Ebenso seien die Hände alaskischer Indianer in kaltem Wasser weit stärker durchblutet als die weißer Menschen. Australische Eingeborene hätten als Schutz gegen die eisigen Nächte des australischen Kontinents eine Tiefeninsulation im Körperinnern entwickelt, die die lebenswichtigen Organe schütze. Aus vielen anderen Quellen erfahren wir, daß die gleichermaßen mongolischstämmigen Bewohner Tibets und der Anden spezielle Höhenanpassungen aufweisen – besonders große Herzen und Lungen und eine größere Menge sauerstofftransportierender roter Blutkörperchen.

Europäer dagegen, schrieb Coon, schienen keine klimatischen Anpassungen aufzuweisen; der Grund dafür sei wahrscheinlich, daß Weiße sich als Standard für den Vergleich bei der Untersuchung anderer Völker ansähen. 1962, als Coon diese Meinung äußerte, konnte man ihm noch eine Sichtweise verzeihen, die den Europäer als Meßlatte für die übrige Menschheit setzte. Mittlerweile ist die eurozentrische Perspektive obsolet, und wir können davon ausgehen, daß sich auch in Europa die Einsicht breitmacht, daß Europäer nicht die Norm, sondern eine eigene Sonderform im Gesamterscheinungsbild der Menschheit darstellen.

Von dem Münchner Zoologen Josef H. Reichholf stammt die These, daß die eiszeitliche Tundra Europas in Wirklichkeit extrem nährstoffreich gewesen ist und aller Wahrscheinlichkeit nach sogar die tierreichsten Gebiete Afrikas an Fruchtbarkeit übertraf. Wie sonst hätte sie Herden von Rentieren, Wildpferden, Riesenhirschen, Wollnashörnern und Moschusochsen, ganz zu schweigen von den riesigen Elefanten und Mammuts ernähren können – und so *gesund* ernähren können, daß sie sich reichlich fortpflanzten und eine fleischfressende Megafauna von Säbelzahnkatzen, Riesenbären, Hyänen etc. mitversorgten? Nach Reichholf war die eiszeitliche Tundra eine Region mit fruchtbarem Lößboden und extrem hoher Sonneneinstrahlung. Durch den Permafrost wurde der Baumwuchs und damit auch der Grundwasserabfluß verhindert. Alle Nährstoffe blieben erhalten, die Pflanzen wuchsen in einer Art Hydrokultur heran und bedeckten die Landschaft in einer dichten, niedrigen Grünschicht, die den Tieren ein leichtes Äsen ermöglichte. Diese Nahrung war so kalziumhaltig, daß sich der Mineralstoffüberschuß in riesigen Geweihen und massivem körperlichem Großwuchs entlud.

Für den Neandertaler bedeutete das, neben einem soliden Knochenbau, zusätzlich fettreiche Nahrung, die genügend Brennstoff zur Bewältigung der Kälte und reichlich Phosphorverbindungen für den Aufbau eines anspruchsvollen Gehirns lieferte. Fellzelte und genügend Fett in der Nahrung ersetzten den Mangel an Brennstoff. Als die Eiszeit zu Ende ging, so Reichholf, besiegelte das Verschwinden der großen Jagdtiere zugleich das Schicksal der Neandertaler. Denn das nachfolgende, zunächst nicht viel wärmere Klima war nur nässer, regnerischer, unregelmäßiger und damit wesentlich schwieriger zu ertragen als eine trockene Kälte. Das Vordringen des Waldes verringerte die verfügbare Nahrung, da auf dem Boden nun nichts mehr wuchs, was sich abgrasen ließ. Die Tundra hätte bis zu 30 Tonnen Großtier-

Biomasse pro Quadratkilometer ernährt, schätzt Reichholf. Der Wald dagegen ernähre auf gleicher Fläche vielleicht 250 Kilogramm. Die sinkende Siedlungdichte der Beutetiere machte ausgedehntere Streifzüge erforderlich. Schließlich nahmen die Neandertalpopulationen zahlenmäßig stark ab. Ihr Aussterben sei unvermeidlich gewesen, da sie sprachlos gewesen seien (eine These, der in diesem Buch widersprochen wird). Sie hätten sich über ihre eigene Situation keine Rechenschaft ablegen und somit auch keine Pläne schmieden können, um ihrem Schicksal zu entgehen.

BEISPIEL FEUERLÄNDER

Reichholfs Thesen sind nützlich, weil sie die wichtige Querverbindung von der Ökologie zur Ökonomie herstellen. Das Naheliegende übersieht man ja oft. Werfen wir noch einmal einen Blick auf die Feuerländer, eine Art gegenwärtigem Modell, das uns in Sachen Neandertalern weiterhelfen könnte.

Die Kleiderlosigkeit der Feuerländer war nach Urwildbeuterbrauch eine Voraussetzung für ihre Gesundheit, erfahren wir bei Martin Gusinde, dem Ethnologen, der um die Zeit des Ersten Weltkriegs in Tierra del Fuego noch Hunderte Fotos von seltsam bemalten, völlig nackt im Schnee stehenden Männern und Frauen gemacht hat. Als die ersten angelsächsischen Missionare sie in armselige, stets klamme Kleider hüllten und in Baracken mit nutzlosem Schulwissen und schlechter Europäerkost fütterten, starb das Yamanavolk in zwei Menschenaltern an der Schwindsucht weg. Auch die Mitglieder des Selknam-Stammes litten an diesen wohlgemeinten Beengungen. Sie fühlten sich in dem den Leib nur lose bedeckenden Fellmantel, barfuß oder in Ledersandalen, die bei Regen und Schnee so praktisch sind, wohl; erst abends warfen diese Landjäger den Pelz ab, wenn sie die Feuer entzündeten (die der Seefahrer Magellan bei seiner Durchfahrt bemerkte und nach denen er die Gegend »Feuerland« nannte). Die Selknam flüchteten, schrieb Gusinde, noch Jahre danach von Zeit zu Zeit von der standardisierten europäisch-amerikanischen Kost zu ihrer unverfälschten Wildbeuternaturnahrung, um frisch und gesund zu bleiben. *Instinktiv,* meinte er, lehnten sie geschlossene Räume ab und hielten an der primitiven Bauart der Hütten mit offenen Feuerherden fest.

Die Yamana hockten, nur mit kurzem Rückenfellchen und Schamschurz angetan, auch über Tag am Feuer: denn in den Kanus dieser Wasserjäger schürten und dämpften Kinder auf einer Lehmschicht mitgenommene Glut nach Weisung der paddelnden Mutter oder des nach Wild Ausschau haltenden Vaters. So oft die vor Nässe und Kälte Zitternden müde an Land stiegen, hatte das Anlegen der Feuerstelle – mitten im Unwetter – oberste Priorität. Die Strandhütte, für ein bis drei Tage aus Knüppeln aufgebaut, war nur armseliges Obdach, wenn Regenböen und Schnee durchdrangen und der beizende Rauch umherwirbelte, und bot doch einen guten Unterschlupf; er spendete Wärme, die einzige Bequemlichkeit.

Jeder achtete bei allem sonstigen Tun vor allem auf das Feuer; um diese Zuflucht inmitten der Hütte streckten sie sich enggeschmiegt zum Schlaf nieder. Sie ließen sich kaum stören durch leichtere Brandwunden, oder wenn jemand die roterhitzte Körperseite vom Feuer wegdrehte, um die vom eisigen Hüttenrand frosterstarrte Seite zu wärmen. Das permanente Luftbad des eingefetteten Leibes, der regengewaschen und glutdurchdörrt zugleich war, hielt bewundernswert frisch. Gesundheitsschäden, wie sie durch mangelnde Körperpflege in städtischen Elendsvierteln entstanden, konnten beim wesentlich infektionsfreieren Feuerländer nicht festgestellt werden, meinte Gusinde. Von dieser Perspektive aus sei das Problem der *Reinlichkeit* des Feuerländers am besten zu beurteilen. Unter höheren Tieren gebe es reinliche und unreinliche; beides sei in der jeweiligen Art festgelegt.

Beim Menschen allein variiere ein konstantes, einmütig bei allen Völkern gelehrtes Reinlichkeitsideal mit häufig tatsächlich extrem unsauberem Verhalten (abgesehen von der Schamhaftigkeit, mit der die Entleerungen fern von der Hütte und anderen Menschen verrichtet würden). Zu den Reinlicheren gehörten die Chenchu, die bei schlichtanmutiger Haartracht ihr Haar mindestens einmal im Monat wüschen, es oft entlausten und kämmten (wozu ihnen eigene – ihre einzigen – Toilettegegenstände dienten). Typisch sei die Gleichgültigkeit der Yamana gegen die Schmutzkruste und den Trangeruch des Körpers, der von den Regenschauern zwar nicht reingebadet würde, aber doch zuviel unfreiwillige Nässe abbekomme, als daß man ihn auch noch waschen wolle.

Wie die Völker, so verhielten sich auch die einzelnen Personen unterschiedlich säuberlich. Es überwiege aber der großzügige Schlendrian ebenso wie die Achtlosigkeit den Gegenständen gegenüber. Eigentlich wasche sich keiner gern, und selten gehe das Volk streng gegen den Schmutz an. Dies müsse dem vagabundierenden Herrscher der Wildnis, der hygienisch so alterfahren sei, aufgrund der Lebensumstände nachgesehen werden. Interessant sei nur, daß Sauberkeit durchweg als Tugend angesehen und nicht nur in der Erziehung gelehrt, sondern auch naiv und eitel oft als vorhanden vorausgesetzt werde, selbst wenn das nicht der Fall sei. Darin zeige sich gewiß ein der menschlichen Art vorbehaltener Triumph der Theorie, notierte Gusinde – dem vermutlich die unhygienischen Verhältnisse im damaligen zivilisierten Europa noch bestens in Erinnerung waren – mit leisem Spott.

KLEIDUNG UND SPEISEN

Die Lebensverhältnisse der Feuerländer erzählen uns hinsichtlich der Überlebensbedingungen der Neandertaler wesentlich mehr als die der Inuit (Eskimos). Die materielle Kultur der Neandertaler dürfte über lange Strecken hinweg vergleichbar arm gewesen sein, während die der Inuit ein Triumph mechanischer Technikentwicklung ist, die sie in ihre Welt mitbrachten und dort perfektionierten. Auch heute stehen Eskimos in dem Ruf, jeden kaputten Schlitten- oder Flugzeugmotor reparieren zu können. Sie besitzen einzigartige technische Talente, Resultat einer jahrtausendelangen Auslese.

Die Neandertaler zwischen 110 000 und 65 000 Jahren vor der Gegenwart waren gesellschaftlich weniger organisiert. Die gängige These lautet, daß sie nur zu opportunistischer Jagd auf junge, alte oder kranke Tiere fähig gewesen seien. In dem Maße jedoch, wie das Klima in Europa kälter wurde, heißt es, veränderten sie ihr Jagdverhalten und begannen, *gezielt* auf ausgewachsene Tiere Jagd zu machen, bedingt durch den größeren metabolischen Bedarf nach Körperfett wegen der zunehmenden Kälte. Es besteht also kein Grund zu der Annahme, sie wären nicht lernfähig gewesen. Der englische Anthropologe Clive Gamble bezweifelte beispielsweise, daß die Neandertaler in der Lage gewesen seien, Bergziegen zu jagen. Doch im usbekischen Teschik-Tasch, 1500 Meter hoch gelegen, einer Landschaft großer Kalksteinschluchten, wo die Neandertaler eigentlich nichts verloren gehabt hätten, findet sich das Grab eines jungen Neandertalers. Eine Unzahl von Bergziegenknochen, Hörnern und Steinwerkzeugen der Levallois-Stufe liegen darum.[6]

So fühlte Gamble sich der Fairneß wegen zu dem Statement veranlaßt, er müsse den Neandertalern wohl die Fähigkeit zu modernen Handlungsweisen einräumen. Grund: In der gleichen Gegend wird noch *heute* ein Ibex-Kult praktiziert, und zwar von Angehörigen des *Homo sapiens.*[7]

Wie später ihre modern aussehenden Nachfolger müssen sich auch die Neandertaler mit einem kleinen Stück jenes tropischen Mikroklimas umgeben haben, von dem unser Überleben letztlich abhängt: Sie werden eine Form genähter Kleidung gekannt haben, von der zwar keine Spur erhalten ist, die man sich aber relativ leicht vorstellen kann. Wären wir in ihrer Lage, würden auch wir zunächst Felle bestimmter Tiere präparieren. Obsidianmesser können außerordentlich scharf sein, und mit den richtigen Schabern läßt sich die Innenseite von allen Fleisch- und Fettresten befreien. Anschließend würden wir die Haut zu Leder gerben, beispielsweise, indem die ganze Gruppe mehrfach auf das gute Stück uriniert (dies war eine durchaus übliche Methode der Lederbehandlung). Wir könnten auch versuchen, die Tierhaut durch

6) So benannt nach Levallois-Perret, einem Vorort von Paris, wo bei den Grabungsarbeiten für die Pariser Metro viele Beispiele dieser Steinwerkzeugkultur gefunden wurden. Die Levallois-Technik verlangt von dem Werkzeugmacher ein beträchtliches Maß an Vorausplanung, Abstraktion und Standardisierung, denn unabhängig von der ursprünglichen Form des Steins sehen die fertigen Werkzeuge immer gleich aus. Die Levallois-Technik ist mitnichten einfach zu erlernen. Heute gibt es weniger als 20 Menschen, die diese Abschlagtechnik noch beherrschen, wie der Vorgeschichtsforscher Brian Hayden von der University of San Francisco anmerkte.

7) Tatsächlich deuten alle Anzeichen darauf hin, daß bereits die europäischen Jäger *vor* der Neandertaler-Zeit genügend Geschick, Planungsvermögen und die nötigen Waffen besaßen, um regelmäßig Pferde oder Elefanten zu jagen, ohne dabei ihr eigenes Leben aufs Spiel zu setzen. Die Vorstellung vieler heutiger Forscher, wonach die Neandertaler nur wie andere (tierische) Fleischfresser auf schwache und alte Tiere Jagd machten, die sie in einen Hinterhalt trieben und dann mit Stoßlanzen und Knüppeln erschlugen, scheint also nicht gerechtfertigt.

Kauen weichzubekommen – durch die Bearbeitung mit Speichel oder hochgewürgten Verdauungssäften. Das Leder würde anschließend mit Steinstichein oder zugespitzten Knochen an den Rändern durchlöchert und mit getrockneten und präparierten Sehnen, Lederstreifen oder geflochtenem Haar zu Kleidungsstücken zusammengeschnürt werden. Das Innere könnte mit verschiedenen Materialien gefüttert werden – Heu, Blättern, Federn. Um den unnötig kalten Luftzug aus der Wäsche fernzuhalten, könnten die Ränder mit erhitztem Harz oder Teer, mit Fett, Bienenwachs und dergleichen mehr zugeleimt werden.

Nach dem gleichen Prinzip mag die Verkittung und Isolierung der Zelte stattgefunden haben, die innerhalb der oft recht großen Höhlen die eigentliche Wohneinheit bildeten. Daß solche Zelte tatsächlich gebaut wurden, kann man aus einem einzigen erhaltenen Pfostenstumpf schließen, der in der Höhle von Combe Grenal in Frankreich gefunden wurde – oder genauer gesagt, dessen verbliebene pseudomorphose Hohlform, eine leichte Verfärbung in der Erde, rechtzeitig bemerkt und daher nicht zerstört, sondern vorsichtig ausgeschabt und dann mit einer Masse aufgefüllt wurde. Die Existenz von Zeltwänden und Fellmatten läßt sich aus einer großen Anzahl von Bärenklauen schließen – die Klauen sind das einzige, was von den Bärenfellen übrigblieb.

Frauen und Kinder dürften auch in dieser Welt zahlreiche »Hausarbeiten« übernommen haben. Die Sorge für alte und verletzte Mitglieder der Gruppe oblag mit Sicherheit den Frauen, die, wie Frauen überall auf der Welt, seit Jahrtausenden Heilkünste beherrschten, Kenntnis von Kräutern und Pflanzen besaßen, Krankheiten »erschnüffeln« konnten und allerlei »esoterische« Riten pflegten. Der zahnlose *Alte Mann von La Chapelle* – obgleich ein Mann – muß trotz seines körperlichen Verfalls irgendeine geistige oder spirituelle Fähigkeit oder Qualität besessen haben (ein Schamane?), die seine fortgesetzte Anwesenheit wünschenswert erscheinen ließ. Man setzte ihn nicht, wie es angeblich bei den Eskimos früher Brauch war, im Schnee aus. Die Großeltern waren den Neandertalern offenbar zu mehr gut, als an die Höhlenbären verfüttert zu werden.

Klar ist, daß sie kaum überlebt hätten, wenn ihnen nicht kleine Kinder jeden Bissen vorgekaut und in eine hölzerne Schale gespuckt hätten, aus der sie ihn dann als vorfermentierten Brei herausschleckten. Die Menschen jener Zeit lernten, auch halbwegs vergammelte

Speisen nicht zurückzuweisen. Verwesendes Fleisch ließ sich leichter verdauen und bot überdies Zugang zu Vitaminen, die aus anderen Quellen weniger leicht zu bekommen waren. Das klingt für unsere Ohren im ersten Moment scheußlich. Andererseits haben wir keine Bedenken, Fleisch von der Freibank zu kaufen, gut abgehangenes und von Bakterien bearbeitetes Wildbret zu essen und luftgetrocknete beziehungsweise geräucherte Wurstwaren, saure und verkäste Milch, faule Eier und alle möglichen fermentierten Säfte zu uns zu nehmen wie Bier, Most, Äbbelwoi.

Getrocknete Pilze, die zu den Nahrungsmitteln aller ländlichen Bevölkerungen zählen, mögen auch bei den Neandertalern zur Winternahrung dazugehört haben – und wie wäre eine Pilznahrung möglich ohne Kenntnis auch der giftigen und halluzinogenen Pilze?

Fermentierte und mühsam gefilterte Getränke aus Kräutern, Pilzen, Kinderspucke und/oder Honig, merkwürdige Arten von »Glühwein« oder »Bier« werden auch die Neandertaler schon getrunken haben. Die Geschichte der Menschheit ist eine Geschichte der Drogen. Allerdings wird dem Rausch zeremonielle Bedeutung zugekommen sein. Den Katerkopf kannte der Neandertaler vermutlich nicht so gut.

DER LAUF DER ZEIT

Die Neandertaler und ihre Zeitgenossen fertigten zweifellos Gegenstände aus Holz und anderen vergänglichen Materialien an. Hölzerne Artefakte haben an einer Handvoll von Fundstätten überdauert – so fand man im Frühjahr 1948 in einem Mergellager bei Lehringen (in der Nähe von Verden an der Aller in Niedersachsen) zwischen den Rippen eines Altelefanten – also eines Tieres aus einer warmen Zeit, mit geraden Stoßzähnen – einen rund 2,40 Meter langen Holzspeer aus Ebenholz, dessen Spitze im Feuer – und zwar im grünen Zustand – gehärtet worden war. Andere Artefakte und kulturelle Materialien wurden bei offenen Lagerstätten gefunden, in Ariendorf und Rheindalen. Es gibt Fundplatzunterschiede, je nachdem, ob es sich um einen Werkplatz, eine Jagdstation, einen Wohnplatz oder einen Friedhof handelte.

Zahlreich sind die Funde nicht, und das hat einen einfachen Grund. Während einer Eiszeit werden wohl die mittleren Gebiete Deutschlands zur Besiedlung wenig geeignet gewesen sein. Im Süden allerdings, in den Tälern jenseits des alpinen Eisgürtels, dürfte es leichte Bewaldung gegeben haben, also eine Walddecke, die eine Pflanzen- und Tierwelt ernährte, von der wiederum die Menschen leben konnten. Archäologische Belege deuten darauf hin, daß es im Südwesten Deutschlands menschliche Besiedlung gegeben hat – möglicherweise in einer Verlängerung der westlichen maritimen Zone. Es ist unklar, ob es im Südosten dieser Region – in Niederösterreich oder in Schlesien – eine Besiedlung gab, aber die Zentralregion Deutschlands scheint unbewohnt gewesen zu sein.

Es ist wichtig, darauf hinzuweisen, wie schwierig es ist, in eingeschneiten Tundraregionen ohne richtige oder passende Kleidung zu leben und zu überleben. Während des Sommers dürften die Fliegen und andere Insekten diese Gebiete zu einer wahren Hölle gemacht haben – unmöglich zu ertragen selbst für die Karibus.

Dies also waren die Bedingungen, die, mit relativ kurzen Unterbrechungen, in 70 000 bis 80 000 Jahren (doppelt so lange, wie es den modernen Menschen in Europa bisher gibt) den klassischen Typus des Neandertalers formten, einen extrem kälteangepaßten Menschen mit knochigen Augenbrauenbögen, ähnlich den riesigen Geweihen der eiszeitlichen Hirsche.

Wie die australischen Aborigines müssen auch diese Menschen eine *dreamtime* gekannt haben, eine mündliche Überlieferung von Mythen und Geschichten, eine Orientierung anhand geographischer Daten. Sie müssen meteorologische und kosmologische Fakten und Beobachtungen über gigantische Zeiträume hinweg weitergereicht haben.[8]

---

8) Die astronomischen Kenntnisse aller frühen Völker, aus der Beobachtung mit dem bloßen Auge gewonnen, waren unglaublich präzise. Gerade nomadischen Jägern in einer Eiswelt mußte das alljährliche Schauspiel Angst und Schrecken einjagen, wie die Sonne im Winter täglich tiefer sank, bis sie, gewöhnlich um den 21. Dezember herum, ihren absoluten Tiefstpunkt erreicht hatte und für immer über den Horizont zu entschwinden drohte. An diesem Punkt muß der oberste Schamane durch Akte »homöopathischer Magie«, wonach »Gleiches sich zu Gleichem gesellen« sollte, versuchen, das große Feuer am Himmel durch große Feuer auf der Erde zum Anhalten und zur Umkehr zu bewegen.
Solstitium, das »Anhalten der Sonne«, nannten die Römer diese Sonnwend-Zeremonien und machten sich damit ältere Traditionen zu eigen, versahen sie aber auch mit einem vergleichsweise neuzeitlichen Beigeschmack von Ackerbau und Seßhaftigkeit, von Hoffnungs- und Feiertagsstimmung, der sich bis in unsere Weihnachtsfeiern erhalten hat. (Daß Weihnachten nicht am astronomisch korrekten 21. Dezember gefeiert wird, liegt an den zufälligen Besonderheiten des römischen Kalenders, der die Wintersonnenwende auf den 25. Dezember verlegte.)

Die Neandertaler müssen gewußt haben, daß etwas Seltsames mit ihnen geschieht, daß das Schicksal sie über die individuelle Lebenszeit hinaus verändert. In vielen Höhlen gibt es den verborgenen Wandschrank mit dem Kopf eines Ahnen. In Altamira bei Bari in Italien lag ein Ahnenschädel hinter einer Wand, unberührt seit Jahrtausenden, wie in einem Reliquienschrein, mittlerweile von Flußstein überwachsen. Weshalb hoben sie diese Ahnen auf, wenn nicht, um Zeit zu messen, um sich selbst im Fortschreiten ihres neandertalischen Wesens immer wieder zu vergleichen? In der Höhle von Shanidar im Irak praktizierten die Neandertaler die Sitte des Schädelbindens, bei der die Schädelform des Kleinkindes auf Lebenszeit in irgendeiner gewünschten Form verändert wird. Sie waren sich also der Veränderungen bewußt, die mit ihnen passierten.

Wie diese Veränderungen abliefen, wissen wir aus Nordspanien, aus der Höhle La Sima de los Huesos in der Sierra de Atapuerca. Eine Höhle wie aus einem schlechten Roman, in der alle paar tausend Jahre ein Mensch abstürzte und sich zu den bereits am Boden liegenden Skeletten dazugesellte. Über 300 000 Jahre europäische Menschheitsgeschichte sind in dieser Höhle dokumentiert. Hier scheint die ganze Sequenz relativ komplett erhalten geblieben zu sein, vom *Homo heidelbergensis* über den Neandertaler bis hin zum modernen Menschen. Die Arbeit an den Grabungen läuft noch.

KUNST IN GRAUER VORZEIT

Die Neandertal-Menschen müssen in Begriffen von Raum und Zeit gedacht haben. Sie legten Vorräte an und entwickelten religiöse Vorstellungen – eine der wichtigsten kognitiven Neuerungen aus dieser Zeit. Ihre Begräbnisse waren gewiß auf äußerst planvolle oder absichtsvolle Art organisiert. Es wäre in der Tat ein sehr merkwürdiger Zufall, daß Regourdou, einer der wichtigsten Neandertaler-Fundorte in Frankreich, nur wenige hundert Meter von Lascaux entfernt liegt, und daß sich Le Ferrassie, Le Moustier und andere wichtige Grabstätten mitten in der wichtigsten (Höhlen-)Kunstregion des Oberen Paläolithikums in Westeuropa befinden. Die sogenannte Primitivität der Steinwerkzeuge der Neandertaler – der französische Prähistoriker François Bordes prägte in den 50er Jahren des 20. Jahrhunderts das Wort von den »wunderschönen Werkzeugen, die sie auf blödsinnige Weise hergestellt« hätten – wird im Vergleich mit all jenen Vertretern des *Homo sapiens* relativiert, die eine weit primitivere Werkzeugkunde für ihre Steingeräte entwickelt haben. Die Werkzeuge der Neandertaler deuten auf ein ästhetisches Empfinden hin.

Wir wissen auch, daß sie beträchtliche Mengen von Farben – Schwarz, Gelb und Rot – benutzten, die gleichen Farben, die für Felsmalereien im Oberen Paläolithikum benutzt wurden. Angesichts der Mühen, die es bereitete, Ockerfarben herzustellen, ist ihre Verwendung an sich bereits ein bewußtes, symbolisches Verhalten, das sich von künstlerischer Ausdrucksabsicht nicht mehr wesentlich unterscheidet. Auch wenn die Absicht nur darin bestand, Gesichter und Körper zu bemalen, scheint die Intention deutlich zu sein, ein ästhetisches Empfinden zu befriedigen, ein Objekt aus dem Rahmen des Alltäglichen herauszuheben und zu etwas Besonderem zu machen.

Ihre Gemälde an Wänden, an *Außenwänden,* falls es sie gegeben hat (die Wissenschaft bezweifelt die Existenz einer neandertalischen Kunst), sind nicht erhalten geblieben. Das Ungewöhnliche an den späteren (einzig den Cro-Magnons zugeschriebenen) künstlerischen Arbeiten des Oberen Paläolithikums ist ja, daß sie tief im Inneren von Höhlen angefertigt wurden. Die erstaunlich entwickelte Stufe der (ab-)bildenden Kunst (John Pfeiffer spricht in diesem Zusammenhang von einer »kreativen Explosion«) scheint in vollkommener Perfektion gleich zu Beginn des Oberen Paläolithikums einzusetzen, ohne die Spur einer Galerie unbedarfter, kindischer Vorstudien und Vorstufen aus früheren Perioden, die darauf hingeführt hätten. Ein solches Phänomen ist kein Hinweis auf ein plötzliches Erscheinen von Kunst, sondern es deutet auf eine lange Kunsttradition, die vielleicht bis tief ins Mittlere oder sogar ins Untere Paläolithikum zurückreicht. Damals lebten in Europa aber nur die Neandertaler.

Das hinreißende Miniaturpferdchen (aus einem Stück Elfenbein geschnitzt), das vor 32 000 Jahren in der Nähe seiner späteren Fundstelle, der Vogelherdhöhle im schwäbischen Lonetal, entstand, war nicht das erste seiner Art; vielleicht waren alle früheren Pferde aus Holz geschnitzt und sind nur deshalb nicht erhalten geblieben.

Stellten die abgebildeten Tiere Sternenkonstellationen dar? Möglich wäre es, denn vermutlich sahen auch schon die Neandertaler wie später die Griechen den Himmel voller Wölfe, Elefanten, Pferde oder – wie wäre es anders möglich? – *Großer Bären.* Die Tierbilder in den Höhlen scheinen den Sternenbildern zu entsprechen, die man überall in der Welt antrifft, und die wenigen Menschenbilder, die sich darunter gemischt haben, schweben in einem seltsam zusammenhangslosen Raum. Extasezustände? Schamanismus?

Die Benutzung von Kunsthöhlen deutet jedenfalls auf kultische Handlungen mit einem speziellen Repräsentationscharakter hin. Die Tropfsteinhöhle als Kathedrale, ein Mittelding aus Gottesdienst und Kinobesuch. Tiefe Höhlen bewahren die Werke über lange Zeiträume. Das plötzliche Erscheinen der Kunst deutet in Wirklichkeit nur auf einen Wechsel des Veranstaltungsortes hin. Es mag mehrere Gründe für diesen Ortswechsel gegeben haben. Wir kennen aus dem Spanien zur Zeit des Columbus das Beispiel der Marranen, zum Christentum gezwungener Juden, die weiterhin ihre jüdische Liturgie heimlich in genau solchen tief unterirdisch gelegenen Höhlen abhielten. Ebenso die frühen Christen, in den Katakomben Roms. Möglich also, daß die ersten Höhlenkünstler Neandertaler waren, die der (religiösen?) Verfolgung entgehen wollten. Später, bei den Cro-Magnons, mag die Verwendung der Höhlen den Übergang zu einer patriarchalen Gesellschaftsordnung signalisiert haben. Vermutlich war es leichter für männerbündlerische Gruppen und Tendenzen, auf diese Weise die Frauen abzuschütteln.

Das Erscheinen der Höhlenkunst markiert dabei wohl auch eine stark arbeitsteilige Gesellschaft, einen Wandel, der sich am besten in wirtschaftlichen Begriffen fassen läßt. Die Wohngebiete der Neandertaler und Cro-Magnons in Frankreich (es handelt sich dabei um die gleichen Regionen, lediglich in zeitlich versetzter Aufeinanderfolge) boten wirtschaftliche und klimatische Vorteile, die ab einem gewissen Punkt gesellschaftlicher Organisation zu einem massiven Produktionsaufschwung führen mußten. Es ist sicher kein Zufall, daß die künstlerischen Ballungsgebiete alle innerhalb einer gewissen Region zu finden sind – und sonst nirgends. Wirtschaftlicher Wohlstand produzierte Kunst als Repräsentationsmittel, als Statussymbol. Viele Gemälde benötigten aufwendige Gerüste, spezielle Pigmente und eine besondere Ausbildung der Künstler. Die Tatsache, daß manche Zeichnungen mit einer einzigen, ungebrochenen Linie hergestellt wurden, zeigt, daß hochgradig trainierte Spezialisten am Werk waren.

Draußen, außerhalb der berühmten Kunsthöhlen, findet man auch heute noch zahllose Kalksteinstücke mit Skizzen, die von den Künstlern und/oder ihren Schülern angefertigt wurden. Die große Anzahl guter Skizzen deutet darauf hin, daß spezialisierte Künstler eifrig übten. Die Neandertaler konnten sich solche Spezialisten nicht leisten. Die meisten neandertalischen Gruppen waren wirtschaftlich nicht so wohlhabend wie ihre Nachfolger. Sie hatten keinen Bedarf an großen Gesten, an Repräsentation, Schmuck, überflüssigem Aufwand. Arbeit, die anderen zugute kommt, entsteht nicht in einer Gruppe, die am Existenzminimum dahinlebt. Neandertal-Gruppen hatten keine Zeit zu nähen, zu schnitzen und Mühsal in überflüssige Tätigkeiten zu investieren. Kostbare Statusgegenstände, Perlen, Muscheln, seltene Zähne, Anhänger, Armbänder, treten erst später auf – nach der Arbeitsteilung der Geschlechter im späten Oberen Paläolithikum.

In einer Höhle in Slowenien fand der Archäologe Ivan Turk ein durch die Elektronenspinresonanz-Methode auf 82 000 bis 43 000 Jahre vor heute datiertes Stück Höhlenbärenknochen, der in regelmäßigen Abständen hineingedrillte Löcher aufweist. Eine Flöte? Das Instrument scheint eine Tonleiter zu besitzen – mit den gleichen Abständen, wie wir sie bei einer heutigen C-Dur Blockflöte erwarten würden. Wenn die Neandertaler (andere Menschen gab es in diesem Zeitraum in Europa nicht) *ein* Musikinstrument kannten, dann kannten sie auch andere. Sie werden Flöten aus der Rinde frischer Zweige geschnitzt und auf hohlen Knochen gepfiffen haben (so wie man auf der Kappe eines Füllfederhalters pfeifen kann, wenn man schräg hineinbläst), sie könnten Panflöten gekannt haben, vielleicht Knochen-Xylophone und Schwirrhölzer. (Es gibt steinerne Blattspitzen, die an einer Seite durchbohrt sind: Modelle eines Instruments, das üblicherweise aus Holz gefertigt wird.) Schwirrinstrumente wirbelt man an einer Schnur durch die Luft. Sie brummen wie ein Flugzeugpropeller und erlauben einen variablen Grund- oder *Drone*-Ton, wie beim Dudelsack, gegen den sich die Gesangsstimme in einer Reihe von Tonschritten absetzen oder an den sie sich anlehnen kann – eine elementare Harmonik, die wir ähnlich noch aus der urtümlichen polyphonen

Vokalmusik Sardiniens kennen. War das der Moment, in dem alles anfing? Hier, bei den Neandertalern? War hier der Beginn jener introspektiven Musikalität, als deren Erbe wir die spätere europäische Harmonienfreudigkeit begrüßen dürfen?

5

DIE PHYSIOGNOMIE

DIE WUNDERSAME NASE
DES NEANDERTALERS

Was uns auf jeder Rekonstruktion des Neandertalers sogleich ins Auge sticht, ist neben der gedrungenen Gestalt vor allem das im Vergleich zur Körpergröße riesige Gesicht. Das auffallendste Detail an diesem Gesicht wiederum ist die Nase. Sie soll uns helfen, einige wichtige Fragen über den Neandertaler zu beantworten. Zunächst einmal: Fungierten die relativ großen Sinusöffnungen als hocheffektives Sauerstoff-Einlaß- und Kohlendioxid-Ausstoß-Ventil für das massive Neandertaler-Muskelsystem mit seinem enormen Lungen-Volumen?

Die Frage, ob die Neandertaler, zieht man ihre Körperstruktur und ihr Energiebedürfnis in Betracht, mit kleineren Nasen überlebt hätten, haben sich viele Paläanthropologen gestellt. Nasen sind nicht einfach nur fleischerne Luftfilteranlagen oder organische Windkanäle, sondern hochemp-

REKONSTRUKTIONSVERSUCH
DES NEANDERTALERS
VON MCGREGOR

findliche, auf die Umwelt abgestimmte und von der Umwelt geschaffene Instrumente.

Das kurioseste Beispiel einer Nase ist sicherlich der Rüssel des Elefanten. Nehmen wir einmal an, wir hätten noch nie einen lebenden Elefanten gesehen. Die Spezies wäre, ähnlich wie das Mammut, vor 10 000 Jahren ausgestorben. Wir hätten nie seinen Kopf, sondern immer nur seinen *Schädel* vor Augen gehabt. Hät-

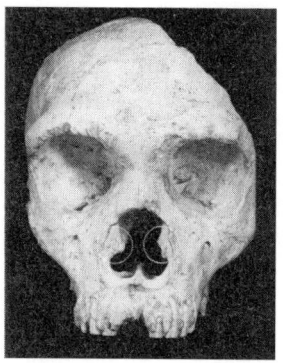

WAREN DIE ABGERUNDETEN
KNOCHENSTRUKTUREN DEN
NEANDERTALERN BEIM EINATMEN
DER KALTEN LUFT HILFREICH?

ten wir uns träumen lassen, daß die Nase dieses Tieres ungefähr zwei Meter lang und 30 Zentimeter dick war und 60 000 einzelne Muskeln enthielt? Hätten wir es geglaubt, wenn uns jemand erzählt hätte, daß der Elefant mit seiner Nase einen Bleistift habe umfassen und damit »Zeichnungen« auf einem Blatt Papier ausführen können, aber auch fähig gewesen sei, mit der Nase ganze Baumstämme auszureißen und sogar Brücken zu bauen? Würden wir es nicht als Märchen aus 1001 Nacht bezeichnen, wenn man uns erzählte, diese Nase habe an ihrer Spitze ein paar »Finger« besessen, mit denen sie eine Teetasse habe zart hochheben und zugleich so kräftig festhalten können, daß es nicht einmal dem stärksten Mann der Welt gelungen wäre, die Tasse aus dem Griff dieser Nase zu befreien? Die Spitze der Nase sei so sensibel gewesen, erführen wir weiter, daß ein Elefant mit verbundenen Augen die Form und Oberflächenbeschaffenheit jeden Objekts habe ertasten können. Zugleich habe er damit Grasbüschel ausgerissen, Kokosnüsse von den Palmen herabgeschüttelt, sich mit Staub oder Wasser berieselt und den Boden beim Gehen nach den Fallen von Jägern abgetastet. Er habe seine Nase beim Überqueren von tiefen Flüßen als Schnorchel benutzt und sei auf diese Weise wie ein U-Boot kilometerweit unter Wasser gegangen, ohne aufzutauchen.

Die Innenseite dieser Wundernase sei mit hochempfindlichen chemischen Sensoren bestückt gewesen, die eine Schlange im Gras noch auf anderthalb Kilometer Entfernung erschnüffelt hätten. Die Geräuschkulisse, die der Elefant mit seinem Rüssel erzeugte, habe vom lauten Trompeten zum leisen Schnurren, von der Imitation des Knartschens zerknitternder Autokarosserien bis zum zwitschernden Geflöte gereicht.

Hätten wir all dies jemals erraten? Nein, denn *nichts*, was man am Schädel des Elefanten erkennen kann, deutet auf die Existenz dieser einzigartigen Weichteilwucherung hin. (Obwohl man sich natürlich fragen würde, wie ein Tier mit solch langen Stoßzähnen an seine Nahrung herankommen könnte.) Aber würde man gleich an einen Zauberrüssel denken? Sehr unwahrscheinlich!

Im Fall des Mammuts und des eiszeitlichen Riesenhirschs gibt es übrigens weitere Parallelen. Allein aus deren Skelett hätten wir nicht ersehen, daß diese Tiere im Genick wuchtige Fetthöcker besaßen. Das wissen wir nur deshalb, weil die Menschen der Eiszeit anatomisch korrekte Gemälde von ihnen angefertigt haben. Daß der europäische Löwe keine Mähne trug, wissen wir aus den gleichen Quellen.

Wenn man sich die gigantischen Nasenöffnungen eines eiszeitlichen Höhlenbären ansieht, gewinnt man den Verdacht, daß die Neandertaler einem in der Natur vorkommenden üblichen Muster entsprachen. Carleton Coons Erklärung lautete: die Neandertaler hätten ihre großen Nasen als »Heizkörper« entwickelt, um die eingeatmete Luft aufzuwärmen.

Nasen sind allgemein im Winkel nach unten gerichtet und, von vorne betrachtet, in die Länge gezogen. Die auf diese Weise erzeugte Oberflächenvergrößerung wird im Inneren durch Falten, Windungen und Flimmerhärchen gesteigert, die zusätzliche Luftturbulenzen erzeugen. Das massive Anhängsel der Neandertaler bewirkt eine Art Verdoppelung dieser Schutzfunktion. Durch die extreme Vorwärtspositionierung der äußeren Nase wird der innere Nasenraum zusätzlich vergrößert und der Eintrittspunkt der kalten Luft möglichst weit weggerückt vom empfindlichen Gehirn, das hier seine ungeschützteste Stelle hat. Mit jedem Luftzug über die schleimigen Membranen, also bei jedem Atemstoß, dringt Feuchtigkeit in den Naseninnenraum und befeuchtet die Luft, bevor sie in in die Lungen strömt. Alles in allem sieht es also aus, als könnte sich ein körperlich ständig aktiver Mensch in einem kalten, trockenen Klima gar keine bessere Klimaanlage wünschen als eine solche große, dicke Nase.

Coon verwendete das Wort »Radiator« dafür, womit im Amerikanischen sowohl das typische Heizungsgerippe unserer Wohnzimmer gemeint ist als auch der Autokühler. In den 50er Jahren, als alle amerikanischen Autos ausgesprochen anthropomorphe Züge, also menschenähnliche Gesichter zur Schau trugen, muß das Wort *Radiator* eine geradezu magische Wirkung ausgeübt haben. Das ist die Durchschlagskraft der Metapher in der Forschung. Newtons Apfel, Schrödingers Katze, Freuds Urhorde. Man hinterfragt solche Bilder nicht, weil sie in sich stimmig sind, handlich, greifbar. Wir vertrauen dem Bild, weil das bildhafte Denken unserem innersten Wesen am nächsten ist. Selbst wenn der Begriff völlig absurd ist, trennt man sich nur ungern von ihm.

Das Bild von der *Nase als Kühler* hatte eine ähnliche Überzeugungskraft. So ergab es sich, daß diese Metapher später nicht mehr hinterfragt, sondern übernommen wurde, selbst wenn sie in einer völlig anderen Bedeutung verwendet wird als der, die ursprünglich von Coon beabsichtigt war. Erik Trinkaus und andere amerikanische Neandertaler-Forscher glauben weiterhin, die Nase funktioniere wie ein *Radiator*, aber sie benutzen das Wort jetzt im entgegengesetzten Sinn. Nun geht es nicht mehr um die Heizspirale, sondern um die Kühlanlage.

Die Argumentation sieht folgendermaßen aus. Menschen, die unter sehr kalten und trockenen Bedingungen leben, vergleichbar jenen, die während der letzten Glazialperiode in Europa herrschten, sollten (so verlangt es die herkömmliche Logik) eigentlich enge, hervorstehende Nasen besitzen, um Wärme und Feuchtigkeit besser konservieren zu können. (Moderne Eskimo-Nasen werden diesem Kriterium allerdings nicht gerecht. Sie sind zwar ziemlich eng, aber auch flach.)

Die Neandertaler-Nasen passen überhaupt nicht in dieses Schema. Von einem Nasenflügel zum andern gemessen, sind sie weit ausgedehnter, als man es nach solchen Voraussagen für das Klima erwarten würde. Sie sind sogar breiter als die Nasen jener Menschen, die heute an ein Tropenklima angepaßt sind. Eine solche Nase würde daher nicht die hereinkommende Luft *aufwärmen*, meinte Trinkaus, sondern *Wärme abgeben*, einem Autokühler ähnlich.

Die Frage lautet natürlich, warum ein Lebewesen, das ohnehin die kältesten Lebensbedingungen zu ertragen hat, die je von einem menschlichen Wesen ausgehalten werden mußten, nun auch noch Körperwärme *abgeben* soll? Die Antwort liegt für Trinkaus in der unausgesetzten körperlichen Aktivität, welche die Neandertaler aufbringen mußten, allein, um täglich über die Runden zu kommen. »Jeder, der in der Arktis gearbeitet hat, weiß, daß eine der paradoxen Gefahren dort in der Überhitzung besteht«, sagte Trinkaus. »Wenn du dich übermäßig erhitzt, beginnst du zu schwitzen, und wenn dieser Schweiß erst mal gefriert, steckst du ganz schön in Schwierigkeiten.« Bedeutet das, daß der Neandertaler, statt aus allen Poren zu schwitzen, die überschüssige Hitze aus der Nase abgeblasen hat – wie ein Hund?

Wenn diese Theorie stimmt, müßten die Nasen eigentlich um so breiter werden, je kälter die Lebenswelt ihrer Besitzer wurde. Tatsächlich sind die Nasen der Neandertaler aber gleich breit, wo immer sie lebten, ob nun im harschen kalten Europa oder in den eher gemäßigten Zonen des Nahen Ostens. Doch vielleicht ist den Nasen mit solchen Kategorien ohnehin nicht beizukommen. Die längsten Nasen gibt es schließlich nicht in Grönland, sondern auf Neuguinea. Ob die Autokühler-These stimmt, oder ob es sich dabei um eine Metapher handelt, die ein hyperaktives Eigenleben entwickelt hat, läßt sich nach alledem nur schwer einschätzen.

Carleton Coon meinte, wenn sich das Klima verbessere, schrumpfe die Gesichtsmorphologie unaufhaltsam in Richtung auf den modernen Zustand hin. Die spitze europäische Nase wäre dann nichts weiter als die Gesichtsschnafulette, der faltige Hautbeutel, der übrigbleibt, nachdem die Knochen zurückgewichen sind. Ein evolutionäres Überbleibsel, ein zusammengedrückter und nach vorn geschobener Rest, das fleischige Echo eines früher einmal sehr viel weiter vorstehenden Gesichts mit einer großen breiten Nase. Sie könnte also genausogut völlig ohne Funktion sein – oder sogar *dysfunktional*? Ob das stimmt, wissen wir ebenfalls nicht.

Immerhin könnten wir uns aber fragen: Weshalb sollten ausgerechnet die schmalen, hervorstechenden Nasen der heutigen Europäer eine besonders nützliche Klimaanpassung darstellen? Welchen Zweck hätten solch *spitze* Nasen damals im eiszeitlichen Europa erfüllt? Sie bieten ja auch *heute* keinen erkennbaren Vorteil. In starkem Sonnenlicht müssen sie mit UV-Schutz eingecremt werden, während sie sich unter den vergleichsweise harmlosen Bedingungen unserer neuzeitlichen Winter mit Vorliebe blau verfärben und stets Gefahr laufen, vor Froststarre abzubrechen.

Primitiv war das Gesicht des Neandertalers, so gesehen, auf alle Fälle nicht, eher im Gegenteil – *überentwickelt*. Die inneren Nasenknochen, beim Menschenaffen sehr eng, werden beim modernen Menschen stetig größer und erreichen ihre maximale Indexbreite, zwischen 58 und 62,7, bei Europäern. Beim Neandertaler betrug dieser Index 66,6. Sogar Marcellin Boule konstatierte: »Seine Nasalregion war, statt affenartig zu sein, eher ultra-menschlich.«

EIN BLICK IN DEN
NEANDERTALERMUND

Dagegen wurde Boule nicht müde, auf eine andere Anomalie hinzu-weisen: Die Einbuchtungen hinter den Eckzähnen, die sogenannten »Hundsgruben«, beim modernen Menschen ebenso wie beim Orang-Utan und Gorilla zu finden, fehlen im Gebiß des Neandertalers. Das Gebiß war soweit nach vorne versetzt, daß statt dessen im hinteren Teil des Unterkiefers eine größere Lücke auftrat. Wo moderne Men-schen Schwierigkeiten haben, ihre Weisheitszähne auszutreiben, weil ihr Gebiß bis tief in den Kiefer hineingestaucht ist, hätten Neander-taler problemlos einen oder zwei Zähne mehr unterbringen können. Andererseits benutzten sie ihre Backenzähne sehr viel weniger, als wir es heute tun. Bei den Neandertalern wurden in der Hauptsache Schneide- und Augenzähne beansprucht und oft auch schon bei den Kindern regelrecht abgeschmirgelt, bis sie jegliches Profil verloren hatten.

Was machten diese Menschen nur mit ihren Zähnen? Irgendeine gesellschaftliche Tätigkeit müssen sie habituell verrichtet haben, die man bei modernen Menschen nicht mehr findet – aber was?

Eine Vermutung geht dahin, daß sie ihre Zähne als »dritte Hand«, »Greifzange« oder »Schraubstock« benutzten. Einige der Zähne aus Shanidar weisen charakteristische Schleifspuren auf, die auf eine Bearbeitung von Fleisch oder Leder schließen lassen. Eine ähnliche Verwendung der Zähne, allerdings mit geringerer Verletzung der Beißflächen, findet sich heute noch bei den Inuit (beispielsweise die Aufbereitung von Tierhäuten durch Kauen). Vielleicht bissen schon die kleinen Neandertaler ständig auf irgendwelchen Lederfetzen herum, um sie durch die Einspeichelung zu gerben und geschmeidig zu machen. Tiersehnen für das Nähen mögen auf ähnliche Weise zwi-schen den Zähnen hin- und hergezogen worden sein, bis sie ge-schmeidig waren, und sicherlich auch Flachs, Schilf und Seegras für Körbe, Reusen und alle möglichen anderen Behältnisse. Die Vorder-zähne können ebensogut zum habituellen Tragen von Lasten gedient haben oder als eine Art Klammer, mit der sich die wärmende Fell-kleidung um Hals und Gesicht zusammenhalten ließ, während die Zähne damit zugleich vor der Kälte geschützt wurden.

Letzten Endes haben die Neandertaler ihre Zähne natürlich vorwiegend zum *Essen* verwendet. Gefriergetrocknetes Fleisch aufzutauen und zu kochen ist sicherlich mühsamer, als es einfach mit den Vorderzähnen in dünnen Lagen abzuschaben und dann unzerkaut hinunterzuschlucken. Es ist nicht undenkbar, daß das charakteristische, lange Gesicht erst durch einen solchen, über viele Generationen anhaltenden Gebrauch der Zähne entstanden ist. Afrikanische Zeitgenossen der Neandertaler besaßen wesentlich kürzere und flachere Gesichter. Selbst manche frühen Neandertaler weisen, wie der Schädel *Tabun 2* belegt, der über 100 000 Jahre alt ist, zwar bereits die Zahnlücke hinter den Molaren, aber auch noch ein deutliches Kinn auf. Der gesamte Gesichtsschädel und vor allem die berühmte »Kinnlosigkeit« bilden also keinen Archaismus, keine altertümliche Affenähnlichkeit, sondern sind die Weiterentwicklung einer früher anders aussehenden Spezies.

Man kann diese Typenveränderung durch ein kleines maskenbildnerisches Experiment illustrieren, indem man sich etwas Watte zwischen Unterlippe und Kiefer steckt, so wie man es beim Zahnarzt macht. Dann verschwindet das Kinn annähernd, und ein leicht neandertaloides Aussehen entsteht, selbst bei uns. Diese zusätzliche Knochenauffüllung oberhalb des Kinns – zum Schutz der empfindlichen Zahnwurzeln – fiel bereits Virchow auf, der darin, wie wir gesehen haben, fälschlicherweise eine krankhafte Knochenwucherung vermutete. Das Gegenstück zu dieser Auffüllung im unteren Gesichtsbereich findet sich im Oberkiefer, der nicht die für uns typische Einkerbung zeigt, sondern gewissermaßen zu einer durchgehenden knochigen Brücke zusammengewachsen ist.

Vermutlich hat die Verwendung der Zähne als Greifzange auch eine Winkel- und Funktionsumverteilung des Unterkiefers mit sich gebracht, eine Verschiebung der Hebelfunktion, wobei das Kinn sozusagen in den Kiefer hinein *verinnerlicht* wurde, um durch Änderung des Anstellwinkels zwischen Ober- und Unterkiefer nach oben hin mehr Druck zu liefern. In jedem Werkzeugkasten findet sich ein identisches Gegenstück dazu, in Form einer Greif- oder Rohrzange.

Bei der Klempnerzange, wo die Krafteinwirkung über den Drehpunkt auf den Hebelarm abgeleitet wird und sich zuletzt, nach dem archimedischen Gesetz, irgendwo in großer Ferne nahezu verflüchtigt, würde theoretisch auch der zarte Druck eines kraftlosen Babydaumens ausreichen, um eine harte Cashewnuß zu knacken. Doch beim Schädel des Neandertalers blieb wenig Platz für solche Hebelverlängerungen. Der kurze Hebel mußte durch die Kraft der Kaumuskeln wettgemacht werden.

Dies müssen äußerst massive Muskeln gewesen sein, die an einem langgezogenen Schädel eine sehr viel breitere Ansatzfläche fanden als bei uns. Die Kraft dieser Muskeln reichte offenbar bereits in der Kindheit aus, die Vorderzähne der Neandertaler abzunützen. Mit solchen Muskeln hätte man einen so zerbrechlichen Schädel wie den unseren wie einen Pappkarton zusammenknüllen können.

Der Druck, den die stampfende Auf-und-ab-Bewegung der mahlenden Kiefer verursachte, aber auch der schlingernde Links-rechts-Drall, der für die menschliche Kaubewegung typisch ist, wurden durch die starken, runden Augenbrauenbögen des Neandertaler-Schädels abgefangen. Sie sorgten für die notwendige Stabilität der oberen Gesichtshälfte, damit der Oberkiefer nicht nach oben ins Gehirn gedrückt wurde. Letzten Endes war dieser Schädel den gleichen Druck- und Torsionskräften ausgesetzt, die auf die Personenkabine im Inneren einer Autokarosserie wirken.

Die dicken, luftgefüllten, gleichmäßig runden Augenbögen oder *Tori* waren solide gefertigt, in der Art romanischer Rundbögen, aber nicht übermäßig schwer, wie man unter dem Röntgenschirm erkennt. Innerlich waren sie nahezu völlig hohl. Unter der archaischen Form, die an den *Homo erectus* erinnert, verbarg sich eine moderne Leichtgewichtskonstruktion. Auch sie diente in erster Linie zu Heizungszwecken. Wer je eine Stirnhöhlenentzündung gehabt hat, wird wissen, wozu eine solche Heizung gut sein kann. Die Augen selbst waren groß und deuten auf eine Selektion zur Scharfsichtigkeit hin, die am frühen Morgen und gegen Ende des Tages, also zu Zeiten zweifelhaften Lichts, unverzichtbar war. Es gab keine Brillen für Kurzsichtige, keine künstliche Beleuchtung jenseits des Feuers, und die Gefahren der Nacht waren zahlreich. Wie dieses Gesicht in die Welt hinausblickte, kann uns niemand sagen. Wir wissen nicht, wie es aussah. Es gibt kein Bild, in dessen Züge wir uns sinnend vertiefen könnten. Es bleibt uns nichts weiter übrig, als unsere Phantasie zu bemühen.

ELLIPTISCHER SCHÄDEL

Hinter dem Schild des Gesichtsteils lag beim Neandertaler, lang nach hinten ausgezogen, der Gehirnschädel. Das Ganze hatte, von der Seite gesehen, eine typisch elliptische Form, vergleichbar einem amerikanischen Football. In der Aufsicht von hinten verstärkt sich dieser Eindruck sogar noch: der Schädel ist im Aufriß tatsächlich *kreisrund*.

DER SCHÄDEL DES ALTEN MANNES VON LA CHAPELLE (RÜCKANSICHT)

Moderne Schädel besitzen aus der gleichen Perspektive eine andere Form, die eher einem soeben aufgegangenen Brotlaib gleicht.

Viele Wissenschaftler schließen aus der Schädelform, daß unsere frühen Verwandten intellektuell keine großen Leuchten gewesen seien. Ihre niedrige Stirn und der langgezogene Hinterkopf seien untrügliche Kennzeichen für geringeres Hirnwachstum nach der Geburt gewesen. Abgüsse des Schädelinnern, sogenannte Endokranialgüsse, erlauben jedoch den Schluß auf eine grundsätzlich moderne neurale Struktur. Die unterschiedliche Form des Schädels muß also eine andere Funktion gehabt haben. Vermutlich ging es dabei, wie üblich, um Wärmekonservierung. Auch die niedere Stirn wäre dann nicht ein Zeichen geringer Intelligenz. Sie hätte einzig dem Schutz des Gehirns gedient.

Beim Neandertaler-Schädel verläuft hinten herum ein knöcherner Bogen oder Reifen, den es auch beim heutigen Europäer gibt. Darüber befindet sich eine abgeflachte Platte, an der die Natur eigenhändig richtige Löcher in den Schädelknochen hineingebohrt hat. In diesen tiefen Einbuchtungen oder *Fossae* waren die Nackenmuskeln verankert beziehungsweise regelrecht angenietet. Es ist nicht klar, ob die so verankerten Muskeln den schweren Kopf in aufrechter Haltung stabilisieren sollten oder ob sie nicht vielleicht wie bei anderen Lebewesen der Eiszeit einen körpereigenen Pelzkragen, ein massives Fettpolster im Nacken, abstützen mußten.

DAS GEHIRN DES NEANDERTALERS

Das Gehirn, das sich im Inneren dieses Schädels befand, war groß. Die Vorstellung, die Hirngröße sage etwas über das Ausmaß der Klugheit, gehört zu den nicht weiter hinterfragten Dogmen populärer Mythologie. Manche Menschen halten Delphine für besonders gescheit, weil deren Gehirne genau so groß sind wie unsere. In Wirklichkeit entsprechen die geistigen Fähigkeiten der Tümmler ungefähr denen von Hunden. Auch Paläanthropologen messen der Größe des Gehirns eine fast religiöse Bedeutung bei. Trotzdem läßt sich aus der Gehirnkapazität nicht wirklich ein Hinweis auf die Leistungsfähigkeit ablesen. Anatole France, Literaturnobelpreisträger des Jahres 1921, besaß ein extrem kleines Gehirn (wie man nach seinem Tod feststellte). Bei einer der früher in der Anthropologie so beliebten massiven Schädelmessungsaktionen mit 20 000 Beteiligten aus allen Nationen stellte sich heraus, daß unterschiedliche Gehirngrößen nicht mit Intelligenz, sondern mit dem Klima zusammenhängen. Bevölkerungen in kühlen Gegenden besaßen im Durchschnitt eine Kranialmasse von 1386 Kubikzentimetern, Bewohner heißer Klimazonen 1297. Arktische Gruppen wie die Bewohner der Aleuten und die Inuit kamen mit 1518 Kubikzentimetern auf die höchsten Ziffern.

Das Spektrum bei den Neandertalern umfaßt, passend zu diesem Trend, eine hohe Gehirnkapazität mit Werten zwischen 1245 und 1740 Kubikzentimetern, der Durchschnitt liegt bei 1520. Doch wie so oft werfen die Neandertaler alle Erwartungen genau in dem Moment über den Haufen, da man hoffte, eine bestimmte Gesetzmäßigkeit entdeckt zu haben. So gab es in der Anthropologie eine Faustregel: Je später in einer bestimmten Population die permanenten Zähne wachsen, um so größer ist ihr Gehirn. Das stimmte noch für Afrikaner (mit 5,8 Jahren) im Vergleich zu Europäern und Asiaten (mit 6,1 Jahren), aber die Zähne der Eskimos brechen bereits mit 5,5 Jahren hervor – und Eskimos haben die größten Gehirne.

Die Gehirne der Neandertaler waren zum Teil noch größer, aber ihre festen zweiten Zähne bekamen sie früher als alle heutigen Menschen, nämlich schon mit drei bis vier Jahren. Gleichzeitig war ihr Gehirn zu diesem Zeitpunkt bereits bis an die 1400-Kubikzentimeter-Grenze herangewachsen. Zweijährige besaßen ein Gehirn von der

Größe heutiger Sechsjähriger. Diese rasante Hirnexpansion war Grund genug für den Zürcher Forscher Christoph Zollikoffer und seine Kollegen, den Neandertaler einer eigenen Spezies zuzuordnen. Große Gehirne mögen Ikonen der Anthropologie sein, aber wenn man ihnen bei den Neandertalern begegnet, werden die Anbeter rar.

Die Struktur dieses Gehirns kann nicht direkt untersucht werden, aber die Schädelinnenabgüsse weisen den gleichen Variationenreichtum und die gleichen Asymmetrien auf wie moderne Gehirne. Wir finden links einen größeren okzipitalen Gehirnlappen als auf der rechten Seite, wohingegen der rechte vordere Stirnlappen größer ist als der linke. In Analogie zu heutigen Menschen kann man daraus schließen, daß die Neandertaler normalerweise Rechtshänder waren. Die motorischen und sensorischen Sprachzentren im Gehirn waren gut ausgebildet. Der markante Hinterkopf mag einerseits als Balance für den schweren Gesichtsschädel gedient haben, andererseits stecken in diesem Teil des Gehirns die Sehzentren. Ob die Neandertaler ausgeprägte Augenmenschen waren? Wir wissen es nicht, aber wir dürfen es annehmen.

Denn irgendeinen Grund muß es dafür gegeben haben, daß die Höhlengemälde der Eiszeit gleich zu Beginn mit dem Höhepunkt ihrer Entwicklung einsetzten. Zu Beginn heißt in diesem Fall: zu jenem Zeitpunkt, als die Kunst erstmals in den Untergrund ging, in die Katakomben der Tropfsteinhöhlen. Wenn es vorher eine überirdische Malkunst gab, auch bei den Cro-Magnons, ist davon nichts übriggeblieben. Dieser Anfang der unterirdischen Malerei überschneidet sich zeitlich mit dem Untergang der fossilen Spur der Neandertaler. Das hohe Niveau der Anfangszeit – wie in der 1994 entdeckten Höhle La Chauvet in der Ardeche-Region Frankreichs – wurde später nur selten wieder erreicht. An den 300 oder mehr Tiergemälden dieser Höhle, die auf ein Alter von 30 000 Jahren datiert werden, ist nichts, was man als primitiv bezeichnen könnte. Sie befinden sich auf demselben Niveau wie Lascaux oder Altamira. Und: obwohl es überall auf der Welt Steinzeitkunst gibt – *diese* Bilder sind einzigartig. Ob also der Anfang der eiszeitlichen Kunst in Europa nur das Ende der Malerei der Neandertaler (und ihrer unmittelbaren Nachkommen) war? Vielleicht bot der knöcherne Chignon, die haarknotenartige Verlängerung an ihrem Hinterkopf, diesen Menschen nicht allein ein überentwickeltes Sehzentrum, sondern außerdem enorme introspektive Fähigkeiten, die sie dann wieder zu einer fast filmischen Projektion der Bilder nach außen verwenden konnten.

Dieser Gedanke ist nicht aus der Luft gegriffen, sondern basiert auf der Beobachtung eines eidetischen oder fotografischen Gedächtnisses bei vielen Naturvölkern. In der westlichen Welt verfügen mittlerweile weniger als ein Prozent aller Erwachsenen über ein solches, intensiv bildhaftes Gedächtnis. Bei Kindern und eher schriftlosen Kulturen ist es dagegen noch häufig anzutreffen. In den 60er Jahren wurde in einem Stammesdorf des Ibo-Volkes in Nigeria eine Studie durchgeführt, bei der man vor Einheimischen für jeweils 30 Sekunden verschiedene Dias auf eine Leinwand projizierte. Die Fotos reichten von einer Szene an einer nigerianischen Bushaltestelle bis zu Bildern aus *Alice im Wunderland*. Mehr als die Hälfte aller Dorfbewohner ließ ein gewisses fotografisches Gedächtnis erkennen. Etwa ein Fünftel besaß ein fast vollständiges Erinnerungsvermögen. Diese Personen konnten beispielsweise aus dem Gedächtnis das Nummernschild eines Autos aufmalen, obwohl sie weder lesen noch schreiben konnten. Einer, der behauptet hatte, die Katze aus *Alice* habe ein schwarzes Fell gehabt, wurde von den andern 18 Testpersonen lautstark zurechtgewiesen. Alle schauten auf die leere Leinwand, gerade so, als ob das Foto dort noch sichtbar gewesen wäre. Auf die Frage, wer das ursprüngliche Bild noch sehen könne, meldeten sich 14 Personen. Eine ähnliche, aber noch ausgeprägtere Fähigkeit wird vermutlich auch den Künstlern der Eiszeit bei der Anfertigung ihrer hyperrealistischen Bilder geholfen haben.

In der tierischen Verhaltensforschung gibt es eine starke positive Zueinanderordnung von Gehirngröße einerseits und der Häufigkeit, mit der in gesellschaftlichen Beziehungen betrogen wird, andererseits. Je komplexer die soziale Szene ist, in der man sich befindet, um so hinterlistiger und fintenreicher muß man sein, um mehr Freunde zu erwerben, ohne sich zusätzliche Feinde zu machen. Diese soziale Intelligenz gehört zum ältesten historischen Erbe unserer Art. Der Anthropologe Robin Dunbar hat versucht, eine Art Machiavellismus-(oder Verschlagenheits-)Index zu finden, der bei lebenden Primaten die Beziehung zwischen Gehirngröße und der Größe jener Gruppe ausdrückt, die sie gerade noch überblicken können. Danach maß Dunbar das Gehirnvolumen fossiler Schädel und fügte die neuen Daten in seine Primaten-Gleichung ein. *Australopithecinen* lebten demnach in Gruppen von etwa 67 Individuen, verglichen mit 60 bei Schimpansen. Der Frühmensch *Homo habilis* besaß bereits eine kognitive Gruppe von 82 Personen. Diese Zahl umfaßt all jene Wesen, mit denen man im weitläufigsten Sinn noch sozialen Kontakt hat – also nicht nur die, mit denen man unmittelbar zusammenlebt. *Homo erectus* kam mit 111 Zeitgenossen klar, der archaische *Homo sapiens* soll 131 ertragen haben. Beim Neandertaler waren es Gruppen von 144 Personen, verglichen mit 150 bei uns. Moderne Menschen könnten allerdings mühelos die doppelte und dreifache Menge solcher Kontakte erreichen. Tatsächlich sagen uns diese Zahlen nicht viel, denn selbst die verschrobensten Eremiten kennen heute, zumindest dem Namen oder Aussehen nach, viele hundert Individuen aus dem Fernsehen oder der Presse und mindestens ebenso viele, denen sie flüchtig auf der Straße oder im Hausgang zunicken. Aber der Begriff der kognitiven Gruppe gibt uns wenigstens einen ungefähren Anhaltspunkt dafür, wie groß das menschliche Universum der Neandertaler gewesen sein mag.

KNOCHEN UND FINGER

Das Leben der Neandertaler war nicht leicht. Ihre Knochen weisen Brüche und Verletzungen auf, wie man sie heute nur noch bei professionellen Rodeo-Reitern findet. Sie alterten schnell und starben früh. Knochenanalysen zeigen, daß die ältesten Ende 30, Mitte 40 waren. Ihre Skelette weisen Arthritis und Gelenkkrankheiten auf, die wahrscheinlich auf ihre vorzugsweise fleischliche Nahrung zurückzuführen sind. Am Skelett des Individuums, das die Wissenschaft *Shanidar 1* nennt, entdeckte man einen von der Seite eingeschlagenen Augenbogen, der rechte Arm war verdorrt und der rechte Fußknöchel von extremer arthritischer Degeneration befallen (wahrscheinlich alles Folgen eines Falls aus großer Höhe oder des Zusammenstoßes mit einem gefährlichen Tier). *Shanidar 3* litt an schmerzhafter Arthritis des rechten Knöchels und der Fußknochen und starb vermutlich an einer Stichverletzung, die die rechte Lunge durchlöcherte und eine häßliche Narbe an einer der Rippen hinterließ. Andere ältere Neandertaler litten an Zahnausfall (Vitaminmangel?) oder weisen schwere Verletzungen am Kopf, an den Beinen, gebrochene Rippen und verformte Arme auf. Aber sie überstanden diese Unfälle und lebten mit ihren Verletzungen weiter.

Somatologen – so heißen die Experten, die sich mit den Unterschieden des menschlichen Aussehens beschäftigen – weisen immer wieder gern auf die massiven Formen der Neandertaler hin. Sie waren ungewöhnlich robuste Menschen mit breitem Torso und kurzen Gliedmaßen und schienen in Westeuropa im Lauf der Zeit sogar an Robustheit zuzunehmen. Ihre Durchschnittsgröße betrug etwa 1,66 Meter (1,69 für Männer, 1,60 für Frauen). Die Hypothese, daß diese Körperproportionen eine thermale Anpassung an extreme Kältebedingungen darstellten, ist sicher richtig. Nur folgt daraus nicht, daß die Neandertaler ein kaltes Klima einem wärmeren vorzogen.[9] In Westasien waren sie keiner extremen Kälte ausgesetzt und nahmen durchaus grazilere Formen an.

Für Europa dürfte die Darstellung von Marcellin Boule, trotz aller Fehlschlüsse, einigermaßen zutreffen. Wir sehen die Neandertaler, wie sie, leicht vornübergebeugt, mit stämmigen Beinen und kräftigen Füßen, über ein unebenes Terrain stapfen. Alles deutet darauf hin, daß diese Menschen eine andere Gangart hatten, als wir es heute gewohnt sind – aber (und das muß nachdrücklich betont werden) es war keine äffische Gehweise mit schlurfendem Schritt und durchhängenden Knien. Diese Menschen besaßen ein voll entwickeltes Fußgewölbe und kurze, fette Zehen, die ihnen bei schlechtem Gelände ein griffiges Profil boten. Solche Füße – mit Sohlen, die jedem modernen Trekking-Schuh überlegen gewesen wären – findet man heute noch im Hochland von Papua-Neuguinea und bei vielen anderen Naturvölkern.

Der Neandertaler flanierte nicht über weite, horizontale Savannen dahin, den Blick in die Ferne gerichtet, sondern strampelte sich in der Vertikalen, Horizontalen und Diagonalen ab, kletterte, lief, rutschte, stürzte, schlidderte, sprang, fiel, mühte sich keuchend von hier nach da, verschaffte sich mit den Händen zusätzlichen Halt an Sträuchern

---

9) Nicht anders die heutigen Eskimos, die mit Freuden ihrem heimatlichen Schnee den Rücken kehren, wenn sich ihnen die Möglichkeit bietet. Sie machen einen beachtlichen Prozentsatz der Bevölkerung Hawaiis aus – in der Tat ist Hawaii der einzige Bundesstaat der USA, wo Eskimos heute eine größere ethnische Minderheit darstellen als Afroamerikaner! Umgekehrt hat sich kein Eskimo jemals bis zum Nordpol gewagt.

und Bäumen. Und er tat sich weh dabei. Neben den Füßen und Beinen mußte er zum Vorwärtskommen auch seine Hände und Arme benutzen. Der leicht nach innen gedrehte große Zeh mit verlängertem Endglied bot ihm extra Halt. Er brauchte einen etwas längeren, kräftigen Daumen, um mit der Hand einen schraubstockartigen Kraftgriff anbringen zu können. Affenartig kann man diesen Griff nicht nennen. Der deutsche Forscher Fritz Sarasin verglich verschiedene Gelenkbreitenindizes von Schimpanse, Gorilla, heutigem Mensch und Neandertaler. Der Index für die Daumenspitze zeigt für den Schimpansen die Ziffer 35,1, für den Gorilla 48,5, für den modernen Menschen zwischen 44,5 und 50,7, für den Neandertaler 55,8. Wieder einmal sind seine Daten gewissermaßen *ultra-menschlich.*

Viele Wissenschaftler betonen heute dennoch gern den Unterschied zwischen dem Kraftgriff des Neandertalers und unserem pinzettenartigen Präzisionsgriff. Die *Cambridge Encyclopedia of Human Evolution* (1992) meinte, darin ein weniger präzises Zusammenspiel zwischen Daumen und Zeigefinger zu erkennen. Aber es ist schwer einzusehen, wieso die etwa um ein Drittel verlängerte Daumenspitze der Genauigkeit des Zugriffs abträglich gewesen sein sollte. Wahrscheinlich würde eine entsprechende 3D-Animation zeigen, daß die zusätzliche Daumenlänge nicht sonderlich ins Gewicht fällt.[10]

Zwar existiert der archäologische Nachweis aus dem Fundort Tabun in der Levante, daß dort über einen langen Zeitraum hinweg immer feineres Steinwerkzeug entwickelt wurde. Man hat dies als Zeichen eines anatomischen Wandels in Richtung auf eine immer leistungsfähiger werdende Hand gedeutet. In Europa gab es das nicht. Dennoch legten die Neandertaler auch hier eine Fingerfertigkeit an den Tag, die noch heute Bewunderung erregt. Nur wenige moderne Forscher, die die steinzeitlichen Abschlagtechniken nachahmen, erreichen bei der Herstellung von Steinwerkzeugen der Levallois-Art, wie sie die Neandertaler in Europa zurechtmeißelten, eine vergleichbare Könnerschaft.

---

10) Neuere Forschungsergebnisse weisen, wie schon gesagt, darauf hin, daß einige *Australopithecinen* zu einem Präzisionsgriff fähig waren, genau wie heutige Menschen. Ob die Neandertaler 3 Millionen Jahre später diese Fähigkeiten noch erlernen müßten, scheint eine müßige Frage.

6

DIE ERFINDUNG
DER SPRACHE

st es denkbar, daß alle diese nicht zuletzt intellektuellen Fähigkeiten der Neandertaler über Jahrtausende hinweg ganz ohne Worte weitergereicht wurden?

Die moderne Wissenschaft ist sich nicht einig darüber, ob der Neandertaler sprechen konnte oder nicht. Manche Experten meinen, die Wandlung des Stimmapparats zu der Form, die er heute besitzt, sei eine für die Ausbildung der modernen Sprachen notwendige körperliche Anpassung und Vorbedingung gewesen. Das betreffe nicht nur den Aufbau von Mundraum und Rachen; es seien auch beträchtliche Verbesserungen jener Gehirnzentren notwendig gewesen, die für die Koordination der beim Schnellsprechen benutzten Muskeln zuständig sind. Möglicherweise, heißt es, seien die Vorfahren des Menschen, zum Beispiel der *Homo erectus*, auf die dreidimensionale Gebärdensprache ausgerichtet gewesen. Kommunikation zwischen uns und einem *Homo erectus* wäre also praktisch ein Ding der Unmöglichkeit gewesen. Die Zweidimensionalität unserer gesprochenen Sprache habe sich schlußendlich als vorteilhafter erwiesen, da sie klarer strukturiert sei und wir uns besser auf das konzentrieren könnten, was gesprochen werde. (Der Unterschied entspricht etwa dem zwischen Fernsehen und Radio, wobei das Radio die für die Sprachentwicklung höhere Stufe darstellt. Denn: Erstens müssen wir nicht ständig hinsehen, um zu verstehen, was der andere sagt, zweitens können wir uns auch im Dunkeln miteinander verständigen.)

Die Kommunikation der Neandertaler untereinander, meinen andere Forscher, sei wenigstens teilweise bereits vokal abgelaufen, soweit im Einklang mit ihrer Lebensweise notwendig, die, wie man annehmen könne, nicht wirklich einer artikulierten Sprache in unserem Sinne bedurft habe. Sicherlich hätten sie eine gut entwickelte, interindividuelle Kommunikationsstruktur gestischer Art gehabt. Die New Yorker Mediziner Philip Lieberman und Jeffrey Laitman versuchten, den Stimmapparat der Neandertaler zu rekonstruieren, und kamen zu dem Schluß, daß diese Hominiden deshalb ausstarben, weil die modernen Menschen besser an den Gebrauch der Sprache angepaßt waren. Die Neandertaler hätten eine »Standard«-Säugetierluftröhre besessen, mit der sie nur ein geringes Geräuschspektrum hätten produzieren können.[11]

---

11) An anderer Stelle bestätigte Lieberman aber den *Menschenaffen*, daß sie durchaus die anatomisch notwendige Ausrüstung für eine gewisse Sprechfähigkeit besäßen.

Lange Zeit fehlte das wichtigste Detail bei all diesen Rekonstruktionsversuchen: das Zungenbein. Dies ist ein freischwebendes, winziges Knöchelchen in Bumerang-Form, umringt von Muskeln und Knorpeln, das bei den allermeisten Skeletten verlorengegangen ist. Dieser kleine Phantomknochen ist ebenso schwer aufzufinden wie sein Gegenstück im oberen Mundbereich, der Zwischenkieferknochen (der übrigens von keinem Geringeren als Goethe entdeckt wurde). Wenn man den Unterkiefer besitzt und die Form des Zungenbeins kennt, kennt man auch dessen Position und weiß, wo der Kehlkopf positioniert ist.

1983 fand sich endlich ein solches Zungenbein, in der Höhle von Kebara in Israel. In der gleichen Höhle waren in den 30er Jahren schon Grabungen vorgenommen worden, und als man Jahrzehnte später die Arbeit wieder aufnahm, entdeckte man fünf Zentimeter unter der Oberfläche der letzten Grabung ein komplettes Neandertaler-Skelett. Dieses Individuum, dem Archäologen Moshe Stekelis zu Ehren *Moshe* genannt, besaß keinen Schädel, war aber sonst vollständig erhalten. Im Unterkiefer, genau an jener Stelle, wo es erwartungsgemäß sein sollte, lag das Zungenbein. Es sah trotz seiner 63 000 Jahre vollkommen modern aus, aber Lieberman war nicht geneigt, sich davon überzeugen zu lassen. Das Kebara-Zungenbein sei nicht von dem eines Schweins zu unterscheiden, meinte er und fügte betont scherzhaft hinzu, vielleicht hätten die Neandertaler sich untereinander mit »Oink-Oink«-Grunzlauten verständigt?

Lieberman und ein Kollege, Ed Crelin, hatten schon 1971 darauf hingewiesen, daß Neandertaler-Schädel eine größere Ähnlichkeit mit der Morphologie von Neugeborenen unserer Zeit aufwiesen als mit Erwachsenen. Auf dieser Basis rekonstruierten sie den Kehlkopf und stellten fest, daß Neandertaler nur fähig gewesen seien, eine beschränkte Reihe von Lauten zu produzieren. Mit der gleichen Methode fanden sie heraus, daß überraschenderweise der *Vorläufer* des Neandertalers, der archaische *Homo sapiens* (etliche tausend Generationen vorher), eine moderne Sprechfähigkeit besaß. Vergleiche des Rachenraums zwischen Neandertaler und modernem Mensch zeigen, daß der Kehlkopf des Neandertalers wesentlich höher positioniert ist. Der moderne menschliche Kehlkopf ist, wie schon Darwin anmerkte, in einer gefährlichen Lage. »Jeder Schluck feste oder flüssige Nahrung muß die Öffnung der *Trachea* überqueren«, schrieb Darwin in *Ursprung der Arten*, »und riskiert dabei, in die Lungen zu fallen.« Tatsächlich ist der Erstickungstod eine recht häufige Todesursache. (In den USA steht er an sechster Stelle der Statistik für Unfälle mit tödlichem Ausgang, in Deutschland gibt es laut Statistischem Bundesamt jährlich um die 600 Todesfälle durch Ersticken.)

Der Grund für diese gefährliche Anordnung des Kehlkopfs ist, daß damit zusätzlicher Resonanzraum für die Stimmtrompete geschaffen wird. Der hochplazierte Kehlkopf des Neandertalers mag eine sekundäre Spezialisation gewesen sein, eine Methode, um die kalte, trockene Atemluft der Eiszeit anzuwärmen und somit die darunterliegenden, empfindlichen Lungen zu schützen. Aber wie stand es dann mit dem Sprechen? Die Ansichten der Wissenschaftler sind geteilt. Manche zeigen sich davon überzeugt, daß die Neandertaler die Kehlanatomie für ein vollausgebildetes menschliches Sprechvermögen besaßen. Andere versäumen keine Gelegenheit, darauf hinzuweisen, daß dieser Kehlkopf dem des Schimpansen gleiche.

Populäre Autoren, die ihre Romane in der Prähistorie ansiedeln, geben den Neandertalern zumeist nur eine Sprache, die aus elementarsten Kürzeln besteht. Der englische Nobelpreisträger William Golding (*Herr der Fliegen*) ließ in seinem leider kaum bekannten, aber hinreißenden Roman *Die Erben* die Welt der Neandertaler wiederauferstehen. In einem einzigartigen, in der Literatur selten mit solcher Konsequenz durchgehaltenen, auch sprachlichen Experiment versuchte Golding, sich in die Köpfe dieser Menschen hineinzuversetzen. Das Experiment gelang, es ist ein literarischer Triumph. Aber Golding muß bei seiner geistigen Zeitreise aus Versehen mit dem Ellenbogen an einen Schalter gestoßen sein: Er landete in der Welt des *Homo habilis* oder *Pithecanthropus*, gut zwei, drei oder vier Millionen Jahre *vor* den Neandertalern. Seine Hominiden kommunizieren mit Hilfe von halb-telepathischen Bildern, die sie einander wie Cartoons ohne Worte übermitteln, und wenn sie sprechen, tun sie es auf fast rätselhafte Weise. Ein Pfeilschuß der feindlichen Cro-Magnons wird so beschrieben: »Sie haben diesen Zweig über den Fluß in den toten Baum geworfen.« Darauf kann die Antwort natürlich nur lauten: »?« *Die Erben* wäre ein wunderschöner Comic. Es ist schade, daß bislang niemand auf diese Vorlage zurückgegriffen hat.

Auch in einem der besten und erfolgreichsten Werke der neueren Paläo-Literatur, Jean M. Auels *Ayla und der Klan des Höhlenbären* und den Nachfolgebänden, besitzen die Neandertaler unterentwickelte Stimmbänder und Gehirne mit fast nicht vorhandenen Stirnlappen. Sie benutzen nur ein paar geknurrte Worte und verständigen sich hauptsächlich durch eine Gebärdensprache. Einzig in einer Science-fiction-Kurzgeschichte von Isaac Asimov (»Der häßliche kleine Junge«) erweist sich ein Neandertalerkind als normal sprachbegabt und überdies so liebenswert, daß seine *Homo-sapiens*-Pflegemutter gemeinsam mit ihm die Zeitreise zurück in die Eiszeit antritt.

»Häh!?« und »Hmpff!« und die Frage nach der Notwendigkeit von Sprache

Wir können uns den Menschen ohne Sprache gar nicht vorstellen. Aber unsere nächsten lebenden Verwandten, die Schimpansen und Gorillas, sind die Großen Schweigsamen in der Natur. Sie neigen dazu, in unauffälligen Gruppen durch die Wälder zu streifen. Schimpansen kreischen oder brüllen gelegentlich; Gorillas klopfen sich gegen die Brust, aber normalerweise brüten sie still vor sich hin. Sie sind nicht einmal so kommunikativ wie die Paviane, bei denen ständig irgendeine Aktion abläuft. Wenn wir die Geschichte der Naturerforschung um 200 Jahre zurückdrehen könnten, würden wir vermutlich viel lieber diese putzigen Gesellen als unsere Cousins erwählen, statt der relativ drögen großen Menschenaffen.

Wenn unsere eigenen Urahnen den Schimpansen wirklich so ähnlich waren, wie immer behauptet wird, was hat sie dann bewogen, ihr Schweigen zu brechen? Wieso haben sie auf einmal angefangen, wie die Paviane drauflos zu plappern? Und warum haben die Schimpansen in den fünf Millionen Jahren dazwischen nicht wenigstens den Versuch gestartet, selbst irgendeine Form von äffischem *Pidgin* zu entwickeln? Sie verstehen, wie wir, die verschiedensten Formen des universalen Einsilbers, jenes Geräuschs, das von »Häh!?« und »Hmpff!« bis »Hchrr!« und »Hm?« reicht und Verblüffung, Eingeschnapptheit, Verärgerung, Zufriedenheit oder eine Frage ausdrückt.

Aber diese Laute versteht auch nahezu jeder Hund. Wenn wir mühsam versuchen, den Schimpansen ASL (*American Sign Language*, die amerikanische Gebärdensprache) beizubringen, oder ihnen komplizierte Versuchsanordnungen vorsetzen, Dreiecke, Vierecke, bunte Knöpfe, Computer mit allen möglichen Symbolen, dann erwarten wir etwas mehr als nur »Ja«, »Nein«, »Weiß nicht«. Vielleicht sind sie es leid, als Belohnung immer nur Bananen vorgesetzt zu bekommen?

Nein, die Ergebnisse der Tests sind deshalb wenig beeindruckend, weil Schimpansen keine Menschen sind. Sie sind eine andere und eigene Form von Lebewesen, übrigens auch mit einer eigenen Art von Stolz und Würde. Stellen wir uns einmal vor, wie solche Experimente im *umgekehrten Fall* ablaufen würden. Wir würden uns auch nicht bei irgendeinem undefinierbaren Unfug einspannen lassen. Als erwachsener Mann oder erwachsene Frau, ob Mensch oder Schimpanse, haben wir ein gewisses Selbstwertgefühl, eine Ahnung von Lebensernst, eine Vorstellung von dem Respekt, den uns die andern schulden. Die Devise lautet: »Cool bleiben.« Unsere Kinder haben im Alter von 14 oder 15 Jahren auch schon ihre Schwierigkeiten, locker mit einer neuen Lernsituation in der Schule umzugehen. Für eine paar schäbige Bananen würden sie ihre Sonnenbrillen bestimmt nicht absetzen. Ein voll ausgereifter Schimpanse hat in einer entsprechenden Situation dazu erst recht keine Lust. Und wie kämen *wir* mit einem von Primaten für uns entwickelten, angeblich artenübergreifenden Kommunikationslehrgang in der Erwachsenenbildung zurecht? Sicher nicht allzu gut.

Sprachenlernen ist eben Kinderkram, auch beim Menschen. Kinder sind kreativ, formbar, lernbegierig. Sie produzieren (in jeder Tierart, auch beim Menschen) mehr als doppelt so viele Klänge und Laute wie später ihre Eltern. Erwachsene, meinte der amerikanische Kinderbuchautor Theodore Geisel (der seine Bücher unter dem Pseudonym Dr. Seuss schrieb) seien »altgewordene Kinder«. Und so ist einer der Gründe, warum die meisten Tests mit Schimpansen nicht viel gebracht haben, sicherlich der, daß diese Versuche nicht mit Schimpansen*kindern* ausgeführt wurden.

Es überrascht nicht, daß der Starschüler aller Sprachschulen für Mitglieder der Familie *Pan* ein kleiner Bonobo war. Kanzi, der Zwergschimpansenjunge, war nur zufällig bei den Sprachtests anwesend. Seine Mutter war die eigentliche Testperson, aber den Erfindern des Experiments fiel auf, daß das Kind alle Probleme spielerisch löste, während die Mutter sich ratlos am Kopf kratzte. In einer Reihe von klinisch-kalten Versuchsanordnungen, bei denen jedes menschliche Kind kreischend die Flucht ergriffen hätte, maß man daraufhin Kanzis Sprachverständnis. Um möglichst wissenschaftlich und neutral vorzugehen, versteckte einer der menschlichen Testleiter sein Gesicht hinter einer Maske und sprach mit dem Affenkind nur noch per Mikrofon durch einen Computer, der die Stimme unkenntlich machte. Mit der auf diese Weise auf den reinen Wortgehalt reduzierten Maschinenstimme wurden dem kleinen Bonobo die abstrusesten Befehle erteilt, die er mit freudiger Verspieltheit tadellos ausführte. Wer weiß, ob das Experiment nicht ganz anders verlaufen wäre, wenn man Kanzi mit einer Gruppe von Altersgenossen zusammengesteckt hätte? Ob die kleinen Bonobos nach einiger Zeit nicht angefangen hätten, in einer eigenen Sprache zu kommunizieren und sich gegen den grausigen Labor-Terror aufzulehnen? Auch Schimpansen sind schließlich zu Formen kulturellen Lernens fähig. So reichen sie in der einen Kultur von Generation zu Generation Methoden des Nüsseknackens weiter, die in einer anderen Kultur völlig unbekannt sind. Wir kennen Parallelen dazu in unserer eigenen Welt, nur nehmen wir sie selten als solche wahr.

Angenommen, auf dem Schulhof einer bestimmten Schule toben 600 Kinder herum. Wenn keines der Kinder weiß, daß man pfeifen kann, indem man zwei Finger in den Mund steckt, wird dieses Kunststück wahrscheinlich in dem betreffenden Jahr nicht weitertradiert werden. Unwahrscheinlich ist auch, daß eines der Kinder die Fertigkeit neu erfindet. Es kann passieren, daß diese spezielle Fähigkeit über mehrere Schülergenerationen hinweg nicht erworben und nicht weitergegeben wird. Als Erwachsene werden die Schüler später gelegentlich auf ihren Fingern herumpusten, ohne einen Pfeifton zu erzeugen, und mit einem Ausdruck des Bedauerns erklären, sie hätten es als Kinder eben leider nicht gelernt. An einer anderen Lehranstalt dagegen läßt sich das Übel des lauten Pfeifens auf dem Schulhof einfach nicht ausrotten. Sogar die Mädchen werden später, als erwachsene Frauen, noch immer die gellendsten Pfiffe aus den Fenstern ihrer Wohnzimmer hinaus auf die Straße zischen lassen, um ihre Kinder zum Mittagessen zu rufen.

Mit der Sprache verhält es sich nicht anders. Sie ist eine Erfindung der Kinder, und sie wird nur von Kindern gelernt. Wenn ein Mensch nicht in den ersten zwei oder spätestens fünf Jahren irgendeine Sprache, also eine *Sprache als solche* erlernt, wird er die Fähigkeit zum Sprechen später gar nicht mehr oder nur unvollkommen erwerben. (Für andere menschliche Fähigkeiten gilt diese Beschränkung nicht.) Der ursprüngliche Mechanismus der Spracherfindung und Weitergabe nahm mit Sicherheit auch in der Frühzeit der menschlichen Entwicklung zunächst einmal den Weg von den Kindern zur Mutter und erst danach, über die spielerische Beteiligung und Einbindung der Mütter, zu den Vätern.

Erst nachdem sich dieser Trick, ähnlich wie das Pfeifen auf zwei Fingern, über einen langen Zeitraum hinweg auf einem ganz bestimmten Schulhof der Evolution etabliert und bewährt hatte und zum festen Repertoire auch der Erwachsenen gehörte, konnte er von den Eltern an die Kinder weitergereicht werden. Dennoch bleibt die auch heute noch für manche überraschende Tatsache bestehen, daß nicht die Eltern ihren Kindern eine Sprache beibringen, sondern daß die Kinder sie selbst erlernen. Sie ziehen sie gewissermaßen von den Eltern ab, aber sie kopieren auch alles andere, was in ihrer Umgebung gerade aktuell ist. Wenn das zufällig drei oder vier verschiedene Sprachen sein sollten, weil die Familie in einem Grenzgebiet lebt – dann lernt das Kind eben drei oder vier Sprachen gleichzeitig. Und zwar mühelos. Diese Leichtigkeit des Spracherwerbs wird es später nie wieder aufbringen.

Natürlich kann man auch ohne Sprache im Leben einen klaren Kurs segeln. Die Schimpansen und alle anderen Lebewesen kommen zwar nicht ohne Kommunikation aus, aber sehr wohl ohne Sprache. Und es gibt unzählige Situationen, mit denen man sprachlos besser umgehen kann. Descartes mag sein berühmtes »Ich denke, also bin ich« in Sprache ausgedrückt haben. Daß er seine Einsichten auch durch Sprache gewonnen hat, ist weniger sicher. Die kreativsten Wissenschaftler und Künstler haben immer wieder betont, daß ihnen die besten Ideen *blitzartig* gekommen seien. Die Übersetzung einer Idee in Sprache sei oft aufwendiger und dauere wesentlich länger. Menschen, die Erfahrungen mit bewußtseinsverändernden Drogen (Haschisch, Mescal, LSD) gemacht haben, berichten von tiefen Einsichten, die sie nur höchst unzureichend in Sprache wiedergeben könnten. Vielleicht ist die Vorliebe der Menschheit für Drogen aller Art ein Versuch, die allzu aufdringliche und langwierige Funktion »Sprache« im Hirn einmal abzuschalten, um die Gedanken etwas zu beschleunigen? Manche Schriftsteller können ohne Zigaretten, Alkohol, Marihuana keinen Satz schreiben. Ob sie die Langsamkeit des Sprachprozesses als so quälend empfinden?

Auf alle Fälle gibt es auch im ganz normalen Alltag unzählige Situationen, die ohne Sprache besser funktionieren: Klavierspielen, Einkaufen im Supermarkt, Autofahren, Überqueren der Straße, Liebe, Jagd. Hier und anderswo ist Sprache ein unnötiger Luxus, ein lästiges Hindernis. Computerspiele wie »Space Invaders« bieten selbst den kleinsten Äffchen keinerlei Schwierigkeiten. Sie bedienen den Joystick und alle Knöpflein wie Cyberspace-Profis. Die Verdrahtung und Vernetzung des Gehirns unserer Verwandten ist eben tatsächlich hochkomplex, sogar schon in der walnußgroßen Ausgabe. Sie brauchen für die Bewältigung dieser Probleme kein einziges Wort, ihre Frust- und Freudenschreie sind nonverbal. Dennoch ist klar, daß in ihren kleinen Köpfen grundsätzlich der gleiche Mechanismus tickt wie in unseren. Da mag der graue afrikanische Papagei uns noch so sehr als beachtlichster nichtmenschlicher Sprachenkönner imponieren wollen, wir hätten Schwierigkeiten, mit ihm ein Gespräch in Gang zu halten, selbst wenn wir *nicht* das Gefühl hätten, daß es sich bei ihm nur um ein flatterndes Tonbandgerät handelt. Bei jedem kleinen Makaken dagegen spüren wir intuitiv, daß wir ihn verstehen, auch ohne Worte, weil er einer von *uns* ist. Ein Artgenosse.

VORAUSSETZUNGEN FÜR DEN SPRACHERWERB

Sprache entstand bei den Vorfahren des Menschen nicht über Nacht. Ihr Erscheinen war von langer Hand vorbereitet. Wenn die These stimmt, daß Sprache von Kindern erfunden wurde, dann muß es eine unwillkürliche, unbeabsichtigte Entdeckung gewesen sein, in die sie *zufällig* hineinstolperten. Die Anlage für den Spracherwerb muß schon lange vorher bereitgelegen haben. Was mag diese frühen Hominiden bewogen haben, ihren bewährten Lebensstil auf einmal zu verändern, der bis dahin jenem der Schimpansen zum Verwechseln ähnlich gewesen sein muß? Da die Schimpansen mehrere Millionen Jahre lang – bis heute – mit ihrer Strategie bestens gefahren sind, ist keine triftige Notwendigkeit für eine Veränderung zu erkennen. Da die frühen Hominiden als Spezies schon vor langer Zeit von der Bühne abgetreten sind, kann man auch nicht unbedingt von einem Erfolg ihrer Strategie sprechen. Trotzdem begaben sich unsere Vorfahren auf eine Achterbahnfahrt, auf den rasanten Trip namens Evolution, an dem wir noch immer als Passagiere teilnehmen.

Über den Grund, warum sie dies taten, können wir nur Vermutungen anstellen. Wahrscheinlich befanden sie sich nicht einfach nur auf einem anderen Schulhof, wo sie mit zwei Fingern pfeifen lernten. Sie müssen in einen völlig neuen *Schultyp* hineingeraten sein, in dem sie ganze Batterien von neuen Tricks erwarben. Sie lernten, auf zwei Beinen aufrecht zu gehen. Sie lernten, kräftig zu schwitzen und in der afrikanischen Sonne ohne Fellmantel umherzuspazieren. Sie lernten schwimmen. Sie lernten, regelmäßig tierisches Eiweiß zu essen. Und sie erfanden den Kindergarten. Ohne Kindergarten hätte es keine Ansammlung von Kindern gegeben, und ohne die wäre es mit Sicherheit nie zur Erfindung der Sprache gekommen. Nicht zuletzt erfanden sie vielleicht auch die *Kindergärtnerin*. Anders als die Schimpansenfrau blieb das Hominidenweibchen nicht grenzenlos fruchtbar. In der Mitte ihres Lebens wechselte ihr Körper plötzlich die Fortpflanzungsmethode. Statt der Produktion eigener Kinder fiel ihr nun die Sorge um die bereits erworbenen und im Kollektiv gehüteten Kinderscharen anheim. Dies ist der entscheidende Schritt. Statt daß Mütter sich um ein oder zwei eigene Kinder kümmern wie bei den Schimpansinnen, hatten sie nun fünf, zehn oder mehr im Auge zu behalten, die nicht ihre eigenen Kinder waren. An dieser Stelle trat das Neue in die Entwicklung, hier stellte die Evolution die biologischen Uhren um – relativ rasch und gleich zu Beginn der Menschheitsgeschichte. Es muß ein Prozeß gewesen sein, der unter ungewöhnlichen, weil einmaligen und einzigartigen und nicht beliebig wiederholbaren Bedingungen stattfand. Die Sprache diente mit Sicherheit von Anfang an als Motor und Beschleunigungsfaktor einer solchen Entwicklung, weil sich mit Sprache Dinge koordinieren ließen, die sonst nur diffus im Raum umhergepurzelt wären.

DER AQUATISCHE AFFE

Die englische Wissenschaftsautorin Elaine Morgan hat in diesem Zusammenhang die These verfolgt, der Mensch müsse irgendwann einmal in seiner Entwicklung ins Wasser gegangen sein. Als *aquatischer Affe* habe er den aufrechten Gang erworben, der sonst in der Natur eigentlich nur noch bei den Pinguinen vorkommt. Im Wasser habe er die glatte, durch viele Schweißdrüsen gut eingefettete und mit einer schützenden inneren Fettschicht versehene Haut erworben, die ihn für das Schwimmen ideal geeignet erscheinen läßt. Auch habe er im Wasser die Fähigkeit erworben, salzige Tränen abzusondern, die anderen Landsäugern abgeht, ausgenommen solchen, die früher auch schon einmal eine Zeitlang im Wasser zugebracht haben, wie den Elefanten. Die Tendenz zum großen Gehirn sei ein untrügliches Kennzeichen für Meeressäugetiere, siehe Delphin. (Auch wenn wir unseren größten Gehirnzuwachs erst später bekamen.) Anders als andere Primaten können wir tauchen, und das sogar, ohne unsere Nasen mit den Fingern zuzuhalten, denn für diesen Zweck haben wir vorne, vor den Nasenlöchern, jenen kleinen »Ping-Pong-Ball« an der Nasenspitze, mit dem wir unsere äußerst beweglichen Nasen im Wasser luftdicht verschließen können. (Ein Gorilla, der mit einem Kopfsprung ins Wasser hechtete, bekäme mit Sicherheit eine gewaltige unfreiwillige Naseninnenraumdusche ab.) Wie andere echte Meeresbewohner besitzen auch wir die Fähigkeit zur Mundatmung – für die rasche Aufnahme großer Sauerstoffmengen nach dem Auftauchen wichtig – und den weit nach hinten verlagerten Kehlkopf, der für viele Wassersäuger typisch ist.

Daß die Frühhominiden von Primaten abstammen, die sich an ein Leben an Meeresküsten anpaßten, wurde bereits 1923 von dem Berliner Pathologen Max Westenhöfer vorgebracht. Unabhängig von Westenhöfers »Aquatiler Hypothese« entwickelte der britische Meeresbiologe Sir Alister Hardy die gleiche Theorie noch einmal und veröffentlichte seine *Aquatic Ape Theory* 1960. Beide gerieten in Vergessenheit, bis Elaine Morgan die Ideen aufgriff und ab 1972 konsequent weiterentwickelte und populär machte. Heute sind die Argumente der »*Wasseraffen-Theorie*« zwar nach wie vor in der Wissenschaft umstritten, aber nicht mehr aus der Diskussion wegzudenken. Für unsere

Zwecke besonders dienlich ist, daß die AAT die Entwicklung der Sprache in die Frühzeit der Menschheitsentwicklung verlegt. Die Frage, ob die Neandertaler über eine Sprachfähigkeit verfügten oder nicht, erledigt sich damit fast von selbst.

Ansätze für die Sprache hätten sich beim aquatischen Affen aus der Notwendigkeit heraus entwickeln können, miteinander durch gezielte Zurufe im Kontakt zu bleiben. Diese Zurufe sind heute noch als pentatonische »Kunstsprachen« (in der Art des Jodelns) in Regionen üblich, die ähnliche akustische Voraussetzungen bieten wie das Meer – auf den Schweizer Alpen und in den Urwäldern der Pygmäen. Stark vokalorientierte Sprachen wie das Hawaiianische erinnern daran, daß die Meeresoberfläche tatsächlich wie ein Schalltrichter, also für Vokale vorwiegend als Resonanzverstärker funktioniert, für Konsonanten hingegen als Schallschlucker. Andere Meeressäuger bedienen sich der schalltransportierenden Qualitäten des Meeres in ähnlicher Weise – *unter Wasser* – und produzieren zuweilen komplexe, vokale Kommunikationsarten (siehe die Gesänge der Wale). Unsere spezielle Atemkontrolle beim Sprechen ähnelt derjenigen, die man für das Schwimmen und Tauchen benötigt. Wir erwerben diese Technik der Tauchatmung durch Übung, bis wir sie scheinbar ganz natürlich (das heißt, unbewußt, automatisch) beherrschen. Wie anstrengend Sprechen tatsächlich ist, merken wir erst, wenn wir einen längeren Text in einer fremden Sprache halblaut zu lesen versuchen. Üblicherweise sind wir nach zwei oder drei Absätzen völlig atemlos, fast so, als wären wir die Treppen in den vierten Stock hinaufgerannt.

Für Elaine Morgans These einer aquatischen Phase in unserer Entwicklung sprechen viele weitere Details, so auch, daß Geburten im Wasser leichter vor sich gehen und Babys praktisch von allein schwimmen lernen, wenn es ihnen möglichst bald (und vorsichtig!) nach der Geburt beigebracht wird.

Es ist unmöglich, sich von Elaine Morgan nicht überzeugen zu lassen. Trotzdem hält die Wissenschaft als öffentlich verwaltete Körperschaft und Institution von diesen Ideen nicht eben viel. Den aufrechten Gang beispielsweise habe der Mensch nicht im Wasser erworben, hieß es lange Zeit, sondern beim Übergang von einem Leben im Wald zu einem Leben in der Savanne. Tatsache ist, daß unsere Freunde, die putzigen Paviane, diesen Übergang vom Wald zur Savanne ungefähr um die gleiche Zeit vollzogen, als angeblich auch die Hominiden die Nachbarschaft wechselten.

Wie ideal sich die Paviane an ihre mittlerweile längst nicht mehr neue Wohngegend angepaßt haben, erkennt man an ihrem anderen Namen, »Hundsaffen«. Sie werden so genannt, weil sie mit Vorliebe auf allen vieren rennen (statt, wie wir, auf den Hinterbeinen einherzuwandeln) und statt eines großen Gehirns imponierende Reißzähne entwickelt haben. Diese wahren Hauer dienen ihnen zum Schutz gegen Raubkatzen, ihre größten Feinde.

BEZUG ZUM WASSER

Der Mensch dagegen (beziehungsweise der menschliche Vorfahre) betrat die Savanne auf einem schwankenden, unsicheren Gestell, als wollte er eine Melone auf einem Besenstiel balancieren, ausgerüstet mit den kleinsten Zähnen unter allen seinen Verwandten. Den spitzen Dolchen der tödlichen Katzen in der Savanne hatte er nichts entgegenzusetzen und wurde oft genug zu ihrer Beute. Tatsächlich haben neuere Grabungen ergeben, daß unsere allerersten aufrecht gehenden Vorfahren nie in einem Umfeld gefunden werden, das auf eine Savanne hindeutet.

Sie gingen senkrecht – und zwar im Wald. Doch weshalb hätten sie plötzlich dort, wo sie schon seit Millionen von Jahren als Baumhangler oder Kletterer zu Hause waren, den aufrechten Gang einstudieren sollen, den Schimpanse und Gorilla *bis heute nicht* richtig gelernt haben? Wäre es nicht sinnvoller anzunehmen, sie *kehrten* in den Wald *zurück*, nachdem sie diese neue Verhaltensweise irgendwo außerhalb des Waldes erlernt hatten? Inzwischen wissen wir auch, daß der Mensch die aufgerichtete Gehweise nicht deshalb entwickelte, um sein großes Gehirn besser tragen oder kühlen zu können – auch dies galt jahrzehntelang als eine Doktrin der Paläanthropologie. In Wirklichkeit war die vertikale Gangart schon lange *vor* dem großen Gehirn da.

Warum soll sie nicht als Resultat der Bemühung entstanden sein, lotrecht im flachen Küstengewässer zu stehen und die Nase über die Wellen zu halten? Das Stehen dürfte im Wasser wesentlich einfacher gewesen sein und das Auf-dem-Grund-des-Wassers-verankert-Sein angenehmer, als ständig zu schwimmen. Übrigens können unsere Vettern und Basen aus dem Klan der Schimpansen nicht oder kaum schwimmen, und auch die meisten andern Affen lassen ihren Pelz nur ungern naß werden. Der Orang-Utan ist so wasserscheu, daß er sich nicht einmal bei akuter Verdurstungsgefahr aus den Baumkronen zu einer Quelle am Boden herabbegibt. (*Im Zoo* gewöhnt sich freilich auch der Orang ans Baden und taucht mit Vergnügen, aber doch vorsichtig, wie ein Nichtschwimmer, am sicheren Beckenrand, mit dem ganzen Körper ins Wasser.) *Ein* Affe, der offenbar gern und ausdauernd schwimmt, ist der Nasenaffe auf Borneo, der dabei, mit fest geschlossenem Mund, seinen fast zehn Zentimeter langen Rüssel zum Atmen in die Höhe hält.

Wir dagegen können gar nicht anders, als uns jeden Morgen unter die heiße oder kalte Dusche zu stellen oder uns abends ins dampfende Badewasser gleiten zu lassen. Können wir es uns finanziell leisten, dann legen wir Swimming-Pools an oder fahren ans Meer, um in Strandkörben zu sitzen und den Anblick der Wellen zu genießen. Würde man von früheren Baumbewohnern nicht eher erwarten, fragte Elaine Morgan augenzwinkernd, daß sie sich vor einen *Wald* setzen würden, um ihre Sinne am Anblick von *Bäumen* zu erfreuen?

Unsere Neigung zum Wasser zeigt sich nicht nur in der veränderten psychischen Disposition, sondern auch in der völlig umgewandelten physischen Bauweise. Obwohl die Schimpansen im Vergleich zu uns wahre Muskelprotze sind (rund achtmal so stark wie wir), wirken sie wie schmächtige Kümmerlinge, weil ihnen ihre Körperkonstruktion grundsätzlich dazu dient, sich leichtgewichtig in die Lüfte zu erheben. Unsere dagegen zeigt vom Walroßbart (der Männer) bis hin zu den Schwimmflossen am Heck eine Anpassung ans aquatische Leben. Unsere haarlose Haut mit ihrer dicken Fettschicht macht ein gutes Drittel (und mehr) unseres Lebendgewichts aus. Der ganze Körper wirkt wie ein stromlinienförmiger Torpedo, der schneller durchs Wasser gleiten soll. Manche Menschen haben sogar heute noch Schwimmhäute zwischen den Fingern und Fußzehen. Und was den Bart betrifft, für den gibt es nun wirklich keine andere Erklärung als den Aufenthalt im Wasser: Otter, Seelöwen und andere Meeressäuger tragen alle einen Schnurrbart – aus gutem Grund. Wenn nur der Kopf oberhalb der Wasseroberfläche sichtbar ist, wird es wichtig, ein sekundäres Merkmal zu haben, an dem man das Geschlecht des Gegenübers leichter erkennen kann.

DIE INSEL DER ROBINSONE

Elaine Morgans Thesen sind, wie man sieht, ungemein attraktiv, und man kann sie in zahlreichen Szenarien durchspielen, sie passen immer. Es gab sicher genug Gründe für den evolutionären Schlenker unserer äffischen Vorfahren, einige hundertausend oder ein paar Millionen Jahre lang ins Wasser zu gehen. Zum Beispiel konnte man sich auf diese Weise leichter vor der tödlichen Tsetse-Fliege schützen, die in Afrika immer wieder ganze Landstriche entvölkert hat. Freiwillig ist dieser Schritt gewiß nicht unternommen worden, sondern nur unter dem Druck der Verhältnisse. So hilft uns Elaine Morgans Szenario vor allen Dingen auch, eine *Ursache* für die Abspaltung unserer Familienlinie vom Stammbaum der übrigen (affen- und menschenähnlichen) Verwandten zu erkennen.

Dieser Prozeß der Speziation, der Artenentfaltung oder Auftrennung in verschiedene Spezies, geschieht üblicherweise durch geographische Isolation. Geographische Isolation bedeutet meistens: Insel. Darwins berühmte Galapagos-Finken entwickelten deswegen ein Dutzend verschiedene Arten, weil sie immer wieder durch Sturmwinde von einer Insel zur nächsten hinweg geblasen wurden. Natürlich hätte die Natur eine Schimpansenfamilie Robinson von Afrika aus auf eine Insel im Indischen Ozean treiben lassen können. Möglich wäre es, aber zu einfach. Mutter Natur sucht sich gewöhnlich kompliziertere Methoden aus. Wenn die Affen nicht auf die Insel kommen, muß eben die Insel zu den Affen kommen. Die Methode ist etwas aufwendig, aber äußerst effektiv.

Man beginne mit einem normalen Wasserfall. 100 Jahre lang rauscht er als eindrucksvolles Naturschauspiel in die Tiefe. Eines Morgens ist er verschwunden. Statt dessen befindet sich dort, wo vorher Täler waren, ein Meer, und das bißchen trockenes Land, das übriggeblieben ist, ist jetzt von Wasser umgeben. Die Elefanten und Hippos, die auf diesen Inseln gefangen sind, schütteln ihre klobige

Gestalt ab und werden zu Zwergen. Die Ratten fühlen sich wie Könige und wachsen zum Dreifachen und Vierfachen ihrer früheren Größe heran.

Ein Märchen? Nein – die Geschichte des Mittelmeers. Eine einmalige Sache, unwiederholbar? Keineswegs. Als die Gewässer des Atlantiks vor fünf Millionen Jahren mit der 100fachen Gewalt der Niagarafälle durch die Landenge zwischen Marokko und Spanien krachten und 3000 Meter tief in die Täler des mediterranen Raums hinabstürzten, um das Mittelmeer zu bilden, war dies nicht das erste Mal, daß so etwas geschah. In seiner langen Geschichte ist das Mittelmeer mehrfach ausgetrocknet, danach durch die Bewegungen der Kontinentalplatten bis tief ins Erdinnere hineingeschoben und aufgesogen worden, um dann wieder neu zu entstehen. Allein im Miozän (zwischen fünf und 20 Millionen Jahren vor heute) dürfte dies einige Male passiert sein. Der Meeresboden von damals befindet sich heute in schwindelnder Höhe – die Alpen.

Gewaltige Kräfte waren hier am Werk. Solche katastrophalen Ereignisse gehören aber mitnichten allein ins tiefe Dunkel erdgeschichtlicher Frühzeiten. Vor knapp 8000 Jahren durchbrach das Mittelmeer den Bosporus und schwappte in einer riesigen Flutwelle ins Schwarze Meer, überflutete dabei weite Teile der Ukraine und Rumäniens. Um 150 Meter, so beweisen moderne Bohrkernanalysen, stieg der Wasserpegel dabei an. Das Dröhnen der tosenden Wassermassen muß 100 Kilometer weit zu hören gewesen sein (die Sintflut der Bibel). Ähnliche Katastrophen wären noch heute möglich. Die am Golf von Aden zwischen den Städten Djibouti und Obock gelegene kleine Bucht Gubeth Karah ist der winzige Anfang einer riesigen Spalte, die irgendwann in der Zukunft das Horn von Afrika vom Rest des Kontinents abtrennen wird. Ein Vorbote dieser Spalte zeigt sich bereits in der nur eine kurze Distanz von der Küste entfernt beginnenden Assalsenke, deren tiefster Punkt rund 180 Meter unter dem Meeresspiegel liegt. Es bedarf nur noch eines winzigen Auseinanderrückens der darunterliegenden Erdrindenplatten, damit das Wasser des Golfs von Aden ins Binnenland einströmt, die Assalsenke überflutet und die Gubeth-Kara-Bucht auf das Doppelte ihrer jetzigen Breite vergrößert.

Betrachtet man eine großformatige NASA-Karte des afrikanischen Kontinents, so fällt einem als erstes auf, daß die äußeren Konturen

Afrikas denen eines frühen Homidenschädels mit kräftigen Augenbrauenwülsten gleichen. Es scheint nur recht und billig, daß die Heimat des Menschengeschlechts ihm auch optisch ähnelt. Dann erkennt man unzählige geographische Narben früherer Veränderungen, bei denen Seen und Inselbildungen keine ungewöhnliche Einzelerscheinung darstellen. Das Problem besteht eher darin zu entscheiden, *welche* Insel, *welche* Seenbildung zur Absonderung und Eigenentwicklung unserer Art beigetragen haben könnte. Die gesamte Sahara war einmal ein Meer, und fossile Lebensformen, die es heute nicht mehr gibt, bildeten etwa in der Sahabi-Region Libyens eine eigene, in Zeit und Raum vollkommen neue und andersgeartete Welt. Ähnlich verhält es sich mit den frühen Hominidenresten – sie sind sämtlich entlang einer deutlich sichtbaren Kontinentalsenke in Afrika aufgefunden worden, die in der Vergangenheit immer wieder abwechselnd unter Wasser stand oder austrocknete. Sie ist heute noch wie eine große transkontinentale Reiseroute auf der Landkarte durch viele Seen markiert. Hier befindet sich auch der berühmte Turkana-See, an dessen Uferlinie die Skelette von *Australopithecus africanus, Australopithecus boisei, Homo habilis* und *Homo erectus* gefunden worden sind. Genauer gesagt, wurden die Funde in heute trockenen Savannengebieten gemacht. Der Turkana-See war zu jener Zeit, als die frühen Hominiden seine Ufer bewohnten, wesentlich größer.

In dieser Gegend werden immer wieder Hominidenreste gefunden. Die ältesten Funde stammen bisher aus der Afar-Region von Äthiopien. Mit anderen Worten: Je älter die Funde, um so weiter nördlich die Fundstellen – was ein Indiz dafür sein dürfte, daß sich irgendwo in der Nähe des Roten Meeres das ursprüngliche Entwicklungslabor der Originalhominiden befunden hat, die sich von dort aus südwärts ausbreiteten und in rascher Folge eine ganze Reihe von aufrecht gehenden Arten bildeten. *Eine* solche Insel, wenn nicht tatsächlich *die* Insel, die wir suchen, ist auf jedem Schulatlas zu erkennen. Genau zwischen dem Roten Meer und der Senke von Denakil (120 Meter unter dem Meeresspiegel) erheben sich die Denakiler Alpen, bis in die Neandertalerzeit eine Insel. Das Rote Meer erstreckte sich ein gutes Stück über die Senke von Denakil hinaus nach Westen. Die Berge, die heute im Inland liegen, bildeten damals eine Insel weit vor der Küste. Andererseits trocknete das Rote Meer phasenweise auch immer wieder aus – so daß frühe Hominiden trockenen Fußes über die großen Salzwüsten oder Steppen des heutigen Meeres nach Jemen und von dort weiter bis nach Pakistan wandern konnten, wo man heute ihre fossilierten Skelette findet.

Sexualität und Fortpflanzung

Angenommen, eine Gruppe von Lebewesen, die dem heutigen Schimpansen nicht vollkommen unähnlich waren, wäre in dieser Region durch einen solchen Einbruch des Landes als Gefangene einer inländischen Insel auf dem afrikanischen Kontinent festgesetzt worden. Unsere Vorfahren wären damit schon vor vielleicht sieben bis fünf Millionen Jahren in einen Engpaß oder Flaschenhals geraten, ähnlich dem, der vor rund 200 000 Jahren zu einer beschleunigten Entwicklung des *Homo sapiens* beigetragen haben soll. Das heißt, die Bevölkerung hätte sich so stark verringert oder wäre so vielen neuen Gefahren ausgesetzt gewesen, daß ihr Überleben ernsthaft gefährdet gewesen wäre. Hier mußte ein Ausweg gefunden werden, um die Produktion der Nachkommenschaft anzukurbeln. Das ist jene Situation, die wir unter dem Stichwort »Kindergarten« angesprochen haben: eine Situation, die nach einer verstärkten, kollektiven Aufzucht des Nachwuchses verlangte.

Erst mit Elaine Morgans These vom aquatischen Affen beginnt dieser Teil der menschlichen Geschichte überhaupt *Sinn* zu machen. Anders ausgedrückt: *Ohne* die Insel läßt sich unsere Abwesenheit im städtischen Zoo nicht erklären. Irgendwo in unserer Entwicklung wurde das Steuerruder herumgeworfen in Richtung Mensch. Dieser Prozeß kann nur auf einer Insel stattgefunden haben, die von einem größeren See umgeben war.

Eine mögliche Erklärung dafür würde ungefähr folgendem Szenario folgen: In der Biologie gibt es üblicherweise zwei Methoden der Nachkommensproduktion, die sogenannte K-und die r-Strategie. Die K-Strategie ist die bevorzugte Methode der meisten großen Säuger – der Schimpansen, Pferde, Wale und einiger Vögel (Kiwis). Sie setzen *ein* Kind in die Welt und kümmern sich dann ausführlich um sein Wohlergehen. Die r-Strategie wird von Fröschen, Fischen, Schlangen, Riesenschildkröten und Karnickeln angewendet: Sie produzieren Nachkommen im Dutzend und lassen sie ohne Abschiedskuß davonziehen, in der Hoffnung, daß wenigstens eines oder zwei nicht sofort gefressen werden. Schimpansen gehören zur K-Gruppe. Alle vier Jahre ein Baby, um das sich jeweils eine Mutter allein kümmert. Maximaler Ausstoß: zehn Babys pro Mutter und Lebenszeit. (Schimpansenmütter bleiben bis an ihr Lebensende fruchtbar.) Ein langsames und störanfälliges System. Wenn Polio oder eine Naturkatastrophe die halbe Bevölkerung auslöscht, ist das Überleben der anderen Hälfte extrem gefährdet.

Der Mensch dagegen betreibt etwas völlig Neues – eine modifizierte K/r-Strategie, die weitaus schneller sehr viel mehr Nachkommen produziert und zusätzlich verbesserte Pflege bei der Aufzucht bietet. Jedes Jahr ein Baby, maximaler Ausstoß pro Mutter: 20 und mehr, in der Hälfte der Zeit, vor dem Einsetzen der Menopause. Und wo das Schimpansenkind schon mit vier Jahren einigermaßen selbständig ist, erreicht das menschliche Kind dieses Stadium erst mit acht. Die kollektive Pflege entlastet also die individuellen Mütter, sichert das Überleben der Gruppe und sorgt zugleich für ein qualitativ völlig neues Sozialgefüge, insbesondere auch der Kinder. Dieses System kann nur als Nebenprodukt an einem Ort entstanden sein, wo die neuen Bewohner einerseits zwar gefährdet waren, aber andererseits keine natürlichen Feinde hatten. Die Gefahr für die zunächst schwimmunfähigen frühen Hominiden ging in erster Linie vom Wasser selbst aus – der Tod durch Ertrinken dezimierte ihre Zahl immer wieder. Auf der Insel selbst gab es keine natürlichen Feinde.[12]

Die verhängnisvolle Folge: Die Vorfahren des Menschen legten ihre natürlichen Waffen ab. Nicht nur das noch ziemlich äffisch wirkende kleine *Taung-Baby*, eines der ersten vormenschlichen Fossilien, das wir besitzen, sondern auch seine erwachsenen Zeitgenossen besaßen ein erkennbar menschliches Gebiß. Der Trend bei allen frühen Hominiden geht in die gleiche Richtung. Das wäre für einen Savannenbewohner ausgesprochen ungewöhnlich gewesen, denn wir

---

12) Wir kennen Beispiele einer ähnlich konvergenten Evolution von anderen Inseln. Die Kiwis Neuseelands wuchsen in einer Umgebung auf, ohne andere Lebewesen, die in ihnen nur ein großes Stück Fleisch namens »Frühstück« gesehen hätten. So verloren sie die Fähigkeit zu fliegen, weil sie sich auf dem Boden sicher fühlten. Sie sind keine besonders aggressiven Vögel, auch wenn sie bösartig wie Hunde knurren können. Im Verhältnis zu ihrer Körpergröße legen sie die größten Eier von allen Mitgliedern der Vogelwelt. Sie kümmern sich ausgiebig um ihre Kinder, neben dem Würmerfressen die Hauptaufgabe in ihrem Leben.

sahen bereits, wie sich die Paviane in der Savanne auf ihre Feinde eingestellt haben: riesige Zähne, dickes Fell im Nacken als Schutz gegen Gepardenbisse, schnelles Laufen auf allen vieren. Die Hominiden dagegen waren ideal an eine Umgebung angepaßt, in der sie keine Feinde besaßen: keine Reiß-Zähne, Produktion von weit mehr Nachkommen, als sie beschützen konnten, riesige Kinderhorte in der Obhut relativ wehrloser älterer Frauen.

Energien, die sonst im Kampf gegen äußere Feinde oder Rivalen innerhalb der Gruppe verschleudert werden, wurden jetzt in den Sex investiert. Das Zähnefletschen, das fast überall sonst in der Tierwelt Aggression signalisiert, wurde zum Signal für freundliche Absichten umfunktioniert, zum Lächeln. Das Gesichtsdreieck Auge-Auge-Mund wurde zum wichtigsten gegenseitigen Erkennungsmerkmal. Die ausgeprägten, im Wasser schwimmenden Brüste der Frauen dienten dem Baby zum leichteren Finden und dem Mann als sexuelle Erkennungsmarken. (Schimpansinnen haben relativ niedrige, flachanliegende Zitzen).

Die in der Tierwelt übliche Form des Geschlechtsverkehrs hätte im Wasser zur Gefährdung der Partnerin durch Ersäufen geführt. So mußte die Kopulation umgedreht und durch eine Reihe von sekundären Merkmalen abgesichert werden. Eine weitere Erkennungsmarke wurde benötigt – parallel zum Dreieck im Gesicht ein Felldreieck auf dem sonst unbehaarten Körper, das dem Mann optisch signalisierte, *wo* dort unten im Wasser das Geschlecht seiner Partnerin zu finden war.[13] Den nunmehr weniger direkten Weg dorthin fand er mit dem verlängerten Phallus. Um Aggression jederzeit abbauen zu können, existierte eine ständige Bereitschaft zum Sexualakt. Damit ging der Verlust des *Östrus* einher, jene Einschränkung des Sexualtriebs, der bei den Tieren nur während einer spezifischen Brunftzeit aktiviert wird. Der Zustand gesteigerter geschlechtlicher Erregung und Paarungsbereitschaft, in der Tierwelt nur die *periodische* Raserei oder Rolligkeit, wurde beim Menschen zum Dauerzustand. Gleichzeitig wurde die sexuelle Empfänglichkeit auf das ganze Jahr ausgedehnt und durch die »Erfindung« des Orgasmus zusätzlich abgestützt.

---

13) Wie bei anderen Wassersäugetieren sind auch beim Menschen die externen Sexualorgane nach innen verlagert; die Vagina ist sogar durch zusätzliche Schamlippen gesichert. Die Testikeln des Mannes lassen sich ins Körperinnere einziehen, wenn die Außentemperatur zu kalt wird.

Soviel Lust auf Sex haben sonst nur die Bonobos, die nicht zuletzt dadurch eine Art evolutionäres *missing link* zwischen uns und den Schimpansen darstellen. Warum diese zierliche Schimpansenspezies erst so spät entdeckt wurde (die erste wissenschaftliche Beschreibung erfolgte 1933), hängt damit zusammen, daß Bonobos in schwer zugänglichen, waldigen Sumpfgegenden leben. Die zunächst als bloße »Zwergschimpansen« apostrophierten und heute als eigene Spezies anerkannten Bonobos begannen ihre unabhängige Entwicklung vor zirka 2,5 Millionen Jahren – als sie durch den breiten Kongostrom von der Hauptlinie der übrigen Schimpansen abgetrennt wurden. Ihr schattiges Domizil entspricht also in seiner Abgeschiedenheit durchaus einer *Insel*. Und tatsächlich haben die Bonobos dort viele Züge der frühen Hominidenentwicklung in einer Art modellhaften zweiten Evolution nachgeholt, allerdings ohne deshalb mit uns näher verwandt zu sein. Auch sie besitzen relativ längere Beine und waten nicht selten aufrecht durchs Wasser. Der aufrechte Gang wird erleichtert durch ein im Winkel etwas gekipptes Becken. Damit geht eine Verschiebung der Vagina bei den Weibchen und eine Verlängerung der Genitalien bei den Männchen einher. (Der Bonobo-Penis ist der längste; seine Testikeln sind die größten unter allen Primaten; der Mensch rangiert in dieser Sparte erst an zweiter Stelle.)

Auch die Bonobos frönen häufigem Geschlechtsverkehr (von vorne) und sind mutterrechtlich organisiert. Sie zeigen uns durch ihre bloße Existenz, daß die Hypothese vom aquatischen Affen nicht so falsch sein kann. Im übrigen weist Meerwasser eine ähnliche saline Konsistenz auf, wie die weibliche Scheidenflüssigkeit.[14]

EVOLUTIONSSPRUNG

Allerdings muß die Insel der Frühhominiden ihren Bewohnern dramatisch andere Lebensbedingungen aufgezwungen haben als das

---

14) Der für Teenager so lästige vermehrte Ausstoß von Talg aus den Gesichtsdrüsen (Akne) zur Zeit der höchsten sexuellen Bereitschaft läßt sich ebenfalls nur durch die aquatische Existenz sinnvoll erklären. Der einzige Zweck dieses Sekrets scheint es zu sein, die Haut wasserdicht zu machen. Offenbar sah sich die Natur genötigt, bei einem zu erwartenden längeren Aufenthalt im Wasser vorsorgliche Schutzmaßnahmen zu ergreifen. Tatsächlich gilt auch heute noch das salzhaltige Meerwasser als einzig effektive Kur gegen Akne.

kongolesische Habitat den Bonobos. Das Rote Meer ist ein tropisches Meer und extrem salzhaltig, denn es ist nicht nur am einen Ende (zum Mittelmeer hin) zugesperrt, sondern es fließen auch keine Flüsse hinein, es gibt keinen Regen, und durch die extreme Sonnenbestrahlung verdunsten seine Gewässer noch schneller, als sie es normalerweise ohnehin tun würden. Korallenriffe, die es im Mittelmeer nicht gibt, dehnen sich entlang seiner Küsten aus, und seinen fast übertriebenen Reichtum an Fischen der unterschiedlichsten Art bezieht das Rote Meer direkt aus dem Füllhorn des Indischen Ozeans.

Eine Hominidenart, die hier überleben wollte, *mußte* eine Lebensweise erwerben, die weit über das gelegentliche Aufrechtgehen in flachen Sümpfen hinausging. Sie mußte lernen, den größten Teil ihrer Zeit im Wasser zu verbringen und sich von Fischen, Krabben und den Früchten des Meeres zu ernähren, einer konzentrierten eiweißreichen Kost also, die ausgezeichnet dazu geeignet war, ein rapides Gehirnwachstum anzukurbeln. Der evolutionäre Druck, der auf der ursprünglichen Insel-Gruppe lastete, muß ihr ein rasantes Anpassungstempo aufgezwungen haben. Man meint oft, die Evolution fließe dahin wie ein gemächlicher Strom, da sich beispielsweise die Schimpansen in den letzten fünf Millionen Jahren kaum verändert haben. Aber auch langsame Flüsse stürzen gelegentlich eine Klippe hinab. Oder, mit den Worten des amerikanischen Biologen Stephen Jay Gould ausgedrückt: »Ich glaube nicht, daß die meisten Arten sich während der langen Zeit ihres Erfolges sehr stark verändern; die meisten evolutionären Wandlungen konzentrieren sich auf die rapide Ereignisfolge nach der Trennung von jener Gruppe, der sie ursprünglich angehörten.«

In der Entwicklung der Hominiden nach ihrer Isolierung auf der Insel muß also eine plötzliche und enorme Drehzahlbeschleunigung stattgefunden haben. Doch wie viele Jahre dauerte es, um der neuen Spezies diesen evolutionären »Kickstart« zu geben, der sie schließlich bis hinauf auf die Spitze des Empire State Building katapultieren würde? Hundert Jahre? Tausend? Hunderttausend? Eine Million? Wie lange hat Mutter Natur gebraucht, um aus einem schweigsamen Menschenaffen einen aufrecht gehenden, schwimmfähigen, haarlosen und vor allem geschwätzigen Hominiden werden zu lassen? Man könnte dieses Szenario am Computer durchspielen, um zu berechnen, wie viele Generationen für eine solche Entwicklung nötig wären. Die entsprechenden Programme laufen bereits – etwa in Form des Artificial Life (AL), einer neuen Art, im Computer künstliche Lebensmechanismen (zum Beispiel das Paarungsverhalten von Fischschwärmen) durchzutesten – mit selbstlernenden Netzprogrammen, bei denen gelegentlich sogar Selektionsprozesse, die in der Natur Millionen von Jahren benötigen, innerhalb weniger Stunden »nachgerechnet« werden können. Es muß auf jeden Fall ein *dramatisches* Ereignis gewesen sein. Und es sollte nicht das einzige seiner Art bleiben, da evolutionäre Sprünge in der Geschichte des Menschen immer wieder vorgekommen sind. Aber dieser erste große Wandel war sicher der einschneidendste, weil hier die grundlegenden Merkmale ausgebildet wurden, die uns bis heute begleiten: der veränderte Fortpflanzungsmechanismus, der aufrechte Gang, die nackte Haut und die Benutzung der Vokalisation zu Kommunikationszwecken.

Wenn wir auch nicht wissen, wie *lange* der Aufenthalt auf der Insel gedauert haben mag, so können wir doch anhand eines Lesezeichens im Band der Natur ziemlich genau jene Stelle bestimmen, an der die frühen Hominiden ihre Insel noch nicht verlassen hatten. Ein Virus, der offenbar ganz plötzlich vor mehr als vier Millionen Jahren bei einer afrikanischen Pavian-Spezies auftrat, erwies sich zwar nicht für die Paviane als tödliche Bedrohung, sehr wohl aber für sämtliche anderen Primaten des Kontinents, so daß sich in ihren Körpern bis heute ein Retrovirus erhalten hat. Der Mensch besitzt als einziger Primat keine solche spezielle Kennzeichnung. (Ähnlich geht es uns heute mit dem HI-Virus, der sich vor mehreren 10 000 Jahren in den Schimpansen ansiedelte und für sie vollkommen ungefährlich, aber für uns tödlich ist.) Die Schlußfolgerung, die sich daraus ergibt, lautet: Die Vorfahren des Menschen befanden sich zu jenem Zeitpunkt gerade nicht in Afrika, zumindest *nicht direkt auf dem Kontinent*. Eine der Küste Afrikas vorgelagerte Insel würde die Bedingungen einer geographischen Isolation erfüllen. Das Insel-Modell wird damit von der Hypothese zur praktischen Gewißheit.

Als das Binnenmeer ausgetrocknet war und die hominiden *Aquanauten* sich erstmals wieder aufs Festland wagten, haben sie sich offenbar mit Vorliebe in der Nähe von Flüssen und Seen aufgehalten. Sie betraten den afrikanischen Wald, in dem ihnen die einstigen Cou-

sins als Feinde begegneten und nachstellten. Vielleicht mißverstanden
sie das *freundliche Lächeln* als Aggressionsäußerung? Vielleicht war
das Gleichgewicht der Kräfte damals noch so ausgerichtet, daß primitive Waffen – Stöcke und Steine – gegen die stärkeren, langarmigen
Kollegen nichts bewirken konnten? Die Schimpansen waren sicher
kräftiger und zahlreicher und hatten damals das Sagen im Urwald.
Mit Schimpf und Schande vertrieben von der eigenen Familie, wanderten unsere Vorfahren schließlich aus. Ob sie in die Savanne gingen?

DAS SPRACH-GEN

Eines jedenfalls dürfte sicher gewesen sein: daß sie diesen Schritt –
aus dem Wald hinaus – nicht ohne die Überlegenheit ihrer sprachlichen (oder proto-sprachlichen) Kommunikation überlebt hätten. Der
neuseeländische Genetiker Allan Wilson (Mitbegründer der These
von der *Afrikanischen Eva*) trug vor einigen Jahren die Idee vor, daß
ein spezielles Gen für Sprache innerhalb der Mitochondrien selbst (in
dem Zellmaterial, das die mütterliche DNA umgibt) weitergetragen
worden sei.[15] Sprache sei also immer *Muttersprache* gewesen. »Wenn
so etwas von der Mutterseite her vererbt worden ist«, meinte Wilson,
»dann könnte das erklären, wieso eine Bevölkerung sich zu Lasten einer anderen ausbreiten konnte, obwohl oder auch wenn zwischen den
beiden Kreuzungen stattfanden.« Wilson glaubte, diesen Prozeß fast
schon in unsere unmittelbare Neuzeit verlegen zu müssen, als eines
der Unterscheidungsmerkmale zwischen Neandertalern und modernen *Homo sapiens*. Da die einmarschierenden (Cro-Magnon-)Männer
sich mit sehr viel größerer Wahrscheinlichkeit mit den ansässigen
(Neandertal-)Frauen gepaart hätten als deren Männer mit den Cro-
Magnon-Frauen (meinte Wilson), seien die Nachkommen eines Se-
xualkontakts zwischen diesen beiden Gruppen zumeist linguistische

---

15) Mitochondrien sind die Kraftwerke der Zellen, die den eigentlichen Zellkern mit Energie versorgen.
Auch sie enthalten eine gewisse Menge DNA, die sich aber von den Chromosomen im Zellkern unterscheidet. Die Mitochondrien sind zwar in jeder Körperzelle enthalten, sie werden jedoch in der Eizelle immer nur von der Mutter auf die Tochter weitervererbt. Söhne erben die Mitochondrien ihrer Mütter, die Erb-
folge erlischt jedoch mit ihnen. Die männlichen Mitochondrien werden nämlich in den Samenfäden des
Spermas weitergereicht und gehen gemeinsam mit ihnen nach der Befruchtung verloren.

Taubstumme gewesen, genau wie ihre Neandertaler-Mütter. Auf diese Weise benachteiligt, hätten diese »Dorfidioten« das gleiche Schicksal erlitten wie ihre Mütter: das Aussterben beziehungsweise Ausgelöschtwerden. Nur die mit Sprache ausgerüstete afrikanische Linie habe sich fortgesetzt.

Die Idee eines Sprach-Gens und die Formulierung des Begriffs »Dorfidiot« trugen Wilson abfällige Bemerkungen ein. Ein Debakel für die University of Berkeley, mit der sein Name immer in einem Atemzug genannt wurde. Doch Wilson erläuterte, daß die Idee nicht neu sei, daß eine einzige Schlüsselmutation die Grundlage für neue Nervenbahnen-Netzwerke legen könne, die mit der Ausbildung von Sprache zusammenhingen. Es wurde angenommen, daß eine solche Mutation im nuklearen Genom stattfinden würde, statt in dem vergleichsweise winzigen DNA-Stückchen in den Mitochondrien. Doch trotz seiner verschwindend kleinen Dimensionen sei das mitochondrische Genom dafür bekannt, daß es Proteine kodifiziere, die bestimmte Funktionen des Nervensystems beeinträchtigten, und so gebe es an sich nichts Ausgefallenes an der Vorstellung, daß eine Mutation in der Mitochondrien-DNA auch den positiven anpassungsmäßigen Effekt haben könne, die Grundlage für komplexe Sprache zu legen, was schließlich und endlich auch nur eine Funktion des Nervensystems sei.

Wilsons These macht *mehr* Sinn, wenn wir sie ein Stück zurückverlegen und nicht als Unterscheidungsmerkmal zwischen Neandertalern und modernen Menschen werten – denn beide *sind* moderne Menschen –, sondern zwischen den Frühhominiden und den Schimpansen vor etlichen Millionen Jahren.

Die Genetik hilft hier eine Lücke zu schließen, denn das Hauptproblem mit Elaine Morgans faszinierenden Erkenntnissen zur Evolution ist, daß die fossile Beweislage dafür ziemlich dürftig aussieht. Andererseits fehlt für den gesamten Abschnitt unserer Frühgeschichte zwischen fünf und zehn Millionen Jahren vor heute ohnehin so gut wie jeder Eintrag in der fossilen Urkunde. Manchmal bleibt einem in solchen Fällen nichts weiter übrig, als dem Ratschlag von Sherlock Holmes zu folgen. Wenn man alle vernünftigen Hypothesen verworfen hat, sagte er einmal, dann wird man das, was übrigbleibt, wohl oder übel als Lösung des Rätsels akzeptieren müssen, egal wie absurd es klingen mag.

TIERSPRACHE

Es gab eine Zeit – lange, bevor sich die Menschheit angewöhnte, die Natur als Ansammlung rechteckiger Tetrapacks® zu betrachten –, da kam der Fisch noch als Fisch, der Spinat als Blatt, nicht als festgefrorenes Grünspritzbrickett, die Milch in der Kuh. Natur war noch etwas anderes als grüne Schraffuren neben dem Betonviereck draußen vor dem Fenster. Als wir Menschen auf der Welt noch anderen Lebewesen außer uns selbst begegneten, erkannten wir mit größerer Leichtigkeit, daß sie von der gleichen grundsätzlichen Art waren wie wir selbst. Ein Jungstier, kaum größer als ein Kalb, der laut wimmernd plötzlich einen Abhang hinabgaloppiert, weil ihn soeben eine Biene in die Nase gestochen hat, erregt unser impulsives Mitgefühl – *als Kind.* Wir verstehen seine Schmerzäußerungen intuitiv. Die Katzenmutter, die in der Nacht für einen kurzen Moment ihr Nest verläßt und bei der Rückkehr feststellt, daß ein streunender Kater ihre Katzenbabys totgebissen hat, *schreit* in einer Weise auf, die uns aus dem tiefsten Schlummer schreckt und in der Erinnerung noch wochenlang heimsucht.

Jedes Tier, das wir eine Weile beobachten, zeigt Züge einer eigenen Biographie, eines eigenen Charakters, einer ihm eigenen spezifischen Seinsweise. Wir erkennen, was das Spezifische an einem Pferd, einem Huhn, einer Katze oder einem Hamster ist, und verstehen, daß die Frage nach seiner Intelligenz nicht das einzige ist, was unser Interesse an ihm wecken kann. Selbst Hühner empfinden sich selbst als liebenswert und möchten gerne so wahrgenommen werden. Der gesamte Komplex aus Trauer, Zorn, Sehnsucht, Zuneigung, Eifersucht, Glück und allen anderen Emotionen ist in jeder Katze ebenso vorhanden wie beim Menschen. Frühkindliche Erinnerungen an Klänge, Geräusche, Gerüche und andere sinnliche Eindrücke verbinden Tiere in der gleichen Weise mit emotionalen Zuständen wie wir es tun. Musiktherapie wirkt nicht nur auf uns. Jeder Hund wird bei den Klängen eines Akkordeons unfehlbar gemütskrank.

Gerade Hunde zeigen uns etwas Wichtiges hinsichtlich des Spracherwerbs – nicht, weil sie, Max Müllers berühmter »WauWau-Theorie« aus dem letzten Jahrhundert zufolge, das Bellen als Imitation menschlichen Sprechens erlernt hätten. Tatsächlich hat aber das Bellen etwas mit Sprache zu tun – es ist die typische stimmliche Äußerung des *Jungtieres*. Auch junge Füchse und Wölfe *bellen*. Erwachsene Tiere tun es nicht. Der Hund durchläuft in Gegenwart des Menschen also den gleichen Prozeß wie der Mensch selbst – er bewahrt jugendliche Züge bis ins Erwachsenenalter. Daß dabei kein echtes Sprechen entsteht, muß uns nicht weiter verwundern. Man kann einen Vorsprung von mehreren Millionen Jahren Entwicklung nicht in ein paar tausend Hundegenerationen aufholen.

Doch was ist eigentlich Sprache? Ist sie eine Art mentales Nescafé-Pulver, eine trockene Erinnerungsmaterie, die durch entsprechende Mengen von Speichel zu einer lebendigen *Spreche* verflüssigt wird? Wir wissen, daß es nicht genügt, wenn der eine Mensch eine Sprache besitzt, der andere aber nicht. Doch wie funktioniert der Prozeß des Verstehens und Verstandenwerdens?

Sprache beruht wie das Telefonieren auf Enkodierung und Dechiffrierung. Hörmuschel und Sprechmuschel haben ihr Gegenstück im Gehirn: einerseits in Gestalt des Broca-Zentrums oder motorischen Sprachzentrums, einem in der unteren Stirnhirnrindenwindung gelegenen Rindenfeld, dessen Schädigung Artikulationsprobleme (motorische Aphasie) verursacht – und andererseits in Gestalt des Wernicke-Zentrums oder sensorischen Sprachzentrums, eines im hinteren Abschnitt der oberen Schläfenwindung gelegenen Rindenfelds, dessen Schädigung eine Störung der inneren Sprache, des Leseverständnisses und des Schreibens mit Verlust der Fähigkeit zum Nachsprechen (sensorische Aphasie) bewirkt. Wernicke-Aphasiker verstehen nicht mehr, was man ihnen sagt; sie können zwar selbst fließend reden, äußern dabei aber nur unsinnige Lautfolgen.

Die meisten Affen verbringen ihre Zeit mit Kreischen und Schnattern und verfügen über ein hochentwickeltes Lautsystem zur Verständigung. Die in der afrikanischen Savanne lebende Grüne Meerkatze kennt mehrere Arten von Alarmrufen: bellende Laute, um vor Leoparden zu warnen, Schnalzen für Schlangen und ein rauhes Kreischen für Adler. Jeder Warnschrei ruft die angemessene Reaktion hervor – Flucht auf die Bäume, Wegspringen, Deckung suchen. Die amerikanischen Neuroanatomiker Al Galaburda und Terence Deacon fanden Regionen in Affengehirnen, die in ihrer Lokalisation, der Input/Output-Verkabelung und ihrer Zellenzusammensetzung den menschlichen Sprachregionen vollkommen entsprechen. Das heißt, es gibt homologe Organe zu den Broca- und Wernicke-Zentren und einen Strang von Verbindungskabeln zwischen den beiden, genau wie beim Menschen. Diese Regionen dienen aber nicht dazu, die Schreie der Affen zu produzieren, und sind auch nicht an der Erzeugung ihrer Gesten beteiligt. Die Affen scheinen die Region, die dem Wernicke-Zentrum entspricht, dazu zu benutzen, Klangfolgen zu erkennen und die Rufe anderer Affen von den eigenen Schreien zu unterscheiden. Das äffische Gegenstück zum Broca-Zentrum ist hier an der Kontrolle der Muskeln von Gesicht, Mund, Zunge und Kehlkopf beteiligt. Verschiedene Unterabteilungen dieser Gehirnwindungen erhalten Signale von jenen Teilen des Gehirns, die mit dem Hören zusammenhängen, mit dem Tastsinn von Mund, Zunge und Kehlkopf und mit anderen Regionen, in denen Informationsströme aus allen anderen Sinnen zusammengeleitet werden. Das Ganze sieht aus, als hätte ein Radiobastler hier ein paar Teile umgestellt und dort die roten und blauen Drähte vertauscht ... Nach dem gleichen Prinzip legte sich die Evolution aus den äffischen Schaltkreisen die Engramme, die Netze der Sinneswahrnehmungen im Gehirn, für die menschliche Sprache zurecht.

Wir hatten bereits ein perfekt koordiniertes Ensemble aus Zunge, Zähnen und Lippen, das selbst bei den kleinsten Affen mit der Präzision eines chirurgischen Werkzeugs jedes in den Mund genommene Objekt auseinanderteilte. Dieses Arrangement benutzen wir noch immer, um eine Olive mit Zähnen und Zunge zu entkernen oder um aus einem Mundvoll Speisebrei ein Knöchelchen herauszusuchen. Wir verwenden es aber auch dazu, Vogelstimmen zu imitieren und Hunderte andere Geräusche zu produzieren.

DIE GRAMMATIK ALS GRUNDLEGENDES BETRIEBSSYSTEM

Die Größe des Gehirns, seine Form oder Neuronendichte scheinen nicht das Wesentliche zu sein. Sprache passiert aufgrund einer ganz bestimmten Kombination von Mikroschaltkreisen. Philip Tobias, einer der führenden Experten in Sachen Entwicklung des Gehirns, ist zuversichtlich, daß er eine *ausgeprägte* Entwicklung des Broca-Zentrums am zwei Millionen Jahre alten *Homo-habilis*-Schädel KNM-ER 1470 entdeckt hat. (Die Broca-Region gilt heutzutage üblicherweise als Sitz der Grammatik.) Und wie könnte es anders sein? Zu diesem Zeitpunkt müssen unsere Vorfahren seit Millionen von Jahren irgendeine rudimentäre oder sogar schon recht komplexe Form von Sprache praktiziert haben – undenkbar, daß dies ohne ein strukturierendes, ordnungschaffendes Element stattfinden konnte.

Jede Sprache besitzt eine Grammatik. Aber zugleich ist Grammatik kein reines Sprachprogramm, sondern ein Betriebssystem, mit dem wir alle möglichen anderen Programme abspielen können. Die Gebärdensprache findet ohne Beteiligung des Vokalapparates in einem eigenen dreidimensionalen, visuellen Raum statt – sie wird, wenn man so will, in einem Fingerpuppentheater inszeniert, das unmittelbar vor dem Sprecher aufgebaut ist. Doch ohne Grammatik kann sie nicht funktionieren. Visuelle Erzählmethoden – etwa der Film, der ohne jedes Wort auskommen könnte – benötigen Grammatik. In der Musik könnten wir ohne Grammatik nicht die narrative Logik einer Symphonie verstehen. Ohne Grammatik könnten wir all die anderen Sprachformen – gedruckte Schrift, Computersprachen, Mathematik, sogar Ballett – nicht begreifen, weil alle über das Basisprogramm Grammatik laufen.

Im Gegensatz zu dieser These vertritt die heutige Wissenschaft eine etwas andere Ansicht. Die Anthropologen Leslie Aiello und Robin Dunbar etwa meinen, die Basis für die Sprachfähigkeit sei schon »relativ früh« aufgetreten, nämlich vor 250 000 Jahren. Aber ist das möglich? Müssen wir uns nicht fragen, ob da nicht vielleicht eine Kleinigkeit fehlt – nämlich ungefähr eine Zehnerpotenz? Sollte es nicht heißen: vor *2,5 Millionen* Jahren? Ist es denkbar, daß der *Homo erectus* eineinhalb Millionen Jahre vor dem angeblichen Zeitpunkt der Erfindung der Sprache *grunzend* von Afrika bis nach China wanderte?

Eher unwahrscheinlich.

Ein anderer Autor informiert uns, der moderne Mensch könne 200 oder mehr Wörter pro Minute sprechen und dabei 20 bis 30 verschiedene Laute pro Sekunde produzieren. *Homo erectus* habe dagegen nur »langsam und stockend« fünf bis sechs Wörter alle fünf Sekunden hervorgebracht. Was dieser Wissenschaftler nicht bedachte: Fünf bis sechs Wörter alle fünf Sekunden ergeben 60 bis 70 Wörter pro Minute, was einer normalen, nicht allzu hastigen Konversationsgeschwindigkeit entspricht. 200 Wörter pro Minute quasselt dagegen nicht einmal ein Diskjockey im Speed-Rausch. Unsere übliche Redegeschwindigkeit dürfte ebenfalls nicht höher als bei Tempo 70 liegen. Darin hat sich der *Homo erectus* also nicht wesentlich vom normalen *Homo sapiens* unterschieden.

Unbestritten ist aber, daß es einige wesentliche kognitive Unterschiede gegeben haben muß. Das heißt nicht, daß Steinzeitmenschen oder eben Menschen einer anderen Entwicklungsstufe minderbemittelt waren, genausowenig wie die Menschen des 18. Jahrhunderts minderbemittelt waren oder Pferde geistig behindert sind. Sie waren oder sind *anders*. Der *Homo habilis* hatte ein kleines Gehirn, aber er war trotzdem helle. Selbst eine Steinzeitsprache folgte grammatischen Regeln.

Die Sprachen von zweijährigen Kindern, Immigranten, Touristen, Aphasikern, Telegrammen, Schlagzeilen oder Pidgin-Sprechern zeigen uns, daß es eine ausgedehnte Bandbreite lebensfähiger Sprachsysteme gibt, die an Effizienz und Ausdruckskraft variieren mögen. Aber alle *funktionieren*. Wobei Pidgin-Sprachen nur andere Formen des Radebrechens, des *Ausländisch*-Sprechens sind, defekte Behelfssprachen, mit denen Erwachsene sich in gewissen Situationen durchmogeln. Die Kinder von Pidgin-Sprechern erfinden automatisch wieder richtige Sprachen, sogenannte *Kreoles*. Kreolsprachen verfügen über das gleiche grammatische und kommunikative Potential wie natürliche Sprachen, sie erreichen innerhalb einer einzigen Generation strukturelle Komplexität. Es gibt keine halbfertigen Grammatiken.

Kinder sind auch nicht etwa nur mit einer Anlage für die Grammatik ihrer eigenen »Muttersprache« ausgestattet. Sie haben ein Betriebssystem, das für jede noch so komplizierte Sprache funktioniert; diese erlernte Sprache *ist* ihre Muttersprache. Kinder von heute erklären ihren Eltern, wie die Computer und Videogeräte funktionieren, die jene sich kaufen. Ohne ihre Kinder wären die Erwachsenen verloren. Das System Sprache funktioniert in der gleichen Weise. Es ist viel zu komplex, als daß Erwachsene damit klarkämen. Die Verkabelung dafür ist nicht erst vorgestern gelegt worden. Es ist ein in die Tiefenstruktur des Gehirns eingebettetes System, das zugleich mit dem natürlichen Wachstum erworben wird. Damit dieser Prozeß funktioniert, muß das System schon vor langer Zeit installiert worden sein. Die gewöhnlichen Alltagsgespräche, wie wir sie an jedem Tag unseres Lebens führen, haben in der gleichen Form sicher schon vor etlichen Millionen Jahren stattgefunden. Wir hätten also mit einem *Homo erectus* sehr wohl über das Wetter plaudern, aber vielleicht keine Diskussionen über die Philosophie Wittgensteins führen können. Doch darin unterscheidet er sich kaum von den meisten Menschen unserer Zeit.

KOGNITIVE KAMMERN

Gibt es kognitive Differenzen zwischen den frühen Menschen und uns? Der Psychologe Steven Mithen hat die Metapher entwickelt, daß sich der menschliche Intellekt aus einer Reihe von aufeinander bezogenen einzelnen Kammern zusammensetze, die einem progressiv sich ausweitenden Bauplan folgten, ähnlich dem, der uns über romanische und gotische Kapellen und Kirchen allmählich zu mächtigen Kathedralen geführt habe. Wo vorher wohliges Dunkel in gegeneinander abgeschotteten kleinen Räumen herrschte, gibt es nun das lichtdurchflutete kognitive *Overmind*.

Doch was fangen wir mit einer solchen Metapher an? Wenn der Geist des *Homo habilis* einer romanischen Kapelle gleicht und der unsere einer Kathedrale wie Notre-Dame – welche Art von Gebäude bewohnten dann die Neandertaler? Tatsächlich findet sich in Mithens Buch ein vielversprechendes Kapitel über den »Geist der Neandertaler«, doch offenbar versagte ihm im entscheidenden Moment die wissenschaftliche Phantasie. Auch die neue Disziplin der evolutionären Psychologie kann über das Innenleben der Neandertaler keine wirklich stichhaltigen Aussagen machen.

Dabei ist die Idee der Öffnung kognitiver Kammern und Seitenschiffe, der Durchbrüche durch Wände zugunsten von mehr Licht durchaus nicht ohne Wert. Wir können im perspektivischen Überblick über ganz kurze Zeiträume bereits feststellen, daß es solche Bewegungen tatsächlich gibt. Denken wir an die kognitiven Erweiterungen in der Musik. Was für Beethovens Zeitgenossen noch fürchterlich schräg klang, ist Musik in unseren Ohren. Wir ertragen Dissonanzen als angenehm, bei denen unsere Großeltern aus dem Fenster gesprungen wären. Das Öffnen kognitiver Räume ist so, als öffnete jemand eine Tür, die vorher wie eine Tapetentür verborgen, unerkannt, verschlossen war.

Dieses Aha-Erlebnis gehört zu den Grunderlebnissen der menschlichen Existenz. Der Effekt ist immer wieder der gleiche. In der Ausgangssituation, beispielsweise beim Beobachten des nächtlichen Sternenhimmels, steht der Betrachter vor einer chaotischen Situation, deren Regeln und Muster ihm unbekannt sind und möglicherweise längere Zeit unerkannt blieben. Im Aha-Erlebnis hat die natürliche Erkennungsfähigkeit alle oder zahlreiche Daten in ihre Raster eingespeist und zu einem erkennbaren Muster vervollständigt. Aus einer anonymen Ecke des Universums wird damit im Handumdrehen eine *Gestalt*, beispielsweise die kosmische *Supermouse*, komplett mit Flügeln und flatterndem Cape.

Nicht nur die alten Griechen erfanden ihre Kosmogonien so, natürlich taten die scharfäugigen Neandertaler das gleiche. Und solange der eine dem anderen an einem klaren Winterabend immer wieder die gleiche Stelle am Himmel zeigte, würde diese kognitive Erweiterung nicht verlorengehen. Der kognitive Fortschritt ist also ein kollektives, soziales Phänomen, nicht ein individuelles. Quantitative Veränderungen werden qualitative. Wenn lange genug eine vorackerbauliche Kultur geherrscht hat und die Bevölkerungen genügend angewachsen sind, werden plötzlich überall auf der Welt Pflanzen und Tiere landwirtschaftlich genutzt. Der Grund, warum wir am Morgen ein königliches Frühstück mit Rosinen aus der Türkei, Nüssen aus Brasilien, Bananen aus Honduras, Maisflocken aus den USA, Butter aus Irland, Milch aus Österreich, Vegemite aus England, Kaffee aus Deutschland und so weiter auf dem Tisch haben, hat nichts mit unserer kognitiven Weiterentwicklung zu tun, sondern mit dem Fortschritt unserer kollektiven ökonomischen Fähigkeiten.

Unser Geist wird um so schneller, je mehr um ihn herum passiert. Die modernen Menschen sind modern wegen der Gesellschaften, die sie sich schaffen und bewohnen. Der soziale Kontext ist alles. Musen leben in der Großstadt, nicht im Kaff. Berlin, statt Provinz. Die Neandertaler wären im heutigen Berlin nicht weniger helle gewesen als andere Leute auch, aber ihre geistige Welt war eben eine andere. Was wir mit Sicherheit sagen können, ist vor allen Dingen dies: daß ihre Welt eine in Zeit und Raum nicht enden wollende Provinz war.

Die Bedeutung einer Universalgrammatik

Zieht man Komplexität und Größe der Neandertaler-Gehirne in Betracht, ist kein triftiger Grund zu erkennen, warum diese Menschen nicht auch schon zu ihrer Zeit zu komplexen sprachlichen Mitteilungen fähig gewesen sein sollen. Doch selbst die wenigen heutigen Wissenschaftler, die ihnen freundlich gesonnen sind, gestehen ihnen nur ein flüchtiges, fast tierhaftes Eigenbewußtsein oder bestenfalls eine nicht sehr weit entwickelte Sprache mit einer »anderen Grammatik« zu.

Das Verständnis von Grammatik, das diesen Vorstellungen zugrunde liegt, verwechselt zwei Begriffe – Betriebssystem und Programm. Sehen wir sie uns im Interesse der Transparenz etwas genauer an. Unser herkömmliches Verständnis von Grammatik bezieht sich auf das, was wir in einem Grammatikbuch nachlesen können. Wir wissen, daß das Lateinische und das Bayrische verschiedene Grammatiken besitzen, wobei die des Bayrischen sicher nicht weniger komplex ist als die des Lateinischen. Kunstsprachen wie das Hochdeutsche haben meistens etwas vereinfachte, weil gegenüber ihren Ausgangsdialekten vereinheitlichte Grammatiken. Die Grammatik des Englischen ist nicht leichter als die des Russischen, aber die englische Sprache hat eine, sagen wir, *modernere* Grammatik. Der Unterschied ist nicht wirklich wesentlich, er beträgt nur eine Entwicklung, die sich in wenigen Hundert Jahren nachholen ließe, in paläanthropologischen Zeiträumen gemessen eine unerhebliche Spanne.

Das Betriebssystem, für das alle Grammatiken aller Sprachen automatisch formatiert sind, heißt ungeschickterweise »Universalgrammatik« (UG), ein Begriff, der zu Verwechslungen führen kann. Wir täten besser daran, von einer *grundlegenden Fähigkeit zur symbolischen Darstellung* zu sprechen. Grammatik und Sprache verstünden wir dann als einen wichtigen Teilaspekt einer umfassenderen allgemeinen Fähigkeit zur symbolischen Repräsentation. Beispiel: Die Abbildung der Sprache in Schrift, losgelöst vom individuellen Sprecher. In den raum- und zeitübergreifenden Dimensionen menschlicher Populationsströme, also im Laufe von Zehntausenden von Jahren, ändern sich diese Tiefensstrukturen offenbar wenig oder gar nicht, denn alle heutigen Menschen können alle heute gesprochenen Sprachen erlernen. Die Verkabelung in ihren Köpfen ist miteinander kompatibel.

Andererseits enstehen alle paar tausend Jahre völlig neue Sprachfamilien mit anderen Grammatiken. Das Französische und das Italienische sind Mutationen des Lateinischen, in die unzählige andere (auch nichtverwandte) Sprachtypen eingeflossen sind. Woher kommen zum Beispiel die Nasallaute im Französischen? Menschliche Kommunikationssysteme scheinen neben der aufschreibbaren Hardware (Grammatik, Vokabular) auch eine separate Software (Phonetik, Tonalität) zu besitzen, die sich dem Zugriff der Sprachforscher großteils entzieht, weil sie für das Bewußtsein »unsichtbar« bleibt. Insbesondere beim Wandel der Sprache kann man diese Prozesse verfolgen, da die Änderungen zwangsläufig von allen Mitgliedern einer Gruppe mitgemacht werden müssen, ob sie nun wollen oder nicht, und gleichgültig wie sehr sie bestrebt sein mögen, die Worte ein für alle Mal in der Schrift festzunageln.

Man sieht es aber genauso bei Mimik und Gestik oder in gesellschaftlichen Gepflogenheiten und Verhaltensregeln. Die mimische Gesichtsmuskelchoreographie der vielseitigen Ausdruckskomponenten, die unser Sprechen begleiten und untermalen, ist erst im Zeitalter der Videokamera fixierbar und analysierbar geworden. Vokalspektrogramme bieten interessante Einsichten. Aber auch sie erlauben keine Einblicke in die Veränderungen der Sprachen über große Zeiträume, die sich in Prozessen bewegen, welche gewöhnlich so unmerklich ablaufen wie das Wachstum der Bäume oder die Bewegungen von Gletschern.

An solchen Stellen beweist das kollektive Gedächtnis zum Teil erstaunliche Speicherkapazitäten, die gewissermaßen transindividuell sind, indem sie über das je vom einzelnen Gewußte weit hinausgehen.

Doch anders als die griechischen Götter können Menschen nicht in den Wolken sitzen und die Entwicklung mehrerer Sprachen parallel über etliche Jahrtausende hinweg beobachten. Selbst mit Hilfe der Schrift erkennen sie nur kurzfristige Veränderungen wie die zwischen der englischen Sprache des 19. Jahrhunderts und von heute, die auch dem Laien ins Auge stechen, oder etwas längerfristige Umschichtungen, beispielsweise innerhalb der indoeuropäischen Sprachfamilie in den letzten 2000 Jahren, die mühsamer zu beschreiben sind.

Die lateinische Sprache, die uns heute steif und kompliziert vorkommt, muß zu ihrer Zeit ein wahres Muster an Einfachheit und Handlichkeit gewesen sein. Im Vergleich zum Altgriechischen und Sumerischen war Latein eine absolut moderne Sprache, mit wenigen, leicht zusammensteckbaren Formen. Das ideale Medium zur Beherrschung eines Weltreichs, das größer war als die heutige europäische Staatengemeinschaft.

Doch je weiter wir in der Zeit zurückgehen, um so komplizierter werden die Sprachen. Das heutige Amerikanisch ist sicher ungemein komplex, und geistig aktive 20jährige besitzen ein umfassenderes Vokabular als Shakespeare. Aber die schiere mechanische Kompliziertheit einer Sprache, wie sie vor 10 000 Jahren existierte, ist für uns kaum mehr vorstellbar. Der Grund dafür ist die enorme *Gedächtnislastigkeit* der damaligen Sprachen. Die unzähligen anderen Tätigkeiten, die unser Gehirn heute ausführt, entfielen, beziehungsweise es gab sie noch nicht. Die ganze massive Überkapazität der grauen Zellen wurde daher in den Betrieb eines Sprachsystems investiert, bei dem selbst die simpelsten und überschaubarsten Elemente – wie im folgenden Beispiel einige Bausteine der *Jakut*-Sprache – hochkomplexe Gebilde waren: *kellerbin,* »falls ich komme«, *kellerbit,* »falls wir kommen«, *kelimejebit,* »wir fürchten, daß wir nicht kommen dürfen«, *kelimisibit*, »wir werden nicht kommen können«, *kelbeterbit*, »falls wir nicht kommen«.

Daneben gab es mit Sicherheit barocke Auswüchse grammatischer Formen, die heute niemand mehr braucht oder kennt – ehrfurchtsvolle oder familiäre Begrüßungs- und Anredeformen für Männer oder Frauen, für Unbekannte oder Bekannte, für zwei oder mehr Personen, für Personen die auf unserer Seite oder auf der Seite des Feindes stehen, für Personen, die mit der Mutterseite unserer Familie oder mit der Vaterseite verwandt sind, und so weiter. Ganze Scharen von rhetorischen Floskeln, Formeln, aufeinanderfolgenden Fällen und Nach- oder Vorsilben, Zeitformen, Möglichkeitsformen, Unmöglichkeitsformen, Wunschformen, Droh- und Fluchformen, Passiv, Aktiv, heilig oder profan. Es gab spezielle Männer- und Frauensprachen, Stammessprachen, Geheimsprachen, Zaubersprachen, intermediäre Verständigungssprachen für den Kontakt mit fremden Gruppen, Initiationsriten, Geschichten, Gesänge, Sprichwörter, Gedächtnishilfen. Daneben: Kosmogonien, Genealogien, Rituale.

Ziel und Zweck dieser Sprachen war es nicht, möglichst rasch und flüssig mit den Mitgliedern des eigenen oder eines benachbarten Stammes ins Gespräch zu kommen, sondern sich möglichst deutlich untereinander von jenen *abzusetzen*. Jede Sprachenfamilie brachte auf engstem Raum stark unterschiedliche lokale Dialekte oder Untersprachen hervor. Das Resultat war eine im Verhältnis zur Entfernung zu anderen Gruppen sehr schnell abnehmende Kommunikationsfähigkeit, wie man sie in Papua-Neuguinea beobachten kann, wo heute noch auf engstem Raum die auf der ganzen Welt größte Dichte gegeneinander abgeschotteter Sprachen auftritt.

Die Menschen von damals hatten keine Möglichkeit, ihr Gedächtnis zu entlasten und ein vergessenes Wort in einem Wörterbuch nachzuschlagen. Sie mußten den gesamten Wortschatz in ihren Köpfen bewahren, und im Kollektiv am Leben erhalten wie in einer großen, lebenden Bibliothek. Sprache war ihr größter kultureller Luxus. Wie bei den australischen Eingeborenen oder den Beduinen der Wüste war ihre materielle Kultur gering, aber ihre interne Kultur strahlte. Es überrascht nicht, wenn wir hören, daß die Armenier noch im letzten Jahrhundert Dichter besaßen, die ganze Epen aus dem Gedächtnis aufsagten oder sogar aus dem Stegreif neu entwarfen. Die Epen Homers entstanden als Kollektivarbeiten zu einem Zeitpunkt, als solche mündlichen Traditionen im alten Griechenland auszusterben begannen. McPhersons *Gesänge des Ossian* wurden im 18. Jahrhundert in Bruchstücken aufgeschrieben, als die keltische Überlieferung bereits zerfallen war. Diese großen Werke zeigen uns nur Ruinen dessen, was es vorher einmal gegeben hatte. Literatur, die aufgeschrieben wurde, die vom Gesang des Dichters losgelöst existieren konnte, ist ein Phänomen der allerneuesten Zeit. Die menschliche Stimme gehörte einst untrennbar zur Erzählung dazu.

Sie ist das wandelbarste aller Instrumente. Und genauso sind alle Instrumente eines Orchesters nur Variationen der menschlichen Stimme. Ob wir heute die *Bobs* mit einer kompletten A-cappella-Version von »Strawberry Fields Forever« hören, ob Sun Ra, Charlie Parker, die prähistorischen Sci-fi-Etüden auf Oskar Salas Konzert-Trautonium oder eines von Beethovens späten Streichquartetten, gespielt vom Ungarischen Quartett – immer ist es, im übertragenenen Sinn, die *menschliche Stimme*, die wir hören. Beethoven, quasi über seine Gedanken gebeugt, läßt uns an seinem Nachdenken teilhaben, ohne daß wir ein einziges Wort verstehen. Aber unser grundsätzliches Verständnis aller Sprachen, unser tiefes, inneres Grammatikverständnis hilft uns, diese wortlosen Texte zu entschlüsseln. Eine singende Sitar, ein sprechendes Tabla: Unser Sprachverständnis hat eine enorme Bandbreite. Wir können sogar fast verstehen, was Vögel zueinander sagen, zumindest können wir ihre Rufe nachahmen. Wir kennen Oberton- und Brusttonsänger. Unsere Stimme reicht zur Imitation jeder anderen Stimme, jedes Motors, jeder E-Gitarre. Sie ist das versatilste Instrument auf Erden. Verdi-Arien an der Peking-Oper? Demnächst.

DIE STIMME DER NEANDERTALER

Und doch sind die Stimmen aller heutigen Menschen auf der Erde verschieden. Wir erkennen die Stimme eines afroamerikanischen *Gospel*-Sängers sofort an ihrem speziellen Timbre. Warum sollten wir nicht eine ganz spezifische Stimme, ein eindeutiges Timbre der Neandertaler erwarten? Betrachten wir die riesige innere Nasenhöhle, muß man vermuten, daß die Stimme des Neandertalers ein ausgeprägt nasales Element besaß. Die Nasenhöhle dient meistens, wie der Klangkörper einer Violine, nur als Resonanzkörper. Doch eine umfassende phonetische Analyse der Sprachen der Welt hat gezeigt, daß etwa 20 Prozent der heute gesprochenen Sprachen immer noch einige rein mit der Nase erzeugte Klänge verwenden. Möglich, daß zu Neandertal-Zeiten weit mehr mit der Nase gesprochen wurde.

Wir haben gewisse Schwierigkeiten, uns eine derartige Sprache vorzustellen, aber das geht den meisten Europäern mit dem Tonhöhen-System des Chinesischen und den Klix-Lauten der *Kung!* ähnlich. Dennoch gibt es diese Sprachen, und sie funktionieren offensichtlich zufriedenstellend. Wir wissen natürlich, wie nasalisierte Sprachen klingen, kennen Wörter wie *bon* (»gut«) im Französischen, oder die seltsam knurrenden Echoklänge in skandinavischen Sprachen, die Vollmundigkeit im Amerikanischen, die einem populären Vorurteil zufolge so klingen, als hätte jemand beim Sprechen eine heiße Kartoffel im Mund. Wir kennen das Hinter-dem-Gaumen-Singen der arabischen Sangeskunst, bei dem der Mundraum durch den weichen Gaumen abgeschlossen wird und die Stimme durch die Nase entweicht – eine Art Summen mit offenem Mund. Es ist also nicht schwierig, sich eine stark nasale Stimme vorzustellen und sie in einer Sprache mit ungewohnten Lauten zu kombinieren, die genausogut zu einem linguistischen Sinngebungssystem kodifizierbar wären wie die Geräusche, die *wir* für diesen Zweck benutzen.

Viele dieser Geräusche dürften mit dem weichen Gaumen erzeugt worden sein, den wir etwa bei Wörtern wie »ach«, »Bach«, »Mach« im Rachen spüren. Ob die Neandertaler weniger Vokale produzieren konnten als wir, mag dahingestellt bleiben. Begrenzte Vokalvielfalt ist jedoch keine Beschränkung für die Erzeugung und das Verständnis von Sprache; und noch die meisten heutigen Sprachen wechseln im Laufe ihrer Entwicklung regelmäßig einen Vokal gegen einen anderen aus. Zur Not wäre sogar eine Sprache nur aus Pfeif-, Schnalz- und Grunztönen unterschiedlicher Höhe denkbar.

Die Frage nach der Sprachfähigkeit der Neandertaler müßte daher aus der Perspektive, die wir bisher gewonnen haben, einmal ganz anders gestellt werden, als es sonst in der Wissenschaft üblich ist, nämlich so: Hätten wir es wohl geschafft, mit ihnen eine Diskussion über Wittgenstein durchzuhalten? Oder hätten wir es vorgezogen, hinsichtlich dessen, was wir nicht sagen könnten, zu schweigen?

7

DIE NEANDERTALER PRIVAT – PARTNERSCHAFT UND FAMILIE

Das Klagelied der Yamana-Frauen

Als der Völkerkundler Martin Gusinde gemeinsam mit einem europäischen Kollegen 1922 in Feuerland zwei Indianerfrauen des Yamana-Stammes dazu bewegen wollte, für seine Phonographensammlung ein Klagelied in freier Rede anzustimmen, bedurfte es langwieriger Überredungskünste, bis die Frauen schließlich dem Wunsch der Gäste nachgaben, da kein Todesfall natürlichen Anlaß bot. Sie bereiteten sich in einem vier Stunden dauernden Prozeß der Sammlung und Konzentration auf ihre Aufgabe vor und stimmten dann in einen Klagegesang ein, bei dem sie sich gegenseitig abwechselten.

»Ach, wie erbärmlich steht es um uns«, fing die erste an, »daß diese beiden uns veranlassen, Klage zu singen. Sie kommen von einem Volke, das sehr zahlreich ist; der Unsrigen aber sind nur wenige. Die von den Unsrigen heute noch übrig sind, gleichen einigen Vögelchen, die durch Zufall dem Jäger entwischen konnten. Die Guten hat Watauineiwa weggenommen, nur die Häßlichen und Unansehnlichen hat er bis auf den letzten Tag des Yamana-Volkes zurückgelassen. Wir, die Nichtsnutzigen, die Kranken, sind bis heute hier geblieben.«

Danach erhob die zweite die Stimme:

»Bisher hat Watauineiwa uns durch einen Todesfall gezwungen, Klage zu singen, jetzt drängen uns diese beiden. (...) Sollten alle meine Verwandten sterben, würde ich den Mut aufbringen, zu arbeiten und zu leiden wie unsre Männer, im Walde, auf der See und überall. Ich würde mich so anstrengen, daß auch ich schließlich zugrundegehen müßte. Aus meiner Verwandtschaft sind nur noch wenige Weiber übrig, die Männer hat Der-dort-Oben weggenommen. Ich kann mich nicht mehr messen mit den Frauen unseres Volkes von ehedem. (...) Wir sind ja heute gezwungen, häufig Englisch und Spanisch zu sprechen. So vergessen wir unsere eigenen schönen, alten Yamana-Worte. Unsre Zunge ist nicht mehr so sicher wie die unsrer Vorfahren. Ach, wie erbärmlich steht es mit uns! Und was müssen wir alles erdulden. (…) Stirbt ein einziger der Unsrigen, so wiegt das mehr auf als tausend bei den Europäern. (…) Wie schlecht sind mein alter, blinder Vater und meine Mutter dran. An dem Tage, da sie sterben, werde ich in den Wald laufen und mich dort verlieren, (…) weder essen noch trinken, und zugrundegehen aus großem Leid. Wäre ich ein Mann, dann allerdings würde ich hinausstürmen und draußen alle Tiere totschlagen, aber davon nichts nach Hause bringen. Alles und jedes würde ich kurz- und kleinschlagen. Ich würde es genauso treiben wie Jener-dort-Oben, der ja auch alles vernichtet und zerschlägt, als würde er das als Nahrung benötigen. Dann würde auch er einmal zu fühlen bekommen, wie einem in solcher Lage zumute ist. Dann hätte er allerdings einen wirklichen Grund, mich zu strafen. (…)«

Manche dieser Texte gibt es heute sogar auf CD. Die Trauergesänge dieser Menschen sind also dank des verhaßten Phonographen tatsächlich nicht komplett in den kosmischen Äther entschwunden. Aufnahmen aus der Zeit der Neandertaler existieren natürlich nicht, aber es steht zu erwarten, daß sie nicht sehr viel anders geklungen hätten. Die Yamana-Frauen besaßen keine nennenswerte materielle Kultur. Trotzdem falteten sie ihre Worte in einen Brief an die Ewigkeit, dessen elegische Schönheit uns heute noch bewegt.

Über die Frauen der Feuerland-Indianer wissen wir noch vieles mehr, über die Neandertal-Frauen nichts. Alles, was von ihnen erhalten blieb, sind Nachrichten aus der Pathologie, Interpretationen von Knochen und Erdhaufen. Welche Haarfarbe sie hatten, welche Kleidung sie trugen? Wir wissen es nicht. Was wir über sie sagen können ist, daß dies oder jenes bei ihnen so oder ähnlich gewesen sein muß, wie wir es von anderswoher auch kennen. Wir schließen aus Analogien.

SCHÖNHEITSIDEALE

Die Frauen der Neandertaler müssen schön gewesen sein, in dem gleichen Sinn, wie uns die Frauen der Yamana als schön erscheinen, auch ohne daß wir ihre Gesichter gesehen haben. Aber nicht allein in diesem Sinn – innere Schönheit – waren sie schön. Ethnologen, meistens männlich und einem europäisch geprägtem Schönheitsideal verpflichtet, fanden unter den Bewohnerinnen Papua-Neuguineas immer wieder Frauen, die ihnen als »wunderschön« erschienen. Warum hätte das bei den Neandertalerinnen anders sein sollen?

Indes: »Ich hege den Verdacht, daß Neandertaler-Frauen nicht besonders kokett waren«, schreibt beispielsweise James Shreeve in seinem Buch *The Neandertal Enigma*. Es läßt sich allerdings fragen, inwieweit »kokett« zu jenen Kategorien gehört, die man hier anwenden möchte. Trotzdem kommt Shreeve das Verdienst zu, als erster alle Theorien und theoretischen Ansätze zu den Neandertaler-Frauen versammelt zu haben. Wenn sich die Gegenthesen, die hier aufgestellt werden, als Unsinn herausstellen sollten, wird man damit leben können. Doch das, was heute über die Neandertal-Frauen und ihre Familien als Quasi-Fakt vertreten wird, reizt zum Widerspruch. Nur weil die Lebensweise dieser Menschen nicht dem Stereotyp einer *Familie Feuerstein* entsprach, sind wir noch lange nicht berechtigt anzunehmen, daß sie deswegen keine Menschen waren.

Natürlich: Sie sahen anders aus. Ihre Körperproportionen sind gekennzeichnet durch extrem kurze Unterarme und Unterschenkel. Die breiten Hüften der Frauen deuten auf eine rollende, tapsige Gehweise; sie hatten X-Beine, das Becken war stark nach vorne gekippt. Ein watscheliger Gang, bei dem das Gewicht auf die Fersen verlagert wird. Das mußte so sein, für das Gehen auf unebenem Gelände. Die langen, gebogenen Oberschenkelknochen deuten auf das häufige Sitzen in der Hocke. Das Erbe solcher Körperformen erkennen wir in Europa in der noch heute gültigen Tanzstundenmaxime: »Watschele nicht wie eine Ente.«

Der grazile Gang, schlenkernd über das Flachland wie eine Giraffe, ist etwas durch und durch Afrikanisches. Unser heutiges Schönheitsideal verlangt nach der afrikanischen Streckung und Dehnung. Hohe Absätze, die das Becken (beziehungsweise den Po) nach hinten (nach oben) heben und dadurch ein längeres Bein entstehen lassen. Rot geschminkte (und quasi-afrikanisch vergrößerte) Lippen statt der winzigen, herzförmig aufgemalten Mündchen japanischer Geishas. Das zeitgenössische ästhetische Empfinden ortet in den afrikanischen Proportionen die perfekte Schönheit, etwa bei Naomi Campbell. Zu ihr eine Beschreibung von Vivienne Westwood: »Eine Ikone von einem Gesicht, afrikanisch-oval mit schräggestellten Augen und großer Flächigkeit, sie hat ja zum Teil chinesische Vorfahren, aber ihre Nase sieht ein bißchen arabisch aus, finde ich.« Es ist nicht anzunehmen, daß bei irgendeiner heutigen *Miss-World*-Wahl eine pummelige Inuit-Frau den ersten Preis gewinnt. Das Afrikanische entspricht dem sportlichen Ideal, es ist das *andere*, das dem europäischen Selbstverständnis als verfremdetes Ich gegenübersteht. Die Filmemacherin und Fotografin Leni Riefenstahl hatte keine Schwierigkeiten, die Massai in Kenia mit dem gleichen Verständnis von Ästhetik in ihre Arbeit einzubinden, wie sie es mit der Glorifizierung der Sportler bei der Natzi-Olympiade von 1936 getan hatte.

Doch in Wirklichkeit sind die Körperproportionen und die Bewegungen aller heutigen Menschen unterschiedlich. Levi's-Jeans mögen den Anlaß zu einer hinreißenden Kung-Fu-Werbung bieten, zweifelhaft bleibt, ob die Chinesen wirklich »Levi's-mäßig« gebaut sind. Der europäische Typus ist eben anders. Die Proportionen zwischen Hüftbreite und Taille mögen sich bei europäischen Frauen während der letzten Jahrzehnte, wie man in *Vogue* nachlesen kann, aufgrund der unterschiedlichen Ernährungsweise geändert haben. Australische Schnittmustervergleiche zwischen den 50er Jahren und heute zeigen, daß die Hüften damals tatsächlich breiter waren. Aber eine neuere Maßtabelle der Burda-Konfektionsgrößen weist für durchschnittliche Körpermaße in Europa (168 Zentimeter Körperhöhe) eine Hüftweite zwischen 86 (Größe 34) bis 128 Zentimetern (Größe 52) auf. Der Durchschnitt ist Größe 42 bei einer Hüftweite von 102. Die Burda-Maße bilden einfach die heutigen Körperproportionen ab. Mit der Ernährung stehen diese Maße nur bedingt im Zusammenhang.

Anthropologen und Archäologen haben ganze Friedhöfe aus unterschiedlichen historischen Perioden ausgegraben, um einen Zusammenhang zwischen Taillen und Beckengrößen festzustellen. Natürlich gibt es sie. Die Variationsbreiten sind in Europa größer als in nichteuropäischen Ländern.

Auf eine einfache Formel gebracht, scheinen europäische Frauen ober- und unterhalb des Nabels aus zwei verschiedenen Größen zusammengesetzt zu sein. Und in diesen Körpern sind Mechanismen zur Kälteadaptation eingebaut. Sobald es kühler wird, schaltet sich ganz von selbst die *Heizung* ein – wir legen Winterspeck an. Wenn über mehrere Jahre hinweg ein Winter nach dem anderen sich ohne spürbaren Sommer jeweils an den nächsten Winter anschlösse, würden sich die Körperproportionen selbst der sportlichsten Europäer wohl bald stark verändern. Stünde zufällig wieder eine anhaltende Kälteperiode – eine Eiszeit – vor der Tür, würde es sicherlich nur wenige Jahrhunderte dauern, bis unser Körperideal von den Formen Marilyn Monroes über die der deutlich rundlicheren Rubens-Frauen zu den Fett-Wallungen der Willendorfer Venus zurückgefunden hätte.

Man hat diese kleinen, übermäßig dicken Frauenstatuetten, von denen in ganz Europa unzählige Exemplare aus der Erde geholt wurden, wahlweise als Soft-Porno-Figuren (die vielleicht von den Männern bei längeren Jagd-Trips im Gepäck mitgeführt wurden) oder als Fruchtbarkeitsgöttinnen für den heimischen Hausaltar gedeutet. Es läßt sich heute nur schwer vorstellen, in welcher Geisteswelt diese Figuren geschaffen wurden. Waren sie das verehrte Abbild der Mutter eines Klans?

Interessant ist jedenfalls, daß sie, wie ungezählte andere Akt-Darstellungen seither, die Frau in der direkten Aufsicht von vorne dem Blick (des Mannes?) als Objekt darbieten. Auch die Willendorfer Venus wirkt, wenn man so will, durchaus schamhaft und kokett zugleich in ihrer Haltung: die Brustwarzen etwas hochgehoben, die Scheide ungewöhnlich stark nach vorne gerückt. Niemand, der diese Frauengestalten in unserer Zeit sah, empfand sie als realistische Darstellungen. Und doch sind schwergewichtige Frauen keineswegs eine Seltenheit geworden. Der Vergleich mit einem Pendant aus neuerer Zeit würde zeigen, daß die Körperproportionen sehr wohl real und gut beobachtet sind. Die Fettfalten um Achseln und Gesäß sind echt, der Leib trägt die Spuren mehrerer

VENUS VON WILLENDORF

Schwangerschaften. Die Willendorf-Statuette wurde in Österreich gefunden und entstand, neueren Datierungen zufolge, vor etwa 25 000 Jahren.

Man könnte versucht sein zu glauben, die Willendorfer Venus zeige uns mit ihrer robusten Statur, dem vorgeschobenen Becken und den verkürzten unteren Gliedmaßen eine stilisierte *neandertalische* Frau. Das widerspricht allerdings dem heutigen Wissensstand. Erstens, heißt es, hätten die Neandertaler keine Kunstgegenstände hergestellt. Zweitens: Die letzte bekannte Adresse der Neandertaler lautete vor weniger als 28 000 Jahren »Zafarraya, Südspanien«. Danach sollen sie ausgestorben sein. Unwahrscheinlich also, daß sie 3000 Jahre später in Niederösterreich wieder zum Leben erwachten.

Aber: Ob sich in dieser Statuette nicht vielleicht doch die Spur eines genetischen Erbes der Neandertaler erhalten hat? Betrachten wir einmal den kuriosen Umstand, daß eine der ältesten europäischen Kunstäußerungen aus der Eiszeit 6000 bis 7000 Jahre *älter* ist als die Willendorfer Venus und eine dreidimensional gedrehte, *schlanke* Frau darstellt, die selbstbewußt, und ohne auf irgendwelche Voyeurs zu achten, im Tanz ihre Brüste fliegen läßt. Die *Tänzerin vom Galgenberg* (neutraler ausgedrückt, die weibliche Gestalt, die irgendeine »Aktion« ausführt) ist eine Frauengestalt, die praktisch unmittelbar an der gleichen Stelle hergestellt wurde wie die Willendorfer Venus, sie ist also kein Import aus weiter Ferne. Dennoch sind Körperhaltung und -sprache dieser Figur völlig anders als die jener Hunderter dicker Frauengestalten, die das übrige Europa von Spanien bis zum Baikal-See in den nächsten Jahrtausenden durchziehen. Ihr Körper ist halbmondförmig durchgebogen, der Oberkörper seitwärts gedreht, und der eine Arme »tänzerisch« über den Kopf erhoben. Das entspricht jener Gestik, die wir aus dem indischen Raum kennen. Dort finden wir bis in die jüngste Zeit Hunderte solcher Tänzerinnen-Gestalten mit dem charakteristisch erhobenen Arm.

Wenn wir davon ausgehen, daß die Figurinen bei aller stilisierten und rigide beibehaltenen Gleichheit der Formgebung dennoch realistische Abbilder eines zu ihrer Zeit vorherrschenden Körpertyps sind – was sagt uns dann die zeitliche Aufeinanderfolge Galgenberg – Willendorf? Wir werden den Versuch einer Antwort später wagen. Halten wir noch einmal fest: Zuerst waren nicht die *dicken* Frauen da, die später immer schlanker und sportlicher geworden wären. Anfangs gab es in Europa die aktiven, tänzerischen Gestalten, später kamen die dicken, ruhenden.

NAHRUNGSMITTEL

Daß die Neandertal-Frauen genau wie ihre Männer stark und robust gebaut waren, haben wir schon gehört. Sie suchten und sammelten, so meinen heutige Paläanthropologen, gewöhnlich in größerer Nähe der jeweiligen Höhle oder Freilandstation. Die Frauen beuteten »Niedrig-Risiko-Ressourcen« aus, beispielsweise Pflanzen, Ernährungsquellen für sich und ihre Kinder, auf die sie sich verlassen konnten. Die Männer gingen unterdessen auf die Suche nach den »Hoch-Risiko-Nahrungsmitteln« wie Frischfleisch von erlegten Tieren (und fanden es nicht immer).

Neandertaler-Frauen und -Kinder, glaubte der Archäologe/Anthropologe Lewis Binford, waren hinsichtlich ihres Überlebens ziemlich auf sich allein gestellt. In der Höhle von Combe Grenal in Südfrankreich fanden sich die Überreste von 300 mittleren bis größeren Tieren. Bewohnt wurde die Höhle in der Zeit von 130 000 bis 55 000 Jahren vor heute – 75 000 Jahre lang. Das würde bedeuten: eine vernünftige Mahlzeit alle 250 Jahre. Doch selbst die abgehärtetsten Eiszeitmenschen hätten nicht 75 000 Jahre an einer Stelle ausgeharrt, wenn sie derart selten etwas zu essen bekommen hätten. Die Erklärung lautet, Binford zufolge: Die Neandertaler, zumindest diejenigen, die sich Combe Grenal als Zuhause ausgesucht hatten, mögen wohl jagdbare Tiere eingefangen oder erfolgreich Wildbeuterei betrieben haben, aber sie transportierten die Beute nicht zurück, um sie mit den Frauen und Kindern zu teilen. Die Frauen speisten und lebten woanders. Die gelegentlichen Teile von Schädeln und Markknochen, die die Männer in die Höhle zurückbrachten, waren Leckerbissen, die eine weitere Nachbearbeitung erforderlich machten, um aus ihnen den Nährwert herauszupressen. Knöchel wurden erwärmt, um ihr saftiges Fett herauszulösen, Knochen getrocknet, ehe ihnen das Mark entnommen werden konnte, Schädel aufgebrochen, bevor mit den Fingern das schmackhafte Gehirn herausgepult wurde. Vielleicht habe man einige dieser Leckerbissen mit den Mitbewohnern des Nests, den Frauen, ge- teilt, aber nicht in dem Ausmaß, daß sie sich darauf als regelmäßige Nahrungsversorgung hätten verlassen können. Die glückliche Stein- zeitfamilie habe es nicht gegeben; sie sei ein Gruppenbild ohne Vater gewesen, meinte Binford.

Dazu vermerkt Olga Soffer, daß Jugendliche einen signifikant größeren Anteil der sterblichen Reste in Neandertaler-Höhlen aus- machten als an den Fundstellen moderner Menschen, was darauf hin- deutet, daß sie tatsächlich für die Gefahren, die sich aus Krankheit, Hunger und möglicherweise bedrohlichen männlichen Eindringlingen ergaben, anfälliger waren. Das heiße nicht unbedingt, daß sie von den Männern des eigenen Klans nicht versorgt oder nicht beschützt wor- den seien, aber wenn man die Dinge im Kontext anderer Hinweise auf die Sozialökonomie der Neandertaler betrachte – die kleinen Sied- lungsgrößen, die mangelhafte Organisation ihrer Lebenssphäre, die extrem niedrige Bevölkerungsdichte, die Muskularität der Frauen und der Männer, der Mangel an Reisen über größere Entfernungen, die wenig eindeutigen Hinweise auf das gemeinsame Teilhaben an den Lebensmitteln –, dann kämen einem zumindest Zweifel. Die Nean- dertaler mögen das Problem der Verletztlichkeit ihrer Kinder und Jugendlichen dadurch gelöst haben, daß sie sich an solchen Stellen niederließen, wo unterschiedliche Ressourcen innerhalb der ein- geschränkten Bewegungsmöglichkeiten von Frauen mit jungen Kin- dern (innerhalb einer Tagesreise) erreichbar gewesen seien, meint Soffer.

Für die späteren Menschen der Eiszeit, für die Frauen der Cro-Ma- gnons, sieht Soffer dagegen keine Schwierigkeit, sie als begabte Fal- lenstellerinnen und Sammlerinnen darzustellen, die sehr wohl nicht nur für ihren eigenen, sondern für den Lebensunterhalt des gesamten Clans sorgen konnten. Aber selbst wenn die Neandertalerinnen, in Übereinstimmung mit Olga Soffers Modell, so viel ungeschickter ge- wesen wären: Manchmal entgeht einem das wichtigste. Man sieht nicht alles, was passiert – erst recht nicht im fossilen Beleg. Es ist möglich, daß die Neandertal-Frauen und ihre Kinder in einem sehr eingeschränkten Umkreis von der jeweiligen Lagerstatt umherstreif- ten und eine größere Menge Pflanzen und kleineres Getier direkt vor Ort verzehrten. Heutige Polarwölfe zum Beispiel halten ihre Form

NACH DER ERFOLGREICHEN JAGD

und ihr Gewicht, auch wenn sie scheinbar tagelang überhaupt nichts verzehren. In Wirklichkeit verspeisen sie (gewissermaßen im Vorübergehen) an die 20 Mäuse pro Tag. Denkbar also, daß sich auch ganze Neandertaler-Familien bis zur nächsten richtigen Mahlzeit mit Mäusen behalfen. Einen Hinweis darauf gibt es nicht. Es finden sich auch kaum Geflügelknochen in Neandertaler-Ansiedlungen, woraus heutige Wissenschaftler schließen, man hätte damals keine Tauben, Enten, Raben, Wachteln, Störche und so weiter gegessen. Um diesen Mangel an Spuren richtig zu verstehen, muß man armen Menschen beim Hühner-Essen zusehen; überall auf der Welt knabbern sie an den Knochen, zutzeln das Mark aus, kochen das abgegessene Skelett noch einmal in der Suppe. Für die Katzen und die Paläontologen bleibt da nicht viel übrig.

GRAZILISIERUNG

Im Gegensatz zu den robusten Neandertalerinnen waren die Skelette der frühen modernen Frauen sehr viel graziler und leichter gebaut, vor allem, wenn man sie mit ihren eigenen Männern verglich. Diesen Vergleich an den Geschlechtern führte David W. Frayer von der University of Kansas bei verschiedenen Bevölkerungen durch und förderte dabei interessante Unterschiede zutage. Er kam zu dem Schluß, daß es unter den frühen anatomisch modernen Menschen (den *early anatomically modern humans* oder EAMHs) geschlechtsbedingt unterschiedlich schnelle Grazilisierungsraten gab – wobei die Frauen sehr viel früher zierlich und zartgliedrig wurden als die Männer. Mit einem – zugegeben kleinen – Datenkranz aus Zentraleuropa wies Frayer nach, daß frühe anatomisch moderne (EAM) Frauen *vor* dem eiszeitlichen Kältetiefstpunkt sehr viel graziler waren als ihre neandertalischen Zeitgenossinnen und sich kaum von ihren weiblichen Nachkommen im Oberen Paläolithikum unterschieden. Die EAM-Männer dagegen waren robust und in vielen morphologischen Zügen ausgesprochen Neandertaler-ähnlich; sie grazilisierten sich erst *nach* dem glazialen Maximum.

Gleichgültig, welche Verhaltensveränderungen damals auftraten oder was auch immer sonst passiert sein mag, Frayers Beobachtung asynchroner Grazilisationsraten deutet darauf hin, daß die Folgen dieser Ereignisse für die Frauen sehr viel dramatischer waren. *Eine* Interpretation (und zwar Olga Soffers) lautet, daß die modernen Frauen nicht mehr den gleichen Mengen physischer Anstrengung ausgesetzt gewesen seien wie die Neandertalerinnen. (Die EAM-Männer wiesen, wie gesagt, weiterhin den gleichen Grad an Muskelhypertrophie auf.) Da Frauen in der Fortpflanzung auf Streßfolgen wesentlich verletzlicher reagieren als Männer, dürfte dieser Streßabbau ihnen, ihren Kindern und ihren reproduktiven Partnern gutgetan haben. So zumindest sieht das Szenario aus, das vielen Forschern recht wahrscheinlich erscheint. Das Muster der vorausgehenden weiblichen Grazilisation könnte erwartet werden, meint Frau Soffer, wenn die Männer begonnen hätten, die Frauen bei der Sammeltätigkeit zu unterstützen: »Als die Männer bei der Versorgung der Familie mithalfen, gab es weniger Grund für die genetische Auswahl solcher Ringkämpferinnen.«

Doch die Idee, daß eine solide, sportliche Frau schlank wurde, weil der Gatte ihr plötzlich ein paar Handgriffe abnahm, ist als Erklärung weder für ein Paar noch für eine Gesellschaft plausibel, schon gar nicht für ganze Landstriche und Epochen. Mit der Hilfe der Männer im Haushalt hat die Grazilisierung sicher nur wenig zu tun.

Doch welchen Zweck hat die Natur sonst damit verfolgt? Irgendeinen nützlichen, vernünftigen Grund muß es gegeben haben. Der Prozeß der Grazilisierung wird von der Wissenschaft nur ungenau verstanden. Olga Soffers Erklärunsversuche sind keineswegs ein besonders absurdes Beispiel, sondern eher typisch.

In den letzten 100 000 Jahren begannen die Menschen überall auf der Welt Robustheit abzubauen und zusehends graziler zu werden, wenn das auch kein durchgängiger, gleichmäßiger Trend war. Die ersten menschlichen Einwohner Australiens trafen vor rund 170 000 Jahren im roten Kontinent ein, zu einem Zeitpunkt, als es angeblich weder einen *Homo sapiens* noch nennenswerte schwimmfähige Käne oder Kanus gab. (Wahrscheinlich benutzten sie Bambus-Flöße, mit denen sie zwar von Timor oder Papua-Neuguinea übers Meer nach Australien, aber nicht mehr zurückfahren konnten.) Sie wechselten anscheinend ohne System und Einheitlichkeit zwischen Grazilität und Robustheit hin und her und wurden erst in den letzten 10 000 Jahren deutlich graziler.

Dagegen die Neandertaler: Wir wissen, daß Männer und Frauen sehr solide gebaut waren, zudem nur einen geringen Größenunterschied aufwiesen. Und: Im Laufe der Zeit wurden sie in gewissen Kontaktregionen, wo sie dem frühen *Homo sapiens* über Jahrtausende möglicherweise immer wieder begegneten, nicht graziler, sondern eher noch robuster.

Standen diese beiden gegenläufigen Entwicklungen – hier Grazilisierung, dort Robustwerden – vielleicht in einem ursächlichen Zusammenhang miteinander? Es scheint allzu deutlich zu sein, daß eine gegenseitige Beeinflussung ablief, als daß man sie übersehen könnte – aber welche? An sich, stellen Anthropologen immer wieder fest, ist der heutige Mensch viel zu schwach gebaut. Es muß einen Grund geben, warum das so ist. Wie bei allem, was den Menschen betrifft, kann man davon ausgehen, daß es entweder etwas mit seiner Sexualität oder mit seinem Kopf zu tun hat. In diesem Fall dürfte es mit der Größe des Kopfes bei der Geburt zusammenhängen: Die großen Köpfe der Babys stellten ein Problem dar.

VORGESCHICHTLICHER SEX-STREIK?

In der Anthropologie sind große Babyköpfe ein beliebtes Thema für alle möglichen Thesen, von denen man einige nur mit einem nachsichtigen Lächeln quittieren kann. Die Frauen der frühen Hominiden sollen beispielsweise die Produktion zunehmend großhirniger Säuglinge unterstützt haben, indem sie vorher nie dagewesene Mengen an männlichem Energie-Investment abzwackten. Es muß also eine koordinierte Aktion der Frauen – einen Sex-Streik? – gegeben haben, die die Männer zwang, den Frauen mehr von der qualitativ höherwertigen Nahrung, die sie bei der Jagd erbeuteten, abzugeben.[16] Ein wichtiges Element dieses Sex-Streiks sei die Verwendung von rotem Ocker als Vortäuschung einer Menstruation gewesen. Dies wird in der Literatur als erste Verwendung einer symbolischen Handlung beschrieben. Als Beweis für diese These gilt die stärker auftretende Verwendung von rotem Ocker unter frühen modernen Menschen in Südafrika in der Zeit nach 100 000 vor der Gegenwart.

Nur: Wem wäre mit einer solchen Aktion gedient gewesen? Ein anhaltender Sex-Streik macht sich in der Evolution über kurz oder lang durch Aussterben der betreffenden Bevölkerung bemerkbar. Oder wurden die Männer deshalb größer und stärker – um den Sex-Streik der Frauen niederzuschlagen? Wohl kaum. Individuelle Absichten und Handlungen sind für die Evolution uninteressant, so wie Boote auf einem Fluß dem Fluß selbst gleichgültig sind. Die Evolution denkt sich ihre eigenen Gründe aus, warum sie Hochwasser führt oder über die Ufer tritt. Sie braucht keinen Geschlechterkampf, um Babys mit großen Köpfen in die Welt zu setzen.

Wir wissen aus der Geschichte der Gattung *Homo,* daß es immer wieder Momente gegeben hat, in denen gewisse evolutionäre Sprünge angesagt waren. Wahrscheinlich haben wir auch im Zusammentreffen der Neandertaler und der frühen asiatischen oder nordafrikanischen *Homo-sapiens*-Populationen eine Situation, wo zwei menschliche Überlebensstrategien miteinander in Wettbewerb traten. Nicht zwei

---

16) Die großen Gehirne der Neandertaler legen den Schluß nahe, daß stillende Mütter ohnehin eine qualitativ hochwertige Nahrung bekamen, um die Fütterungsbedürfnisse ihrer Säuglinge zu befriedigen.

Spezies, aber zwei Bevölkerungen mit *konkurrierenden Reproduktionssystemen*. Wenn eine solche Situation auftritt, daß zwei Systeme um die gleiche Nische in der Natur in Konkurrenz treten, wird in aller Regel eines dieser Systeme verdrängt. Wir wissen, daß die Neandertaler extrem konservativ waren. Sie blieben diesem Konservatismus nicht aus Dummheit verhaftet, sondern weil ihnen ihre harten Erfahrungen ein solches Verhalten einprogrammiert hatten. Und ihre Überlebensstrategien waren *erfolgreich* gewesen: Sie und ihre Vorfahren lebten seit mehr als 250 000 Jahren in Europa und Westasien. Nichts ließ darauf schließen, daß sie ein Auslaufmodell sein würden.

Die Grazilisierung war *ein* Weg, eine neue Methode, die der aufstrebende *Homo sapiens* (völlig unbewußt) verfolgte, um mit den Neandertalern mitzuhalten und um sie evolutionär zu überholen. Eines der Ziele dieses Wettlaufs war es, Babys mit größeren oder besonders großen Köpfen mit weniger Aufwand produzieren zu können. Tatsächlich wurden die Cro-Magnons im Endeffekt körperlich größer, und auch ihre Gehirnmasse übertraf die der Neandertaler. Das wichtigste Element in dieser Gleichung war die Grazilisierung der Frauen. Eine leichtere Körperkonstruktion erlaubte ihnen eine geringere Belastung des Beckens, das eine tragende Rolle als Fundament des gesamten Körpers spielt. Das Becken wurde breiter, aber auch leichter und damit beweglicher. Das gleiche passierte mit dem Kopf des Babys. Er wurde bei der Geburt ein wenig zusammengeschoben, aber im Grunde besaß er die richtige Form, um ohne Probleme senkrecht aus dem Geburtskanal auszutreten. Wir treffen also beim modernen *Homo sapiens* auf zunehmende Grazilität, weil die Mütter Kinder mit größeren Köpfen auf die Welt brachten. Diese größeren Köpfe würden bald eine *quantitative* Entwicklung in eine *qualitative* Veränderung umwandeln – die große kulturelle Revolution des Oberen Paläolithikums.

Neben der allgemeinen Grazilisierung kam im vorderasiatischen Raum noch eine zweite Entwicklung in Gang. Die Frauen wurden kleiner, die Männer im Vergleich dazu größer. Im Schnitt, heißt es, seien heutige Männer nur rund drei Prozent größer als Frauen der gleichen Bevölkerung. Bei Europäern mag eine solche Differenz für Normalgewicht und Durchschnittsgröße zutreffen, und für das pure Skelett stimmt sie möglicherweise auch. Aber insgesamt kann der Unterschied in Gewicht und Größe zwischen Mann und Frau gut 50 Prozent und mehr betragen. Es ist nicht selten, daß man einer 50 Kilogramm schweren Frau begegnet, die mit einem Mann lebt, der doppelt soviel wiegt. Der Unterschied zwischen den Geschlechtern bei nichteuropäischen Völkern ist dagegen oft verschwindend gering. Mögen Samoaner im Vergleich zu Europäern riesige Proportionen aufweisen – sie sind bei Männern und Frauen gleich. Wirklich markant wird der Unterschied zwischen den Geschlechtern erst in Europa und in jenen vorderasiatischen Ländern, die früher eine Neandertaler-Bevölkerung hatten.

Welche Gründe könnten diese Unterschiede haben?

Zum einen die Ernährung. Wenn den Frauen der Zugang zu den proteinreichen Nahrungsmitteln der Männer vorenthalten bliebe, wären sie auch leichter und kleiner. Doch solche Erklärungen helfen uns nicht wirklich weiter. Außerdem müssen die Frauen nicht besonders klein sein, nur die Männer überproportional groß. Aber warum sind sie so groß? Die Erklärung kann eigentlich nur lauten: weil dies für den Sex nötig war.

Denken wir noch einmal an David Frayers Befund, daß die frühen anatomisch modernen Männer robust und in vielen morphologischen Zügen ausgesprochen Neandertal-ähnlich gewesen seien. Grazil wurden sie erst nach dem glazialen Maximum. Vermutlich war dies der Zeitpunkt, als die sexuellen Konkurrenten, die Neandertaler, von der Bildfläche abgetreten waren. Unter anderen Säugetieren (Gorilla, Hirsch, Seelöwe) ist extremer sexueller Dimorphismus (unterschiedliche Größe der Geschlechter) oft das Kennzeichen für eine polygame Spezies, deren Männer mit anderen in Wettbewerb treten müssen, um den Zugang zu den Angehörigen ihres Harems zu erkämpfen. Diejenigen mit den größten Körpern gehen gewöhnlich als Sieger daraus hervor und geben ihre Gene weiter – und damit auch ihre Neigung zu körperlicher Massigkeit.

Der sexuelle Dimorphismus in dieser Region ließe sich also als Reaktion der frühen anatomisch modernen *Homo-sapiens*-Männer auf den sexuellen Kontrahenten Neandertaler erklären. Auch schon vor 50 000 Jahren und mehr dürften alle menschlichen Aktivitäten, die mit Sexualität zu tun hatten, in erster Linie kulturell gesteuert gewesen sein. Der Geschlechtsverkehr mußte erst sanktioniert werden, durch soziale Kanäle laufen. Die Torfleichen aus germanischer Zeit erinnern uns daran, daß Ehebruch unter Strafe stand, daß freier Sex nicht erlaubt war. Sex zwischen den beiden Populationen hätte mitnichten so funktionieren können, wie sich das James Shreeve offenbar vorstellte: in der Art eines paläontologischen Hawaii mit Ukulele-Klängen, Strandgeplätscher, sexuell ausgehungerten europäischen Matrosen, willigen Wahines und Paaren in liebevoller Umarmung überall am Strand. So paßten vermutlich auch die EAM-Männer auf, daß ihnen niemand ihre Frauen wegnahm. Sie legten sich einen Harem mit einer Vielzahl kleiner »Gebärmaschinen« zu und entledigten sich der Neandertaler einfach auf biologische Weise.

ABHÄNGIGE FRAUEN

Wie die technischen Daten dieser Entwicklung aussahen, kann man in etwa so darstellen: Der Geburtskanal und das weibliche Becken lassen sich bekanntlich nicht beliebig erweitern, ohne die Fortbewegungsfähigkeit der Frauen zu reduzieren. Wäre der weibliche Körper von der Beckenbreite her im gleichen Maßstab gebaut wie der männliche, dann wäre der sexuelle Dimorphismus *umgekehrt*. Frauen wären dann vielleicht bis zu 50 Prozent massiger als Männer und hätten wahrscheinlich einen schwankenden Gang wie der Vogel Strauß, mit gestörtem Gleichgewichtssinn.

Tatsächlich bedeutete Grazilisierung, daß Frauen in der Beckenregion größer, aber in fast allen anderen Proportionen kleiner wurden – um einerseits noch gehen und andererseits Kinder mit einer maximal wettbewerbstüchtigen Kopfgröße gebären zu können. Ein riesiges Becken mit einem zierlicheren, *leichteren* Oberkörper – hier deutet sich das Muster an, das wir heute noch als die typische, europäisch-vorderasiatische Norm empfinden. Der kleinere Körper brachte schmalere Knochen mit sich, und das wiederum bedeutete geringere Ansatzflächen für die Muskeln. Unter den Bedingungen einer Eiszeit hatten diese Frauen eigentlich keine Überlebenschancen in Europa – ausgenommen als veritable Fettpakete.[17]

---

17) Während der Belagerung von Leningrad im Zweiten Weltkrieg litten Frauen weniger an Hunger als ihre Männer, vermutlich wegen ihrer größeren Fettreserven. Solche Reserven anzulegen mag heute nicht mehr populär sein, aber sie bringen bei Nahrungsmittelknappheit deutliche Überlebensvorteile mit sich.

Grazilisierung bedeutet demnach genau das Gegenteil dessen, was das Wort eigentlich sagt: nicht zierliche, dünne *Barbys*, sondern massive Muttertiere mit einer zusätzlichen Schutzschicht für ihr eigenes Überleben und das *der* Babys. *Das* ist der Gang der Entwicklung, die wir zwischen Galgenberg und Willendorf beobachten können – Grazilisierung der Frauen bei gleichzeitiger Gewichtszunahme. Es würde uns nicht verwundern, wenn *diese* Frauen lieber zu Hause gearbeitet, Tiere gezähmt und die Zivilisation des Oberen Paläolithikums erfunden hätten, während ihre kräftigen, schweigsamen Männer draußen im Schnee hinter den Mammuts herstapften. Gemeinsamer Tratsch und gemeinsames Brainstorming der Frauen wurden eins, sie bündelten die kollektive intellektuelle Kapazität in einer quantitativ und qualitativ noch nicht dagewesenen Weise.

Es ist also gut möglich, daß die kulturelle Blüte dieser Zeit (a) ein weibliches Produkt und (b) eine zufällige Folge des Umstandes war, daß hier wieder einmal der alte evolutionäre Motor angeworfen wurde, der schon früher für das Überleben der Menschheit so wichtig gewesen war: die kombinierte K/r-Strategie – hier mit dem Akzent auf dem »r« – der rapiden Nachkommenproduktion mit angeschlossenem Kindergarten. Auf diese Weise müssen die EAMHs die Neandertaler zahlenmäßig in die Minderheit getrieben haben. Deshalb bietet sich die »Kernfamilie« weniger als Form des Zusammenlebens von Mann und Frau in jener Zeit an als der »Harem«, die kreative und lebensspendende Frauengruppe. Damit dürfte, sicher nicht zum ersten Mal in der Geschichte unserer Spezies, eine Herrschaft des Matriarchats angebrochen sein. Eine Herrschaft, die für die Frauen nichtsdestoweniger extrem arbeitsintensiv blieb. Wer sonst, wenn nicht eine große Anzahl Frauen, sollte jene zahllosen Armreife, Halsketten, bemalten Anhänger und Elfenbeinperlen angefertigt haben, die vor 28 000 Jahren in einer verschwenderischen Grabstelle bei *Sungir* nahe Moskau in die Erde versenkt wurden – 4903 für den kleinen Jungen, 5274 für das kleine *Mädchen* (!) und 2936 für den Mann?

Heute gilt nicht der Harem, sondern die Kernfamilie als Ideal. Das Bild, das man sich von der Rolle der Frau in der Gesellschaft der Mittelschicht macht, bestimmt auch die Vorstellung von der menschlichen Entwicklungsgeschichte. So geht es in der Paläanthropologie zuweilen nicht anders zu als in einer TV-Seifenoper. Olga Soffer ist sicher nicht die einzige, die den Neandertalerinnen schlechte Chancen attestiert hat, sich einen treusorgenden Ehemann zu angeln.

Die Entwicklung hin zur individuellen Pärchenbindung und somit zur modernen Familie sei erst eingeleitet worden, meint die Anthropologin, als die grazileren *Homo-sapiens*-Frauen ihre Männer dazu gebracht hätten, sich um sie zu kümmern. Das sei erstmals vor wenigen tausend Jahren geschehen, und die Grundlage dafür sei ein »Sex-Vertrag« zwischen den Geschlechtern gewesen.

Dieses Tauschgeschäft, das der britische Anthropologe Chris Knight auf die Kurzformel »Sex-für-Fleisch« bringt, sei die Grundlage aller ehelichen Beziehungen. Sex-für-Fleisch sei zuerst in einer Umgebung entstanden, wo die Jagd auf Fleischtiere für den Fortbestand der Frauen und Kinder absolut lebensnotwendig wurde. Auf diese Weise hätten die Partner die dauerhaften Dienste des anderen Geschlechts für sich und ihre Nachkommen sichergestellt.

Zum Beweis für diese These werden gern völkerkundliche Parallelen bei heutigen Sammler-und-Jäger-Völkern zitiert. (Wobei mit dem Wort *heutig* ein urtümlicher Zustand gemeint sein kann, den es möglicherweise seit ein- bis zweihundert Jahren nicht mehr gibt.) Unter den Eskimos und anderen Völkern des hohen Nordens gebe es auch heute noch Gruppen, heißt es, bei denen die Männer in manchen Monaten des Jahres bis zu 100 Prozent des Fleischbedarfs ihrer Familien abdeckten. Als Grund, warum die Frauen nicht selbst mit Hand anlegten und Pflanzennahrung einsammelten, wird angegeben, daß es in den Wintermonaten eben nichts für sie zu holen gebe. Sie seien demzufolge völlig von ihren Männern abhängig.

Da nun die Eskimos in jeder anderen Hinsicht als zeitgenössisches Modell für den eiszeitlichen Lebensstil herhalten müssen, läge eigentlich der Schluß nahe, auch die Neandertaler seien besonders treusorgende Familienväter mit vorbildlichem Familienleben gewesen. Doch weit gefehlt. Die Neandertaler, heißt es, hätten noch einen primitiveren Lebensstil gehabt. Sie hätten zwar einige kalte Gebiete bewohnt, sich aber mit Vorliebe am Fuß hoher Berge und im Schutz hügeliger Landschaften mit milderem Klima angesiedelt. Dort habe es eine abwechslungsreichere und produktivere Lebensgemeinschaft aus Pflanzen und Tieren gegeben. Mit anderen Worten: Wo es mehr Nahrung zum Sammeln und Jagen für die Frauen gab, gab es auch weniger Notwendigkeit für männliche Verantwortung. Die Frauen seien auf sich selbst gestellt gewesen. Die Neandertal-Männer hätten in unabhängigen Banden für sich gelebt und gejagt und ihren Familien wenig oder gar nichts zum Essen abgegeben. Diese Sicht stempelt die Neandertaler als besonders rückständige männliche Wesen ab, und das Bild, das von ihnen gezeichnet wird, ist insofern besonders infam, als es eine nicht eigens deklarierte Blaupause des Liebes- und Familienlebens der Schimpansen darstellt. Die Neandertaler hätten demnach nicht einmal die Stufe der Früh-Hominiden erreicht. Sexuell und emotional hätte der *Homo neanderthalensis* etliche Millionen Jahre Entwicklung seit dem *Australopithecus* einfach verschlafen.

DIE FRAUEN ALS KERN DER »GESELLSCHAFT«

Unsere Vorfahren, so betont die Paläanthropologie, seien im Oberen Paläolithikum, *nach* der Neandertaler-Zeit, als erste in der Lage gewesen, in nördliche Regionen vorzudringen. Dort, in den kalten, abweisenden Steppen, standen die Nahrungsmittel in großen Mengen zum Abschuß frei – in Form von Rentierherden und Mammuts. Es sei daher sinnvoll anzunehmen, daß die Sex-für-Fleisch-Strategie sich nicht vor diesem Zeitpunkt herauskristallisiert habe. Die Trickfilmzeichner von Hanna-Barbera hätten demnach recht behalten: Die heutige Mama-Papa-Kind-Familie entstammt der Ära Feuerstein.

Aber ist sie wirklich eine Erfindung der kalten Tundra des nördlichen Europas und Asiens? Und müßte man dann nicht erklären, wie und auf welche Weise das Konzept »Familie« von dort rund um den Erdball gewandert ist? Denn es ist ohne Zweifel wahr, daß fast alle Menschen überall auf der Welt heute in Familien leben. Weitere Fragen stellen sich: Warum haben unsere Vorfahren den Sex-für-Fleisch-Kontrakt nicht aufgekündigt, sobald sie wieder in gemäßigtere Zonen gelangten? Wieso sind sie bei der Beschränkung auf einen einzigen Sexualpartner verblieben? Welchen triftigen Grund sollten die männlichen Bewohner der Tropen gehabt haben, sich plötzlich der Fleischtöpfe ihrer Frauen und Kinder anzunehmen? Lebten sie nicht im Paradies auf Erden, mit tierischer und pflanzlicher Kost in Hülle und Fülle? Warum sollten gerade *sie* den sexuellen Kreisverkehr gegen die Einbahnstraße der Partnerschaft eingetauscht haben? Und wenn der moderne Mensch wirklich zuerst in Afrika aufgetreten ist, war dann unser aller Urmutter, die *Afrikanische Eva*, ohne eigene Familie?

Nun – *eine* plausible Erklärung könnte es für alle diese Fragen geben: Die technische Neuerung aus dem Norden, die Partnerehe und Familie, müßte derart überzeugende evolutionäre Vorteile mit sich gebracht haben, daß sie in der ganzen übrigen Welt sofort übernommen worden wäre. Indessen: Anders als vor 60 Jahren ist die Behauptung einer irgendwie gearteten Überlegenheit von Europäern und Asiaten gegenüber anderen Völkern der Erde heute als Verblendung und Unsinn enttarnt. Doch die Hypothese wirkt auch deswegen so absurd, weil sie faktisch falsch ist. Die monogamen Traditionen der Eskimos, Tibeter und anderer Bevölkerungen nördlicher oder hochgelegener Regionen gibt es gar nicht. (Bei ihnen sind Beziehungen mit mehreren Partnern üblich. Insbesondere die Eskimos sind bekannt für ihre Sitte, männlichen Besuchern die Ehefrau des Gastgebers für die Nacht zur Verfügung zu stellen.)

Die Mär von der Untauglichkeit der Neandertaler für das Familienleben entspringt einzig den mehr oder minder verzweifelten Anstrengungen, ihnen einen Sonderstatus zuzuordnen. Man versucht, sie aus der größeren Familie der Menschheit auszugliedern, indem man ihnen die Fähigkeit streitig macht, überhaupt einer menschlichen Familie anzugehören. Doch Familien haben auch die Neandertaler mit Sicherheit schon gekannt. Möglich, daß sie in anderen, mutterrechtlich organisierten Verbänden lebten. Frauen bilden, traditionell, wo immer sie zusammenkommen, »Familien«, die einander Zusammenhalt und Schutz bieten, oft unter den ungünstigsten Lebensbedingungen. Männer dagegen bilden Vereine, Banden, Teams, Seilschaften, Notvereinigungen, von denen sie sich absetzen, sobald die Gelegenheit günstig ist. Selbst in Gesellschaften, wo die Frauen getrennt von den Männern in Frauenhäusern schlafen (in Papua-Neuguinea übernachten sie nicht bei den Männern, sondern bei den *Schweinen*, die als geschätzte Familienmitglieder gelten), definieren die Frauen den familiären Zusammenhalt der Gesellschaft. Übrigens zeigt gerade das Beispiel Neuguinea, daß eine Gesellschaft sehr wohl in wenig familienähnlichen, getrenntgeschlechtlichen Gruppen organisiert sein kann und trotzdem vollen *Homo-sapiens*-Status beanspruchen darf.

So werden wohl auch bei den Neandertalern vor allem die Frauen eigene Formen des Zusammenlebens gebildet haben. Vielleicht existierten lebenslange Partnerbindungen zwischen Männern und Frauen innerhalb von Großfamilien. Jedenfalls gab es Liebe und Mitgefühl, wie uns die Skelette kranker und alter Individuen beweisen, die ohne Hege und Pflege zu Lebzeiten nicht ihr jeweiliges Alter erreicht hätten.

Das Prinzip Sex-für-Fleisch scheint demgegenüber kein Fortschritt. Diese Taktik ist bereits den Schimpansen bekannt. Wahrscheinlich kann man den Neandertalern kein schöneres Kompliment für ihre wohlentwickelte Menschlichkeit machen als dieses: daß sie noch nicht wußten, was Sexualität gegen Bezahlung bedeutete. Waren sie in dieser Beziehung vielleicht wirklich rückschrittlich? Man hat darauf hingewiesen, daß die monogame Ehe in 85 Prozent der menschlichen Gesellschaften unbekannt sei. Einzig in den Ländern, die früher von Neandertalern bewohnt wurden, entstand sie als oberstes moralisches Gebot. Was hindert uns daran, *gerade die Monogamie* als kulturelles Erbe der Neandertaler zu betrachten? Sind sie am Ende gar – ein elegischer Gedanke – *aus Liebe ausgestorben?*

James Shreeve, dem das Sex-für-Fleisch-Szenario besonders überzeugend erschien, stellte dazu folgende Überlegungen an. Wenn dieser Vertrag zwischen den Geschlechtern bei den Neandertalern noch nicht zustande gekommen war, dann dürften sie auch die unaufhörliche Liebesmaschine noch nicht entwickelt haben, die wir modernen Menschen benutzen, um uns fortzupflanzen. Der Liebeshunger und all die anderen körperlichen Reaktionen unserer einzigartigen, dauerhaft präsenten Sexualität wären möglicherweise behindert worden von der Notwendigkeit, Fruchtbarkeit *anzuzeigen,* statt sie zu verdecken. Neandertalerinnen könnten sich sichtbarer Zeichen ihres Östrus-Zyklus bedient oder sich während ihrer fruchtbaren Zeit auf aggressive Weise den Männern angeboten haben.[18]

Die Männer mögen ihre Aufmerksamkeit nur dann der Sexualität zugewendet haben, meint Shreeve, wenn der Östrus der Frauen ihr In-

---

18) Ein entscheidender Schritt auf dem Weg zur Menschwerdung war bei den Frauen der Verlust des Östrus. Dieser Prozeß dürfte bereits im allerfrühesten Entwicklungsstadium unserer Stammeslinie stattgefunden haben. Den Neandertalern einen Östrus anzudichten bedeutet einmal mehr, sie auf das Niveau von Schimpansen zu reduzieren.

teresse erregte. Den Rest der Zeit verbrachten beide Geschlechter mit völligem Desinteresse am Körper des anderen. Das sei weit entfernt vom sexuellen Verhalten der Menschen von heute. Ein solch fundamentaler Unterschied im sexuellen Verhalten sei ein deutlicher Hinweis darauf, daß die Unterschiede zwischen Neandertalern und modernen Menschen auf der Verschiedenheit von Arten mit vollkommen anderen Partnererkennungssystemen beruhten. Die großen, runden Augenbögen, die das Neandertalergesicht überschatteten, würden üblicherweise als komplexe Anpassungen an ein kaltes Klima erklärt. Wie, fragte Shreeve, wenn diese Merkwürdigkeiten sich vielmehr zur Unterstützung eines völlig separaten Partnererkennungssystems entwickelt hätten?

Menschen liebten es, sich zu paaren; sie paarten sich die ganze Zeit, bei Nacht oder bei Tag, durch alle Phasen des weiblichen Fruchtbarkeitskreislaufs hindurch, wann immer sich die Gelegenheit dazu böte. Die Barrieren aus Regionen, Religionen, »Rassen« und Kulturen, die sich sonst so grausam deutlich manifestieren, schmölzen dahin, wenn es um Sex gehe. Projizierte man dieses universelle menschliche Verhalten zurück ins Mittlere Paläolithikum und nähme an, daß die Menschen der verschiedenen Arten damals so frei in ihrer Partnerwahl waren, wie es die Menschen heute sind, dann hätten sich Neandertaler und moderne Menschen miteinander gepaart, sobald sie in der Levante in Kontakt miteinander kamen, egal, wie »merkwürdig« sie zu Anfang aufeinander gewirkt haben mochten.

Doch statt dessen blieben die Neandertaler unverändert ihrem Typus treu. Die Erklärung dafür nach Shreeve: Neandertaler und moderne Menschen kreuzten sich nicht miteinander, *weil sie es nicht konnten*. Sie seien miteinander unfruchtbare, separate Arten gewesen, beide gleichermaßen menschlich, aber biologisch getrennt. Vielleicht seien ihre Nachkommen unfruchtbare Hybride gewesen wie Maulesel? Vielleicht hätten Neandertaler-Männer und die Männer der modernen Menschen grundverschiedene Genitalien besessen? Vielleicht hätten die Neandertaler 48 Chromosomen im Gegensatz zu unseren 46 gehabt?

Den Umstand, daß die morphologischen Unterschiede der beiden Menschenarten im Karmel-Gebirge in Israel durch Jahrtausende hindurch gleichförmig erhalten geblieben sind, ohne sich auszugleichen, deutet Shreeve dahingehend, daß es sich um zwei biologisch verschiedene Spezies gehandelt haben müsse. Nehme man die sexuelle Brücke beiseite, erhalte man zwei vollkommen bewußte, sapiente Arten, die in einem Ort zusammengezwängt waren und voneinander so wenig wissen wollten wie zwei Vogelarten die sich in einem Hinterhof aus demselben Vogelhäuschen ihr Futter holen.

»From tooth use to tool use«

Das Problem zu definieren, was eine *Spezies* ist, plagt nicht nur Paläontologen, die sich mit ausgestorbenen Arten abmühen, sondern auch Taxonomen bestehender Organismen. Die klassische Definition, wonach eine Spezies eine Gruppe von Populationen sei, die sich nur untereinander fortpflanzen, läßt sich schwer auf fossile Organismen anwenden. Die Paläontologen müssen verschiedene Spezies daher allein aufgrund ihres Aussehens definieren – oder aufgrund dessen, was von ihrem Aussehen übriggeblieben ist: der Skelette. Paläo-Spezies sind von Natur aus *phyletische* Spezies, das Interesse konzentriert sich auf das Verbliebene. Phyletische Spezies haben keine äußerlichen, lebendigen Merkmale. Das einzige, was an ihnen interessiert, ist ihr abstammungsrelevanter Bezug zueinander. Alle Fahrgäste in einer überfüllten U-Bahn gehören, so unterschiedlich die dort versammelten Menschen im einzelnen auch sein mögen, anhand dieser Merkmale einer einzigen Spezies an. Die vielen kleinen, polytypischen Eigenschaften der lebenden Form entfallen. Die Reisenden eines Zuges in 10 000 Jahren würden höchstwahrscheinlich derselben Spezies angehören, doch könnte man vermutlich ein paar Änderungen feststellen, die die beiden Passagierlisten in eine Beziehung zueinander setzen würden. Das ist der Grund, warum man in der Paläontologie von evolutionären Spezies spricht. Das Interesse konzentriert sich auf die Verbindungslinien zwischen Vorfahren und Nachkommen der jeweiligen Populationen.

Irgendeiner der Passagiere, ein einziger unter Millionen von Menschen nicht aus einem Jahr, nicht aus tausend Jahren, wird zufällig der Repräsentant für die menschliche Erdbevölkerung ganzer Epochen. Die gesamte historische Zeit von Nebukadnezar bis Mutter Teresa könnte in der Zukunft möglicherweise durch einen einzigen Zuhälter aus dem Rotlicht-Milieu vertreten sein, der zufällig in einer Badewanne voll flüssigem Zement konserviert wurde. Zehntausende, Hunderttausende von Jahren menschlicher Entwicklung werden durch ein paar zufällige Knochen repräsentiert, die ein oder zwei Reisekoffer füllen würden. Für die Neandertaler ist die Situation vergleichsweise günstiger, denn mittlerweile haben sich viele kleine und größere Stücke von mehreren hundert Individuen angesammelt, so daß man für ihre Entwicklung nicht nur einzelne Punkte einzeichnen, sondern sie sogar durch zusammenhängende Linien verbinden kann.

Trotzdem gibt es immer wieder Theorien, die buchstäblich an einem einzigen Knochen eines einzigen Individuums hängen. Das längere Schambein des Neandertalers hat zu den krausesten Überlegungen Anlaß gegeben. Der israelische Archäologe Yoel Rak vertritt die Ansicht, daß die Vorwärtsplazierung der Beckenöffnung bei den Neandertalern zwar keine Auswirkungen auf die Fortpflanzung gehabt, aber einen entscheidenden Unterschied in der Art ihrer Fortbewegung bewirkt habe. Der Schwerpunkt bei den Neandertalern sei direkt über den Hüftgelenken gewesen, statt wie bei den heutigen Menschen ein wenig dahinter positioniert – damit habe das volle Gewicht des Oberkörpers bei jedem Schritt auf das Hüftgelenk gehämmert. Rak meinte, daß die Kippung des Beckenwinkels beim modernen Menschen eine Anpassung gewesen sei, bei der die Muskeln in den Oberschenkeln und im Gesäß als Stoßdämpfer gegen die Anstrengung des Laufens über große Entfernungen dienten. »Aus biomechanischer Sichtweise sind moderne Menschen großartig zum Laufen eingerichtet – es gibt kaum Zweifel daran, daß die Neandertaler weniger effizient waren«, sagte Rak.

Dan Lieberman und John Shea unterstrichen diesen Kontrast in der Bewegungsfreiheit von Neandertalern und modernen Menschen in der Levante, gingen aber ganz anders an die Frage heran. Die Zähne von Säugetieren enthalten eine knochenartige Substanz, den Zahnzement, der zu Lebzeiten eines Lebewesens Schicht um Schicht rund um die Wurzeln der Zähne abgelagert wird. In manchen Spezies sind diese Zementschichten undurchsichtig, wenn sie während einer nassen Saison deponiert werden, und durchsichtig, wenn sie während einer trockenen Jahreszeit abgelagert werden. Die äußerste, letzte Schicht eines fossilen Säugetierzahns zeigt somit an, zu welcher Jahreszeit das betreffende Tier starb. Lieberman und Shea untersuchten die äußeren Zementschichten von Zähnen der in Kebara und Jebel Qafzeh aufgefundenen Jagdspezies und entdeckten dabei eine faszinierende Konstante. In Kebara waren jeweils rund die Hälfte aller Tierarten in der nassen beziehungsweise in der trockenen Jahreszeit erlegt worden. In Qafzeh waren *alle* äußeren Zementschichten durchsichtig, ein Hinweis darauf, daß die Höhle nur im Sommer von Jägern benutzt worden war. Offenbar nahmen die modernen Menschen in Qafzeh die Höhle nur während einer bestimmten Jahreszeit in Beschlag, während die Neandertaler in Kebara das ganze Jahr über in derselben Gegend jagten; eine Schlußfolgerung, die durch eine große Anzahl zerbrochener Speerspitzen in Kebara unterstrichen wird. Dieser Kontrast in der Nutzung des Landes, meint Shea, erkläre, warum moderne Menschen vom Skelett her dafür konditioniert seien herumzulaufen. Sie seien saisonbedingt zwischen dem einen und dem andern Gebiet hin- und hergepilgert, während die Neandertaler mit ihren dicken Knochen besser dafür geeignet gewesen seien, jahrein, jahraus in einem begrenzten Gebiet umherzustreifen.

Ein weiteres Beispiel dafür, was man aus Zähnen alles ablesen kann, lieferte Milford Wolpoff. Er hatte eine Zunahme der Größe der Milchzähne bei den späten Neandertalern festgestellt und dies dahingehend interpretiert, daß die Kinder früher abgestillt worden seien. Das deute möglicherweise auf eine Verringerung der Zwischenräume zwischen den einzelnen Geburten hin. Das frühere Abstillen war entweder ein Signal dafür, daß die Väter in die Versorgung der Familie miteinbezogen wurden, oder daß die Frauen im Erwerb von frauenspezifischen Techniken zur Herstellung von weichen Abstill-Mahlzeiten Fortschritte machten. Das Steinzeit-Alete war gewöhnlich das von der Mutter vorgekaute und dem Kind in den Mund geschobene Essen der Erwachsenen gewesen. Eine neue Babynahrung hätte ein eigens zubereiteter Brei sein müssen, sehr wahrscheinlich mit Milch, und dafür hätten die Mütter ein milchgebendes Haustier benötigt. Die Ziegen- oder Rentierhaltung aus der Zeit des Übergangs vom Mittleren zum Oberen Paläolithikum ist allerdings nirgendwo nachgewiesen. So dürfte hier weiterhin die Muttermilch verwendet worden sein. Der Brei erforderte für seine Zubereitung neben Milch oder Milchersatz auch noch Bottiche, Holzteller, Schalen, einen Herd, ein Minimum an Sauberkeit. Es ist nicht einzusehen, warum es solche Dinge zur Zeit der Neandertaler nicht längst schon gegeben haben sollte, auch wenn heute keine Spur mehr von ihnen zu finden ist. Die Chancen, daß hölzerne Breischüsseln 50000 Jahre überdauern, sind gering. Aber: *Absence of proof is no proof of absence:* Das Fehlen eines Beweises ist kein Beweis dafür, daß es solche Dinge nicht gegeben hat.

Nur: Warum sollten gerade Küche und Babybrei zur beschleunigten Baby*produktion* geführt haben? Warum soll dies eine Strategie gewesen sein, die zur Einbindung der Familienväter bei der Versorgung der Mütter führte? Und warum sollen die EAMHs, nicht aber die Neandertaler dazu in der Lage gewesen sein? Was taten die EAMHs mit dem Brei, wozu die Neandertaler nicht fähig waren?

Die Antwort liegt vermutlich irgendwo zwischen und jenseits all der Überlegungen und Konstruktionen, denen wir soeben begegnet sind. Die üblichen Erklärungen in der wissenschaftlichen Literatur deuten auf einen dramatischen Wandel in den wirtschaftlichen und sozialen Beziehungen zwischen Mittlerem und Oberem Paläolithikum hin. Der Übergang von der Benutzung der Zähne zur Benutzung von Werkzeug wird gern mit der schönen englischen Sentenz *from tooth use to tool use* – vom Zahngebrauch zum Werkzeuggebrauch – umschrieben. Das klingt so hübsch und so wahr, daß man es gerne akzeptiert. In Wirklichkeit dürfte diese Schwelle schon lange vorher bereits vom *Homo habilis* überschritten worden sein.

Aber was war es sonst? Was gab den entscheidenenden Ausschlag, wo lag der Unterschied? Was hatte der moderne *Homo sapiens* dem Neandertaler voraus? Waren es die komplexeren Steinwerkzeuge, die besseren Waffen, der Kontakt mit Außerirdischen?

8

ZURÜCK INS DUNKEL DER ZEIT

Niemand weiß, was letztendlich wirklich mit den Neandertalern geschah. Sie sind vor rund 28 000 Jahren aus Europa verschwunden. Das wissen wir, denn so alt sind die letzten klar datierbaren Spuren. Aber danach? Verschwanden Sie wirklich zu diesem Zeitpunkt, oder überlebten sie hier und da noch länger? Und was wäre, wenn sich doch noch Spuren fänden, die darauf hindeuteten, daß Neandertalfamilien in neuerer Zeit gelebt hätten, beispielsweise vor 10 000 oder 5000 Jahren? Das würde immerhin beweisen, daß sie sehr viel länger überleben konnten – und natürlich noch einiges mehr.

Doch wo könnte man solche Spuren finden? *Eine* Antwort, die sich anböte, lautet: im Mittelmeer. Denn zahlreiche Höhlen in Küstennähe und weiter im Landesinnern, die fast bis in die Neuzeit bewohnt waren, liegen heute unter Wasser. Nehmen wir einmal an, es gelänge, sämtliche Ausbrüche des Vesuvs aus den letzten 300 000 Jahren zu kalibrieren, so daß man eine genaue Zeitskala für diese Ereignisse besäße. Nun fände man in einer spektakulären archäologischen Unterwassersuchaktion im Golf von Neapel oder an anderen Stellen im Thyrrenischen Meer eine Reihe von prähistorischen Pompejis (steinzeitliche Siedlungen, begraben unter vulkanischer Asche), 200 Meter unter der Oberfläche in unberührtem, fossilem Gewässer. Möglich auch, daß man nur ein oder zwei Höhlen fände, eine aus der Zeit vor etwa 60 000 Jahren und eine weitere, sehr viel jüngere. Zufällig wären in beiden Höhlen Neandertaler in der heißen Lava konserviert worden, eingeschweißt im Moment ihres Sterbens, in der Geste des Schreckens und Schmerzes, perfekte Gußformen – genau so, wie wir sie aus Pompeji kennen.

Mit einem Spezial-Bathyskaph gelänge es, diese Objekte und einen kompletten Lebensraum zu heben. (Einen ähnlich funktionierenden Unterwasserroboter, *Super Achille*, gibt es bereits. Er ist wie ein kleines Mondfahrzeug gebaut und exploriert gegenwärtig das Mittelmeer bis zu Tiefen von 600 Metern.) Aus wissenschaftlicher Sicht wäre es wunderbar, einen solchen Fund zu bergen – erstens, um die erhaltenen Umrisse der Weichteile der Neandertaler zu studieren, und zweitens, um Vergleiche zwischen zwei zeitlich so weit auseinanderliegenden Bevölkerungen anzustellen. Sollte es sich erweisen, daß vor 10 000 Jahren noch Neandertaler in Europa lebten und genauso aussahen wie ihre Vorfahren, würde das mit ziemlicher Sicherheit der These, es habe irgendeine Vermischung zwischen Neandertalern und modernen Menschen stattgefunden, endgültig den Riegel vorschieben. Fänden sich in der 10 000 Jahre alten Höhle moderne Menschen, wäre das natürlich auch interessant, denn es würde uns zeigen, wie die frühen Bewohner Europas zu diesem Zeitpunkt aussahen. Denn alles, was dazu bisher ausgesagt wurde und ausgesagt werden kann, beläuft sich letzten Endes auf Mutmaßungen und Spekulationen.

Was die Neandertaler betrifft, läßt sich nur konstatieren, *daß* sie ausgestorben oder, neutraler ausgedrückt, verschwunden sind, aber nicht, aus welchen Gründen. Es gibt eigentlich nur zwei Optionen. Entweder, sie sind im Bett besiegt worden, oder auf dem Schlachtfeld. Der Sieg im Bett – die genetische Usurpation – wird von der Wissenschaft heute ziemlich rigoros ausgeschlossen. Die Neandertaler, heißt es, hätten überhaupt keinen genetischen Beitrag zu irgendeiner rezenten Bevölkerung geleistet und sich nicht einmal mit jenen modernen Menschen vereinigt, die vor 40 000 Jahren nach Europa eindrangen. Ihre Spur sei aus dem genetischen Material der heute lebenden Menschheit getilgt. Das läßt als Gegenoption scheinbar nur den Genozid übrig, die traumatische Option.[19]

Natürlich kennen wir genügend Beispiele für Völkermord, allein aus den letzten 500 Jahren. Das grauenhafte Gemetzel an den Indianern Nord- und Südamerikas, die Verschleppung der Völker Afrikas in die Sklaverei, der Genozid an den Eskimos, an den Tasmaniern, an den australischen Aborigines. In Neuseeland ersetzten die Maori komplett die Moriori, die vor ihnen das Land besiedelt hatten. Die Japaner schoben die Ainu beiseite, die Bantu taten das gleiche mit den Khoisan. In unserer Zeit: die Völkermorde an den Armeniern, Juden,

---

19) In einer nobelpreiswürdigen Forschungsarbeit, die stark an das *Jurrassic-Park*-Experiment erinnert und deren Ergebnisse rechtzeitig zur Premiere des zweiten Teils des Spielberg-Films veröffentlicht wurden, war es dem schwedischen Genetiker Svante Pääbo und seinen Kollegen am Zoologischen Institut der Münchner Ludwig-Maximilians-Universität gelungen, eine mitochondrische DNA-Sequenz des Original-Neandertalers von 1856 zu vervielfältigen und dann mit dem Gen-Material heutiger Menschen zu vergleichen. Das Neandertaler-Material erwies sich in diesem Test als wesentlich älter und mit uns Heutigen nicht verwandt. Der Neandertaler habe damit, wie die *Süddeutsche Zeitung* schrieb, als Vorfahre des modernen Menschen »ausgedient«.

Kambodschanern, Ost-Timoranern. In keinem dieser Fälle würden wir die Täter als unvoreingenommene Quelle über ihre Opfer befragen. Bei den Neandertalern liegen die Dinge anders. Die Stimme der Verlierer ist in diesem Fall nicht mehr vernehmbar. Die Geschichte der Neandertaler *kann* von niemand anderem geschrieben werden als von uns. Bis heute hat die Paläanthropologie allerdings noch keine Beweise dafür gefunden, daß das Verschwinden der Neandertaler tatsächlich die Folge eines großen Völkermordens war. Andererseits – ist ihre einfache Abwesenheit nicht Beleg genug? Und was würde die Wissenschaft als Beweis akzeptieren?

Die Schlacht an der Somme, 1916, wo innerhalb weniger Wochen eine halbe Million britischer (und ebenso viele deutsche) Soldaten ums Leben kamen – welche Spuren deuten heute noch darauf hin, daß dieses Ereignis stattgefunden hat? Was ist in 60 000 Jahren davon zu sehen?

Das Aussterben unzähliger Tierarten seit dem Oberen Paläolithikum ist eine direkte Folge menschlichen Jagdeifers. Die Größenordnung dieser Ausrottungen, die erst heute durch fossile und subfossile (noch nicht ganz versteinerte) Knochenfunde sichtbar wird, ist immens. Der Overkill in Nordamerika beseitigte von 45 Gattungen großer Säugetiere (von denen etliche mehrere Arten umfaßten) alle bis auf zwölf. In Südamerika verschwanden von 58 Gattungen 46. In Australien waren die meisten Säuger Beuteltiere, die sich seit Urzeiten erhalten hatten; dennoch verschwanden 13 Gattungen unmittelbar nach dem Beginn der menschlichen Besiedlung, in Afrika lediglich sieben, in Europa 13, darunter der Säbelzahntiger, der Riesenhirsch, das Wollnashorn, das Mammut, der Altelefant – und *der Mensch?*

Es ist natürlich möglich, daß die Neandertaler nicht auf einen Schlag ausgerottet wurden, sondern an den Folgen eines sogenannten *sanften Genozids* eingegangen sind, einer langsamen Verdrängung, wie sie bei den Indianern Nordamerikas zu beobachten ist. Forscher der Zukunft, die in 20 000 Jahren in den Ruinen von Manhattan graben, werden ein *plötzliches* Verschwinden der einen Bevölkerung, der Indianer, und das Auftreten einer anderen, des europäischen und afrikanischen Typs, konstatieren. Aus der historischen Distanz würde die *relativ* langsame Geschwindigkeit der Ereignisse teleskopisch zusammengepreßt wirken. Die allmähliche Vertreibung und Ersetzung der einen Bevölkerung durch eine andere erschiene als rasanter Prozeß, als ein plötzliches Sich-in-Luft-Auflösen.

Das entspräche der Situation, die wir im Fall der Neandertaler vorfinden. Innerhalb weniger Jahrtausende verschwanden sie aus ganz Europa – einer Region, die sie zuvor 150 000 Jahre (oder beträchtlich länger) bewohnt hatten. Das Szenario könnte so aussehen, daß sie zunächst einen lockeren Kontakt mit den Cro-Magnons pflegten. Erst nachdem die Erwärmung der Erde das Paradies in Nordafrika zusehends unter dem Wüstensand begraben hatte und den Cro-Magnons durch das steigende Wasser im Mittelmeer der Rückweg nach Afrika abgeschnitten war, sahen diese sich gezwungen, ihre größere Kommunikationsfähigkeit, bessere Werkzeugkunde und gruppenmäßige Überlegenheit einzusetzen, um in Europa zu überleben. Dabei hätten die Cro-Magnons allmählich große Territorien unter ihre Kontrolle gebracht. Bei direkten Konfrontationen in unwegsamem Terrain mochten sich 20 Neandertaler-Kämpfer noch recht gut behaupten. Doch selbst wenn es ihnen gelang, 30 Cro-Magnons zu töten: Der größere Verband blieb lebensfähig. Zehn getötete Neandertaler hingegen gefährdeten den Bestand des Klans. Frauen und Kinder sowie einzelne Männer gelangten in Gefangenschaft und wurden in die Cro-Magnon-Bevölkerungen integriert. So dröselten sich die Neandertaler-Territorien nach und nach an den Rändern auf. Im Laufe mehrer tausend Jahre verdrängten und ersetzten die Cro-Magnons schließlich in einer Zangenbewegung von Westen und Osten her die alte Ordnung der Neandertaler.

DAS LEIDEN DER TASMANIER

Am Beispiel der australischen Aborigines und der Tasmanier läßt sich das mögliche Schicksal der Neandertaler noch aus einem anderen Blickwinkel betrachten. Die Tasmanier wurden im 19. Jahrhundert bis zur letzten Frau (sie hieß Truganini) ausgerottet. Nach anfänglichem Widerstand folgte eine Periode der Lethargie, dann das rasche Absinken auf eine zahlenmäßig nicht mehr überlebensfähige Gruppe. Heute gibt es nur noch relativ wenige Individuen einer kleinen Mischbevölkerung, die als ihre Nachkommen gelten.

Die Beziehungen zwischen den weißen Siedlern und den Ureinwohnern dieser Insel am Südzipfel des australischen Kontinents waren ursprünglich relativ gut gewesen, aber die Kolonisten schränkten
den Bewegungsraum der nomadischen Sammler und Jäger zusehends
ein. Die Zahl der Einheimischen betrug etwa 5000 zur Zeit des Kontakts mit den Europäern. Ihre materielle Kultur umfaßte weder Töpfe
noch Netze oder die Fähigkeit, Feuer zu entzünden. Die Konflikte begannen an der Wende zum 19. Jahrhundert, als die Briten verstärkt in
Tasmanien eintrafen. Sie raubten die Kinder der Einheimischen für
die Arbeit, die Frauen für den Sex, und sie töteten die Männer. Da sich
die Tasmanier zur Wehr setzten, wurden sie aus den von Weißen bewohnten Gebieten verbannt und von militärischen Suchtrupps oder
Jagdpartien umgebracht. Spätere Maßnahmen unter Kriegsrecht er-
laubten es den Soldaten, die Ureinwohner zu erschießen, sobald sie
ihrer ansichtig wurden. Tötungsprämien wurden ausgeschrieben –
fünf Pfund für einen Erwachsenen, zwei Pfund für ein Kind.

Die Tasmanier wurden von dem Missionar George Robinson
schließlich »zu ihrem eigenen Schutz« auf der Insel Flinders versammelt. Die Absicht hinter dieser Maßnahme war »gut gemeint«, das Ergebnis eine Katastrophe. Robinsons Schützlinge wurden mit Waffen-
gewalt zusammengetrieben, die Kinder von ihren Eltern getrennt. Die
Insel Flinders wurde zum Gefängnis, heute würden wir sagen, zu einem Konzentrationslager. Die Ernährung war schlecht, und die Re-
gierung kürzte die finanziellen Mittel, um das Ende der Lagerbewoh-
ner zu beschleunigen. 1847 waren nur noch 47 Tasmanier übrig, die
letzte vollblütige Tasmanier-Frau, eben Truganini, starb 1876.

Die »wertneutrale« Wissenschaft leugnet die Realität dieses Völ-
kermords. Im Wiener naturhistorischen Museum las man noch im
Sommer 1996 vor einem Schaukasten im *Rassensaal*: »Durch einen
glücklichen Zufall befindet sich das Museum im Besitz eines echten
Tasmanier-Schädels.« Das wissenschaftliche Material hatte überlebt,
und nur das scheint zu zählen in einer wertneutralen Wissenschaft.
Der Wert des anatomischen Materials für die Wissenschaft zeigt sich
am deutlichsten in dem Gerangel, das zwischen dem Königlichen
Ärzte-College in England und der Königlichen Gesellschaft von Tasmanien entbrannte, als sie sich um die letzten Reste des letzten tas-
manischen Mannes stritten. Dr. Crowther vom Königlichen College

erhielt den Kopf (allerdings ohne Ohren und Nase), Dr. Stockel von der Königlichen Gesellschaft machte sich mit Händen, Füßen und der Haut davon, aus der er sich eine Tabakstasche anfertigen ließ. Truganini bat vor ihrem Tod darum, auf See begraben zu werden, um einem ähnlichen Schicksal zu entgehen. Doch man bestattete sie an Land – und grub sie später wieder aus. Ihr Skelett wurde im Museum von Tasmanien bis 1947 ausgestellt. Dann entzog man es den Blicken der Öffentlichkeit, um es einzig der wissenschaftlichen Neugier vorzubehalten. 1976 wurde der 100. Jahrestag ihres Todes gefeiert, indem man ihre Knochen verbrannte und ihre Asche über dem Meer verstreute.

Tasmanische Gene haben sich in den Nachkommen erhalten, die ebenso dem völkermörderische Treiben widerstanden haben wie der Behauptung der Rassenkundler aus dem 19. Jahrhundert, daß Europäer und Tasmanier biologisch zu weit voneinander entfernt seien, um fruchtbare Nachkommen zu produzieren. Die Vereinigung von Mitgliedern weit auseinanderliegender genetischer Gruppen führe zu

TRUNGANINI – NACH EINER ZEITGENÖSSISCHEN PHOTOGRAPHIE. EIN GESICHT, DAS LEIDEN UND WÜRDE WIEDERSPIEGELT UND EBENSO DAS WISSEN, DIE LETZTE TASMANIERIN ZU SEIN.

Mulismus (von engl. *mule*, »Maultier«, daher das Wort *Mulatte*), erzeuge also unfruchtbare Hybriden. Die gleichen Argumente werden heute in bezug auf Neandertaler und Cro-Magnons ins Feld geführt. Tatsächlich hat es niemals zwischen irgendwelchen Menschen auf der Erde dieses Problem gegeben.

TÖDLICHE KRANKHEITEN

Die Aborigines in Australien haben trotz Mißachtung und Verfolgung mehr als zwei Jahrhunderte seit der Ankunft der Weißen überlebt. An die Ränder ihres früheren Lebensbereichs vertrieben, begegneten sie der Aggression der europäischen Einwanderer lange Zeit mit passivem Widerstand. Unbewußt hofften sie, die Australien seit weit über 100 000 Jahren bewohnen, wohl, daß die Zeit für sie arbeiten würde, daß der *weiße Spuk* nach einigen Jahrhunderten oder Jahrtausenden wieder vorbei sein würde.

Möglicherweise verfolgten die Neandertaler eine ähnliche Strategie. Vielleicht waren auch sie Melancholiker und Fatalisten, die von ihrem Naturell her allen Auseinandersetzungen mit anderen Menschen aus dem Wege gingen. Fehlte ihnen die Aggressivität, der *Killerinstinkt* gegenüber anderen Menschen? Zogen sie sich bei massiven Konfliktsituationen in sich selbst zurück und verloren den Willen zum Weiterleben?

Man bleibt auf Vermutungen angewiesen. Anzeichen für einen *harten Genozid* – Massengräber, große Mengen Skelette absichtlich Getöteter – gibt es nicht. Die einzige Ausnahme bildet der Fundort Krapina in Kroatien. Dort, meinten lange Zeit die Paläanthropologen, hätten sich die Neandertaler gegenseitig aufgefressen. Die Schlacht von Krapina sei ein Schlachtfest der Kannibalen gewesen. (Heute wird diese Version bezweifelt.)

Es ist keineswegs auszuschließen, daß die Neandertaler in Wirklichkeit sehr liebevolle Menschen waren. Wenn sie tatsächlich die Erfinder des Monogamie gewesen sind, müssen Sie bereits *vorher* tiefe und intensive Emotionen besessen haben. Man kann sich vorstellen, daß Paare, einander treu wie Seepferdchen, buchstäblich dahinstarben, wenn ihnen der Partner oder die Partnerin genommen wurde.

Starben mehrere Mitglieder eines Klans, gingen vielleicht ganze Gruppen an gebrochenem Herzen zugrunde.

Natürlich gibt es auch weniger sentimentale Szenarien. Man vergißt leicht, daß der gewöhnliche Schnupfen, der uns einmal im Jahr eine Woche lang plagt, keine harmlose Bagatelle ist. In Wirklichkeit ist er unbesiegbar, eine nicht kurierbare Infektionskrankheit, die sich in jenen Ländern und Regionen als absolut tödlich erwies, wo sie von Europäern eingeschleppt wurde. Wie lange gibt es diese Krankheit schon in Europa? Selbst nach vielen tausend Jahren ist unsere körpereigene Abwehr dagegen erstaunlich schwach. Wie mögen die Körper der Neandertaler, falls sie wie die Eskimos den Schnupfen nicht kannten, darauf reagiert haben, wenn sie plötzlich mit hohem Fieber und triefender Nase durch eisige Landschaften stolperten?

Eine andere Möglichkeit wäre eine Grippewelle, ähnlich jener, die im Winter 1918 nach dem Ersten Weltkrieg um die Welt ging und acht Millionen Opfer forderte. Die Cro-Magnons, selbst bereits gegen den Virus immun, hätten den Krankheitserreger unabsichtlich weiterreichen können. Ebenso denkbar: Pest, Tuberkulose, Typhus, Scharlach, Cholera, Lepra.

Ein neueres Beispiel für die Untersuchung des biologischen und kulturellen Kontaktes zwischen zwei Gesellschaften mit unterschiedlichen religiösen Vorstellungen, Gebräuchen und vor allem auch: *Bakterien* ist Hawaii. Die Folgen des Eintreffens der Europäer waren für die einheimische Bevölkerung verheerend. Epidemische Krankheiten resultierten in den grauenvoll hohen Sterbeziffern der 20er und 30er Jahre des 19. Jahrhunderts und beschleunigten den gesellschaftlichen Zerfall und die Entvölkerung ganzer Landstriche. (Die Dezimierung der Bevölkerung durch sozialen Zusammenbruch, verursacht durch Masern, Pocken, Grippe, Tuberkulose und Geschlechtskrankheiten, setzt sich heute in Südamerika fort.) Hawaii wurde ursprünglich nur von ein paar polynesischen Gründervätern (und -müttern) besiedelt – vielleicht nicht mehr als 100 Individuen, obwohl die mündliche Überlieferung von vielen Reisen zwischen Tahiti und Hawaii berichtet, die wahrscheinlich auch in einem Gen-Austausch resultierten, der die Hawaiianer genetisch etwas auffrischte. Die polynesische Bevölkerung Hawaiis wuchs danach rund 1000 Jahre lang in der Isolation, bis sie während James Cooks dritter Pazifikreise 1778 entdeckt wurde. Das hawaiische

Beispiel ist insofern lehrreich, als es zeigt, daß die Isolation einer Bevölkerung eine unglaubliche Verminderung der Widerstandskraft gegen Infektionskrankheiten mit sich bringen kann.

Möglicherweise waren die Neandertaler in Europa auch einfach zu lange dem Druck evolutionärer Anpassung an ein extremes Klima ausgesetzt gewesen. Ihr Aussterben soll mit einer Phase kurzzeitiger Klima*verbesserung* zusammengefallen sein – ob sie in ihren massiven und muskulösen Körpern bei Sommertemperaturen von 25 Grad Celsius am Hitzschlag gestorben sind? Das mag albern klingen, doch überraschende Temperaturumschwünge wie Föhn oder ein kurzfristiger Sahara-Scirocco, der über die Alpen nach Europa dringt, machen auch in unseren Tagen vielen Menschen zu schaffen.

UNTERLEGENE SIEGER

Im Vergleich zu dem Szenario völliger Auslöschung wäre die (zumindest teilweise) genetische Usurpation eindeutig die sanftere, freundlichere Interpretation der Geschichte. Einerseits, weil sie Sexualität voraussetzt und als Voraussetzung/Folge davon Liebe und Kinderfreundlichkeit, also positive menschliche Qualitäten, andererseits, weil sie trotz allem besser mit unserer heutigen Realität übereinzustimmen scheint. Trotzdem sind die Beweise nicht leicht herbeizuschaffen.

Die amerikanische Neandertalerforscherin Loring Brace beispielsweise vertrat in den 60er Jahren die Ansicht, das massive Gebiß der Neandertaler hätte innerhalb weniger Jahrtausende wegschrumpfen können auf die Dimensionen heutiger europäischer Gebisse – und so wäre das europäische Gesicht bereits zur Hälfte fertig gewesen. Damit dieser Prozeß in der gewünschten Geschwindigkeit stattfinden konnte, hätten sich die Neandertaler allerdings 10 000 Jahre lang nur von Haferbrei ernähren müssen. Der massive Aufbiß der Cro-Magnons aus dem Oberen Paläolithikum ist heute, rund 25 000 Jahre später, erst einem milden Überbiß gewichen. Die kleinen Zähne der modernen Europäer sind also vermutlich *kein* Erbe der Neandertaler.

Im Nahen Osten, wo Neandertaler und frühe *Homo sapiens* rund 60 000 Jahre lang Zeit hatten, einander kennenzulernen oder aus dem Weg zu gehen, traten die Hybridformen nur langsam und spärlich in

Erscheinung. Ein vergleichbarer Prozeß hätte in Europa entweder eines sehr viel längeren Zeitraums bedurft als die 10 000 Jahre, die Neandertaler und Cro-Magnons hier nachweislich im Kontakt miteinander verlebten, oder die Evolution hätte wesentlich schneller auf Touren kommen und mit einer sehr viel höheren Drehzahl arbeiten müssen, als wir es heute für möglich halten. Dennoch ist die menschliche Entwicklungsgeschichte geradezu gespickt mit evolutionären Sprüngen. Auch hier wäre eine solche Beschleunigung angezeigt gewesen – einerseits durch die rasanten Klimaveränderungen und andererseits durch die Notwendigkeit, sich den lokalen Gegebenheiten anzupassen oder auszusterben. Es gab keine Möglichkeit für die eintreffenden Cro-Magnons, Europa den Rücken zu kehren, und es gab keine Möglichkeit, die bereits anwesenden Bewohner zu ignorieren. In gewisser Weise entspricht die Ankunft der frühen *Homo sapiens* in Europa der Situation der ersten Europäer in Amerika, der Wikinger in Vinland. Sie besaßen hinsichtlich ihrer Waffen und anderer Technologien nicht die Überlegenheit der späteren Ankömmlinge. Ihre einzige Chance bestand darin, sich mit den Einheimischen zu arrangieren, sonst wurden sie skalpiert.

So waren denn auch die ersten Neuankömmlinge in Europa bezüglich ihrer materiellen Kultur zunächst einmal nicht sonderlich anders. Nicht ihre materielle Überlegenheit hatte sie nach Europa gebracht, sondern eine überregionale, mit Sicherheit klimatische Notlage. Sonst wäre das Aurignacien nicht vor ziemlich genau 40 000 Jahren *gleichzeitig* an zwei verschiedenen Stellen angebrochen, im Osten Europas und im Westen, in Spanien. Doch warum sollte es bloß zu einer zangenförmigen Besiedlung Europas gekommen sein, über Gibraltar und den Balkan, warum nicht zu einer Dreizack-Invasion, bei der die mittlere Zinke direkt über das Mittelmeer führte?

BESIEDLUNG PER SCHIFF

Das gesamte Szenario dieser frühen europäischen Besiedlung wird noch einmal vollkommen umgekrempelt und umgeschrieben werden müssen. Was darin bisher völlig fehlt, ist das Kapitel prähistorische Seefahrt. Denn das Mittelmeer ist zu groß, um es zu durchschwimmen. Der Kontakt zwischen Nordafrika und Europa muß per Schiff stattgefunden haben.

Es heißt immer, die Neandertaler hätten sich nie über Gewässer gewagt. Und doch sehen wir sie in Gibraltar und in Monte Circeo bei Rom, in Griechenland, in Palästina und verschiedenen Orten weiter südlich, wir finden sie in Höhlen in Marokko auf der anderen Seite der Straße von Gibraltar, also fast rund um das Mittelmeer. Wir können davon ausgehen, daß *das Mittelmeer der eigentliche, der hauptsächliche Siedlungsraum der Neandertaler* gewesen ist. Freilich wissen wir auch, daß gigantische Küstenregionen des Mittelmeers vor etwa 8000 Jahren versunken sind und bis heute geflutet bleiben. Wenn man bedenkt, daß manche Höhlen einst über Zehntausende von Jahren hinweg von Neandertalern bewohnt waren, dann sind wichtige Kapitel und Bücher, ja, ganze Bibliotheken der Vorgeschichte unseren Blicken für immer entzogen. Das Mittelmeer birgt immense archäologische Schätze, auch für die Paläanthropologie. Die Neandertaler-Höhlen im Mittelmeerraum, die wir heute kennen, sind Randgebiete. Inlandzonen. Was diese Menschen an der Küste – das heißt, in jenen heute der Küste vorgelagerten, unter Wasser befindlichen, einstigen Küstenregionen – taten, ob sie in Booten umherpaddelten, Fische mit Reusen fingen, Pfahlbauten errichteten, wie ihr Leben dort aussah – wir wissen es nicht.

Natürlich gab es im Mittelmeerraum keine Bambuskultur wie in Südostasien, die eine Schiffahrt erleichtert hätte. Mit den Leistungen jener frühen Besiedler Australiens, die mit Bambusflößen 80 Kilometer weit übers tiefe blaue Meer fuhren, konnten sich die Neandertaler vermutlich nicht messen. Doch die Besiedlung Australiens fand zu einem Zeitpunkt statt, der, konservativ gerechnet, 60 000 Jahre zurückliegt. Neuere Daten weisen auf einen größeren Zeitrahmen hin, der die erste Besiedlung des fünften Kontinents um weitere 110 000 Jahre zurückdatiert, auf zirka 170 000 Jahre vor heute. Warum soll es den Anrainern des Mittelmeers – Neandertalern *und* Cro-Magnons – vor 100 000 Jahren nicht möglich gewesen sein, die Zeichen *ihres* kleinen Ozeans zu lesen? Bäume von fremden Küsten, die als Treibgut angeschwemmt wurden, Tierkadaver von Zwergelefanten, verdorrte Menschen, an Baumstämme geklammert, die auf ein Land jenseits des Horizonts schließen ließen? Und an klaren Tagen: ein Blick hinüber zu den schneebedeckten Gipfeln hoher Berge oder Rauch von großen

Feuern, Waldbränden, Vulkanausbrüchen. Und jedes Jahr die Hin- und Rückreisen der Störche, die Migrationen der Schmetterlinge über das Wasser. Warum sollten zufällige Reisen in kleinen Booten nicht zu einem Hin-und-Her über die damals nur acht Kilometer breite Straße von Gibraltar geführt haben? Warum sollte es nicht zu einer zufälligen Entdeckung und Besiedlung von Sizilien gekommen sein, von Afrika aus, und danach zu einer allmählichen Ausbreitung nach Norden hinauf über ganz Italien?

Auf viele Fragen gibt es keine definitive Antwort, auch nicht auf die, wo die frühe Aurignacien-Kultur wirklich entwickelt wurde. Radiokarbondatierungen weisen zwar, wie gesagt, die Anwesenheit des Aurignacien in Spanien wesentlich früher nach, als lange Zeit angenommen, doch theoretisch ist es genausogut möglich, daß ähnliche Kulturen zunächst in Mitteleuropa entstanden und dann in den Westen Europas hinübergetragen wurden. Es gibt auch ein paar sehr frühe, afrikanisch wirkende Menschenfunde aus Italien. Aber da sie wissenschaftlich nicht eingeordnet werden konnten, »vergaß« man sie einfach. Dabei wäre die logische Schlußfolgerung gewesen, daß es offenbar ab einem gewissen Zeitpunkt eine verstärkte Kolonialisierung Europas von Nordafrika her gegeben hat, die wahrscheinlich kein einmaliges, abgeschlossenes Ereignis, sondern ein rhythmisch sich wiederholender Prozeß, vielleicht sogar eine periodische Pendelbewegung in zwei oder mehreren Richtungen, ein im Lauf vieler Jahrtausende immer wieder aufgenommener und unterbrochener genetischer und kultureller Austausch war. In der Paläanthropologie wurde früher und wird zuweilen heute noch so getan, als wären die Cro-Magnons quasi von der *Enterprise* in Europa abgesetzt worden: Sie sehen aus wie niemand sonst auf der Welt, es gibt keine Spuren woher sie kommen; auf einmal sind sie da. Was nachher mit ihnen passierte, weiß auch niemand genau. Dennoch ist der Cro-Magnon nicht urplötzlich aus einem Klappschrank der Urgeschichte herausgepurzelt, in dem er nachher wieder verschwinden konnte.

Er ist mit Sicherheit das Resultat einer mehrere zehntausend Jahre langen lokalen genetischen Vermischung mit dem Neandertaler. Ein typisches Detail, das auf die Wirklichkeit dieser Verbindung hindeutet, ist eine Öffnung des Nervenkanals im Unterkiefer, eine Stelle, an der Zahnärzte gern eine schmerzstillende Injektion anbringen. Bei vielen Neandertalern ist der obere Teil dieser Öffnung durch einen breiten knochigen Wulst verdeckt, was eine auffallende Eigentümlichkeit darstellt, die auch bei zahlreichen Cro-Magnons beobachtet werden kann, *aber bei keinem unserer angeblichen Vorfahren aus Afrika anzutreffen ist.* Die einfachste Erklärung wäre, daß die Cro-Magnons sie von ihren Neandertaler-Vorfahren geerbt haben. Natürlich bedarf es mehr als nur eines einzigen kuriosen Charakteristikums wie diesem, um jemanden zu überzeugen, daß die Neandertaler einen Platz in unserer Ahnenreihe beanspruchen dürfen.

Dennoch ist es interessant, daß neandertalische Merkmale auch noch lange nach dem offiziellen Verschwinden der Neandertaler in den Skeletten der Menschen des Oberen Paläolithikums anzutreffen sind und erst allmählich abebben. (Der Grund ist vermutlich, daß immer neue Zuwanderer aus Nordafrika das neandertalische Genmaterial ausdünnten.) Dieser Austausch zwischen Afrika und Europa kam erst vor knapp 10 000 Jahren zu einem Stillstand, als das Mittelmeer rasant zu wachsen begann – ein Prozeß, der schließlich in der biblischen Sintflut endete und die frühen Jäger- und Ackerbaukulturen an

DER NEANDERTALER-SCHÄDEL VON LA FERRASSIE (LINKS) UND DER SCHÄDEL EINES CRO-MAGNON-MANNES (RECHTS).

den Küsten auslöschte. Der Wasserpegel stieg an manchen Stellen bis zu 150 Meter. Das dürfte erklären, warum wir heute die Spuren einer früheren Kolonisation am Mittelmeer, und speziell in Italien, nicht mehr finden (diese Besiedlungen verliefen hauptsächlich entlang der Küstenregionen, die heute unter Wasser liegen).

Erst mit der Verbesserung der Seefahrt in historischer und quasi-historischer Zeit wird die italienische Landbrücke wieder überquerbar. In ganz Nordafrika und in den Sahara-Gebieten leben auch heute »europäische«, manchmal sogar extrem hellhäutige Menschen, teils als Ergebnis eines lang zurückreichenden europäischen Kontakts, teils, weil sie immer schon hier lebten. Umgekehrt wird jedoch *ohne* eine frühe und andauernde Periode der Vor-Besiedlung Europas von Sizilien und Italien her das Eintreffen der Cro-Magnon-Menschen in Frankreich nicht verständlich.[20]

Die Cro-Magnons gelten in der Paläanthropologie freilich nicht als mit den Neandertalern verwandt. Damit man erkennt, *wie* modern und

---

20) (1.) Unklar blieb bisher immer, wieso die Cro-Magnons in Frankreich und die Proto-Cro-Magnons in Nordafrika auftreten konnten, ihre Spur auf dem Weg dorthin aber nicht zu erkennen war. In Israel fanden sich (moderne, jedoch anders aussehende) Homo-sapiens-Skelette aus der Zeit von vor 80000 Jahren, aber keine Cro-Magnons. Sie können also nur über Italien gekommen sein. (2.) Erinnern wir uns noch einmal an Allens Regel: Beine, Arme, Ohren und andere Körperteile an den Außenseiten des Körpers sollten kürzer sein bei Säugetieren, die in kaltem Klima wohnen, als bei Tieren des gleichen Typs in den Tropen. Kurze Beine verkürzen die Oberfläche des Körpers im Vergleich zu seiner Masse, wodurch Wärme konserviert wird, während lange Gliedmaßen in heißen Gegenden Körperwärme nach außen abgeben. Das erklärt, wieso Eskimos und Lappländer im Vergleich zu ihrem Rumpf oder Torso kurze Beine haben, während die meisten Bantu schlankere Proportionen aufweisen. Die Mehrheit der frühen Hominiden folgte dieser Regel in gleicher Weise. Die an die Kälte angepaßten Neandertaler hatten kurze Beine und sehr kurze Arme im Vergleich zu ihrer Gesamtgröße. Der berühmte *Turkana Boy* dagegen, ein jugendlicher *Homo erectus* aus Kenia und eineinhalb Millionen Jahre alt, maß bereits ranke 165 Zentimeter, als er im Alter von zwölf Jahren starb. Das einzige Beispiel, das Allens Regel zuwiderläuft, bieten die modernen Menschen in Europa und im Nahen Osten vor 30000 Jahren. Trent Holliday von der Universität von New Mexiko zufolge weisen die langen Gliedmaßen der Cro-Magnons darauf hin, daß sie die Nachfahren von Zuwanderern aus wärmeren Gefilden waren und daher mit den ortsansässigen Neandertalern nicht verwandt gewesen sein konnten. Interessanterweise deuten zwar die Proportionen der Cro-Magnons darauf hin, daß sie erst vor kurzem aus Afrika gekommen waren. Die heutigen Europäer, möglicherweise ihre Nachfahren, ähneln ihnen in dieser Hinsicht, weisen jedoch eine erstaunlich komplette Depigmentation auf. Die kurzbeinigen Asiaten im Norden Sibiriens, die Afrika, ihren Körperproportionen nach zu urteilen, vor sehr viel längerer Zeit verlassen haben, müßten eigentlich noch viel bleicher sein als die Europäer. Tatsächlich sind sie es aber nicht. Woher kommt also die weiße Haut der Europäer, wenn sie nicht ein Erbe der Neandertaler ist? (3.) Trotzdem bleiben solche Überlegungen letztlich nichts als Spekulationen. Gegenwärtige Populationen erlauben nur sehr dürftige Rückschlüsse auf frühere Verhältnisse. Die einzige europäische Bevölkerung, die noch direkt mit den Cro-Magnons in Zusammenhang stehen könnte, ist die der Basken in Spanien, die seit 15000 Jahren in der gleichen Region leben. Alle anderen Europäer sind großteils rezente Zuwanderer. Es gibt jedoch, wie sich beispielsweise an Gen-Vergleichen zwischen etruskischen Gräbern und heutigen Bewohnern der Toskana gezeigt hat, punktuell Bevölkerungskerne, oder einzelne genetische Stifte, die überraschend weit in die Vergangenheit zurückreichen können.

anders sie im Vergleich zu den Neandertalern aussehen, zeigt man immer wieder und überall die auf Seite 195 stehende Abbildung.

Natürlich sehen diese beiden Schädel auf den ersten Blick wirklich völlig unterschiedlich aus. Erst beim zweiten Hinsehen erkennt man: So aufregend ist der Unterschied gar nicht. Auf dem Foto sind Anthony Quinn und Oskar Werner in *In den Schuhen des Fischers* zu sehen. Es fehlen einfach ein paar Zwischenglieder, zunächst einmal ein Entwicklungsabstand von 20 000 Jahren. Und dem alten Mann von Cro-Magnon (Oskar Werner, in diesem Fall) fehlen außerdem die Zähne. Mit Gebiß sieht er etwas weniger harmlos aus. Man könnte seinen Gesichtsausdruck sogar fast als *grausam* bezeichnen. Aber die Nebeneinander- und Gegenüberstellung dieser beiden Schädel folgt einem beliebten Prinzip in der Paläanthropologie, bei dem die *Unterschiede* akzentuiert werden, nicht die Ähnlichkeiten; die Distanz, nicht die *Verwandtschaft*.

DAS VERHÄNGNISVOLLE WORT »PRIMITIV«

Es wäre indes unmöglich, für eine Anthropologie zu plädieren, die die Verschiedenartigkeiten der *heutigen* menschlichen »Rassen«, Völker und Kulturen akzentuiert – insbesondere in einer Zeit, in der die trivialsten ethnischen Differenzen bereits tödliche Folgen haben können. Es wäre sicher unerlaubt naiv zu sagen, die *Unterschiede* machten die Schönheit der Menschen aus und seien überdies notwendig, um die Überlebensfähigkeit der Menschheit insgesamt zu sichern. Im Moment hat es nicht den Anschein, als ob man irgendwelche Verschiedenheiten zwischen Menschengruppen konstatieren könnte, die nicht sogleich wertend betrachtet würden und Stoff für weitere Konflikte abgäben. Es ist daher eine vielleicht politisch fortschrittlichere Haltung in der Anthropologie, alle rassischen Kontraste zu leugnen, in der Hoffnung, damit weiteren ethnischen Konflikten den Teppich unter den Füßen zu entziehen. (Tatsächlich hat diese Vogel-Strauß-Politik jedoch nirgendwo Erfolge gezeitigt.)[21]

---

21) Bezeichnend für die moderne Anthropologie ist ihre grundsätzliche Gleichsetzung aller Menschen; die Erdbevölkerung besteht demnach aus heute sechs Milliarden Individuen, rassische Unterschiede sind ohne
Fortsetzung nächste Seite

Wo trotzdem Unterschiede, gleich welcher Art, aufgezählt werden, geschieht dies fast immer nur zu dem einem Zweck – um ethnopolitische Ziele zu verfolgen, um eine Rangordnung zwischen den »Rassen« zu konstatieren. Penislängen werden heute nur in Form der international üblichen Kondom-Durchmesser angegeben, um die neutrale Wissenschaftlichkeit der Daten zu garantieren. Die größten Zähne von allen lebenden Menschen besitzen australische Aborigines, sie gelten daher als besonders *archaisch* oder rückständig. *Plesiomorph* ist das wissenschaftliche Wort dafür: »von primitiver Form«. Am liebsten vergleicht man natürlich nicht Zähne, sondern Gehirne und damit die Intelligenz, die mit unzähligen, völlig unzulänglichen Tests gemessen wird und deshalb auch zu verfälschenden Ergebnissen kommt. Manchmal hat man den Eindruck, IQ-Tests dienen einzig dazu, um Vorurteile »wissenschaftlich« zu untermauern.

Die Evolution hat indessen in die Entwicklung unserer direkten Vorfahren mindestens 56 Millionen Jahre Arbeit investiert und davor Hunderte von Millionen Jahren in die Entwicklung anderer Lebensformen. Es gab nicht einmal primitive *Saurier*. Wie kann es also einen heute lebenden Menschen geben, dessen Formen, Knochen, Muskeln, Augen, Nerven, Sehnen, Gehirn und so weiter *primitiv* sind? Man muß nur in einem Zoo ein beliebiges Lebewesen ansehen, einen Zwerghirsch, einen Kea oder einen Gorilla. Unser haariger Cousin mag verwahrlost, krank, unglücklich sein, aber *primitiv* ist nichts an ihm. Er ist ein Kunstwerk der Natur, so komplex und kompliziert, wie ihn keine 50 000 Picassos besser hinbekämen.

Die Paläanthropologie verscherzt sich jegliche Vertrauenswürdigkeit durch ihre anhaltende Neigung, die Unterschiede, die sie vermeintlich zwischen einzelnen Menschen und Menschengruppen feststellt, auf einer Skala einzukerben, die von »primitiv« bis »hoch-

---

Fortsetzung Fußnote 21:
Belang. Rasse wird als eine Art Oberflächen-Unterscheidung angesehen, die bestenfalls Haut und Haare betrifft, wie ein modisches Accessoire. Das entspricht natürlich nicht den Tatsachen. Araber und Vietnamesen wären immer noch deutlich voneinander zu unterscheiden, selbst wenn beide blondgelockt und von grüner Hautfarbe wären. Die Anthropologie vertritt also einen politisch korrekten, der Absicht nach *progressiven*, das heißt jedoch *ideologischen* Rassenbegriff. So ist denn auch das Wort »Rasse« allein in dieser Form übriggeblieben: als Basis für das Wort *rassistisch*. Um so schwieriger wird es, dieses tabuisierte Wort in einem wertfreien, wissenschaftlichen Sinn zu verwenden.

entwickelt« reicht. Wozu? Was will man mit einer solchen Wertung erreichen? Kann man wirklich sagen, der *Homo habilis* sei *primitiv* gewesen? Oder der *Australopithecus robustus?* Hollywood-Maskenbildner, die von Anthropologie sonst nichts verstehen, haben zumindest eines dabei begriffen, nämlich daß ihre Science-fiction-Monster kräftige Überaugenwülste haben müssen, um lohnende Objekte für die Strahlenpistolen ihrer Filmhelden abzugeben.

Natürlich können wir das Wort »primitiv« nicht aus der Umgangssprache verbannen, können nicht aufhören, Kenntnisse, Gehabe, Aussehen als primitiv zu bezeichnen. Aber wir können es aus dem Wortschatz der Anthropologie eliminieren und ebenso die Skala, die darauf aufgebaut ist. Wir würden immer noch vertikal (in der Zeit zurück) und horizontal (geographisch) Unterscheidungen treffen. Unterschiede des Grads, der Art, des Plateaus würden immer noch festgestellt werden und faktisch bestehen bleiben. Aber die Wertungen entfielen. Das wäre mehr als nützlich für die Betrachtung des Neandertalers, und nicht weniger für die Paläanthropologie insgesamt.

IDEOLOGISCHE PROBLEME

Denn in gewisser Weise ist es dieser Wissenschaft bis heute nicht wirklich gelungen, den Gedanken der Evolution ernsthaft an Bord zu nehmen. Carleton Coon, sicher eine der schillerndsten Persönlichkeiten der amerikanischen Paläanthropologie, versuchte Anfang der 60er Jahre, ein System evolutionärer Gradierungen für die heutige Menschheit zu postulieren. Er erlitt damit Schiffbruch: *Evolutionäre* Unterschiede zwischen den Aborigines von Maralinga und Woomera[22] und beispielsweise irischen New Yorker Hafenarbeitern konnte ein *amerikanischer* Wissenschaftler im Jahr 1962 nicht mehr ernsthaft zur Diskussion stellen. Das sah aus wie ein Rückfall in die böse alte Zeit der Nazi-Rassenkunde. Dennoch ging Coon von einer durchaus richtigen Beobachtung aus: Der Zeitrahmen, der für die

---

22) Wohngebiete der Aborigines in Australien, in denen die Britische Atombehörde bis in die 60er Jahre hinein atmosphärische A-Bomben-Tests durchführte.

Ausbildung aller heutigen »Rassen« angesetzt wird – etwa die letzten 30 000 Jahre – erschien ihm als zu kurz.[23]

Außerdem fiel Coon auf, daß uralte historische Schädel in bestimmten Regionen, beispielsweise in China, unabhängig von ihrer jeweiligen Entfernung zum heutigen Menschen, bereits Merkmale aufwiesen, die man in jenen Regionen auch an heutigen Menschen beobachtet. »Rasse« als Ansammlung regionaler Merkmale schien ihm daher eine ältere Kategorie zu sein als die jeweilige Entwicklungsstufe. Coon meinte, die frühen Menschen des *Homo-erectus*-Stadiums hätten sich in verschiedenen Teilen der alten Welt angesiedelt, dort ihre lokalen Eigentümlichkeiten entwickelt und seien erst dann allmählich in die *Homo-sapiens*-Stufe vorgerückt – und zwar unabhängig voneinander, also auch nicht gleichzeitig. Mit dieser These *mußte* Coon scheitern, denn im Universum seiner Zeit konnte sie nur als rassistisch und diskriminierend angesehen werden. Das gilt *heute* noch viel mehr.

Dabei hat sich an der grundsätzlichen Sicht der Dinge gegenüber jener in Coons Zeit nicht sehr viel geändert. Heute sieht die Wissenschaft den modernen Menschen die *Homo-sapiens*-Stufe zuerst und allein in Afrika erreichen. Die Neandertaler hätten keine Chance gehabt gegen diese »Killer-Afrikaner« (wie Milford Wolpoff sie nennt). Diese modernen, überlegenen Menschen hätten sich vor etwa 30 000 Jahren rasant um den Globus verbreitet, überall die heimischen früheren Formen der Gattung *Homo* ausgemerzt und sich danach erst zu den »Rassen«, wie wir sie heute kennen, gewandelt. Gestützt wird das Ganze durch wunderbar wissenschaftliche Forschungsergebnisse aus der Genetik. Der prominenteste Vertreter dieser neuen *Out-of-Africa*-*These* ist der britische Anthropologe Christopher Stringer. Sein Kernsatz, »Unter der Haut sind wir alle Afrikaner«, könnte genausogut das Werbemotto der Firma Benetton sein. Die These, wir alle gehörten zu

---

23) Coon 1962: »Es hieß, der *Homo sapiens* sei nur einmal erstanden, habe sich dann rund um die Welt von der Arktis bis zum Kap Horn ausgebreitet und dabei zuvorkommenderweise alle anderen archaischen Spezies ausgelöscht. Erst nach dieser Ausbreitung, so lautete dieses Argument weiter, konnten sich die heute lebenden Menschenrassen entwickelt haben, und das wäre vor nicht sehr viel mehr als 30 000 Jahren geschehen. Wenn das stimmt, fragte ich, wie kann es dann geschehen, daß manche Menschen wie die Tasmanier und viele der australischen Einwohner im 19. Jahrhundert noch in einer Art und Weise lebten, die derjenigen der Europäer vor 100 000 Jahren vergleichbar war? Das müßte doch einen beträchtlichen kulturellen Rückfall bedeuten, von dem sich in der archäologischen Urkunde nirgendwo eine Spur findet.«

einer einzigen, sehr neuen, afrikanischen Familie, klingt modisch und ansprechend, und Stringer selbst läßt keinen Zweifel daran, daß er sie auch für progressiv hält. Alle Mitglieder unserer heutigen Spezies könnten überall auf der Welt einen Flieger besteigen und an jedem beliebigen anderen Punkt der Welt einen paarungsfähigen Partner finden, meint er. Dafür sorge allein schon unsere verschwindend geringe genetische Differenz. Gewiß: Die Tatsache des afrikanischen Ursprungs der Menschheit bleibt unbezweifelbar, doch dürfte es unzählige kleinere und größere Auszüge aus Afrika gegeben haben, also ein Out-of-Africa 1, 2, 3 … n. Auch der Boxgrove-Mann, der vor 500 000 Jahren an den Ufern der (damals zur Abwechslung einmal tropischen) Themse zusammen mit Flußpferden badete, dürfte gemeinsam mit diesen Tieren aus Afrika zugewandert sein. Ebenso, in neuerer Zeit, der Cro-Magnon-Mensch.[24]

Das Problem, auf das Wolpoff und andere immer wieder hingewiesen haben, ist, daß in der archäologischen Urkunde, also in all den Grabungen und Fundstellen außerhalb Afrikas keine Spuren irgendwelcher rezenter Afrikaner zu finden sind. Im Gegenteil – es gibt nur zahlreiche sehr viel ältere Spuren. (*Homo erectus* ist eine Million Jahre früher nach Asien eingewandert als bisher angenommen.) Aber keine modernen Afrikaner, keine großen Neuzugänge in den letzten 100 000 oder 200 000 Jahren. Genau wie heute gab es damals überall nur lokale Kontinuität.[25]

---

24) Chris Stringer wies 1982 einem als *Omo 1* bekannten prähistorischen Schädel aus Äthiopien »nordländische« (norwegische) Züge zu und wurde dafür von der Zunft streng zur Ordnung gerufen. Äthiopien sei keine Wikingerkolonie gewesen (und umgekehrt), meinte beispielsweise Milford Wolpoff. In der hier dargestellten Sicht der Dinge wäre eine solche Beziehung freilich nicht undenkbar. Die direkteste Route zwischen Äthiopien und Norwegen führt über Italien und das Rhone-Tal nordwärts – über genau jene Route also, die auch die größte Verbreitung früher Cro-Magnons aufweist und in historischer Zeit die trinkfreudigen Wikinger aus dem Norden zu den Amphoren Griechenlands zurückbrachte.

25) Tatsächlich mag sich die These eines rein afrikanischen Ursprungs der modernen Menschheit zusehends als Fata Morgana erweisen. Die *Afrikanische Eva* war ein Hochzeitsgeschenk der genetischen Forschung an die Paläanthropologie, mit dem diese Wissenschaft zunächst nicht allzuviel anzufangen wußte. Denn obwohl es an den Universitäten immer noch einen Fachbereich Paläontologie und darin eine Unterabteilung Paläanthropologie gibt, hat sich diese als eigene Wissenschaft praktisch längst aufgelöst. Die einstige Fossilien-Kunde der *Indiana-Jones*-Ära hat sich einer Art Dachverband angeschlossen, in dem Biologen, Genetiker, Archäologen, Anthropologen, Völkerkundler, Molekularbiologen, Chemiker, Physiker, Zoologen, Geologen, Ökologen, Verhaltensforscher, Mediziner, Pathologen, Linguisten, Physiologen, Computerspezialisten, Religionsforscher, Museumskundler, Psychologen und nicht zuletzt Amateure aller Schattierungen ihre Ansichten einbringen. Konkret bedeutet dies, das die Wissenschaftler sich untereinan-

Fortsetzung nächste Seite

Wolpoff hält es daher für wahrscheinlicher, daß die menschlichen Bevölkerungen von Afrika bis Asien durch Gen-Fluß und Wanderung (in kleinen Kreisen) immer untereinander im Kontakt standen. In diesen kleinen Gen-Tümpeln konnte über die lokalen Ausprägungen hinweg immer eine Welle der neuesten Gene in den benachbarten Pool hinüberschwappen, so daß die gesamte Menschheit ziemlich gleichzeitig über die jeweiligen Entwicklungsschwellen gehoben wurde – vom *Homo erectus* zum *Homo sapiens*.

DIE THESE VOM MULTIPLEN URSPRUNG

Diese sogenannte »Multipler-Ursprung-Hypothese« mutet an wie Coons Vorschlag in moderner Gewandung; immerhin sieht sie wesentlich akzeptabler aus. Die Menschheit erscheint als großes Netzwerk untereinander verbundener und sich miteinander paarender Populationen. Man kann es auch als eine Art ozeanische Karte sehen, mit untereinander verbundenen Seen verschiedener Tiefe und Größe. Wo der Gen-Fluß größer ist, ist die Verbindung breiter, an anderen Stellen ist sie wieder dünner. Wo bestimmte Bevölkerungen länger ansässig sind, ist das Blau der Karte dunkler. Europa gliche letztlich am ehesten dem Mittelmeer. Um dieses Modell auf die Neandertaler zu übertragen: Sie wären – in einer früheren Phase dieses Netzwerks oder genetischen Ozeans – ein Binnensee gewesen, eine Art Schwarzes Meer, tief, da schon seit langem in Europa ansässig, mit geringem Gen-Austausch, vielleicht nur einem dünnen Rinnsaal in *einer* Richtung. Wie lange hätten sie ohne jeden Kontakt mit der übrigen Menschheit bleiben müssen, um sich zu einer neuen Spezies zu wandeln? Die Vertreter der »Afrikanische-Invasion-Hypothese«

Fortsetzung Fußnote 25:

der oft nur noch mühsam verständigen können. Fachleute verschiedener Disziplinen verhalten sich im gegenseitigen Verkehr nicht selten wie Amateure zueinander. So vergingen denn auch mehrere Jahre, bis die Fachwelt dahinterkam, daß die Hypothese von der *Afrikanischen Eva* auf fehlerhaften statistischen Daten basierte. Erst allmählich stellte sich heraus, daß die Ergebnisse irrtümlich auf Eindeutigkeit geschönt worden waren. Einzig im massiven Rechner-Experiment oder mit Hilfe sehr viel komplexerer Statistiken hätten sie genauer erfaßt werden können, wobei sich die Datenbasis sehr rasch um etliche Dutzend Zehnerpotenzen erweitert hätte. Das Alter der *Afrikanischen Eva* wurde mit zwischen 50 000 und 500 000 Jahren angegeben– die Zahl 200 000 Jahre war ein Annäherungs- oder Mittelwert aus diesen Daten.«

meinen, das sei gleichgültig, die Neandertaler seien ohnedies viel zu lange isoliert gewesen, der Schaden müsse irreparabel gewesen sein.

Aber: Die Bevölkerung Papua-Neuguineas blieb zwischen 40 000 und 60 000 Jahre lang von der übrigen Menschheit so gut wie völlig getrennt, die Australier und Tasmanier waren gut doppelt so lang praktisch isoliert. Zwar bekamen sie immer wieder genetischen Nachschub, aber in solch geringer Menge, daß es kaum einen Unterschied ausgemacht haben dürfte. Das Innere Afrikas war in der gesamten Geschichte der Menschheitsentwicklung *nie* von irgendeinem Weißen betreten worden. Trotzdem waren die Frauen dieser Bevölkerungen mit den Kolonialherren aus Europa paarungsfähig. Die sogenannten »Rehoboter-Mischlinge« (»Rehobot-Bastards« war der früher in der Wissenschaft und Lexikalik übliche Ausdruck) bilden sogar eine bis heute genetisch problemlos weiterexistierende eigene Bevölkerung aus Buren und Hottentotten in Namibia. Es ist nicht einzusehen, warum die Neandertaler nach einer vergleichbar langen Isolationsphase in Europa nicht ebenso empfänglich für neue Gene gewesen sein sollen.

Im Gegensatz zu dem Szenario, das uns glauben machen möchte, die Welt sei innerhalb der letzten 30 000 Jahre von *einer* afrikanischen *Sapiens*-Bevölkerung besiedelt und umgekrempelt worden, eröffnet die Multipler-Ursprung-Hypothese uns wesentlich größere Zeiträume, eine teleskopische, evolutionäre Perspektive. Allein die Besiedlung Amerikas wirft so viele Fragen auf. Traditionellerweise wurde alles, was dort an menschlicher Aktivität passiert ist, in den Zeitraum der letzten 12 000 Jahre hineingedrängt. *Vor* diesem Datum sei der Zugang über die Nordspitze des Kontinents durch Eis blockiert gewesen. Sprachforscher und Genetiker haben jedoch immer wieder auf die ausgeprägten Unterschiede zwischen den indianischen Populationen hingewiesen. Vor allem die nordamerikanischen Indianer weisen Merkmale auf von Japanern, Mongolen und Europäern (mit verblüffend Neandertaler-ähnlichen Zügen) – während der archäologische Beleg konsistent die ältesten Besiedlungsdaten für *Süd*amerika aufweist. In Monte Verde südlich von Santiago de Chile sind Besiedlungsspuren aus der Zeit *vor* 12 500 Jahren nachgewiesen. Andere Fundstellen in Lateinamerika schienen sogar wesentlich älter zu sein, so daß man sich fragen mußte: Von wo, wie und wann sind diese Völker dorthin gelangt? Als Resultat solcher und ähnlicher Überlegungen hat in allerjüngster Zeit ein Paradigmenwechsel in der Wissenschaft stattgefunden. Die früheste Besiedlung Amerikas wird jetzt auf 25 000 Jahre vor heute angesetzt.

In Afrika sehen die Genetiker einen Reichtum an menschlichem Gen-Material wie nirgendwo sonst auf der Welt. Es scheint klar, daß alle anderen Bevölkerungen der Erde afrikanische Derivate sind, man könnte sagen, ausgedehnte und ausgezogene Gen-Fäden, wenn nicht auch das wertend klänge. Sie sind Setzlinge aus dem afrikanischen Garten. Doch die ursprünglichen Wurzeln liegen im Schwarzen Kontinent, der Lebenssaft der menschlichen Spezies, die ultimative Virulenz, lebt und pulsiert durch afrikanische Adern. Dort blüht auch das lebendigste und bunteste Gewimmel älterer und neuerer »Rassen« nebeneinander, wie in einem tropischen Gewächshaus. Die Evolution ist nicht zu Ende. Sie geht weiter – überall auf der Welt. In Afrika gibt es einfach nur *mehr* menschliche Gene als sonst irgendwo auf der Welt. Es ist wichtig, auch diesen Aspekt klar zu sehen. Die Evolution hat nicht das Ziel, den *Homo sapiens* zu erschaffen oder die Überlegenheit des Ariers zu beweisen. Sie ist nicht das Dienstmädchen, die Putzfrau oder der Butler einer Gottheit (oder ihrer Stellvertreter auf Erden). Die Evolution hat nicht das Ziel, weiße oder schwarze Killer um den Erdball zu entsenden, um die Größe ihres Hirns oder ihres Penis unter Beweis zu stellen. Sie bewegt sich, weil Menschen Liebe miteinander machen und weil sich ihre Lebensbedingungen ändern. Sie folgt, wie das fließende Wasser, den Gesetzen der Schwerkraft. Anthropologen schätzen zum Beispiel, daß die schwarze Bevölkerung der USA in 1000 Jahren genetisch usurpiert sein wird. Die Gesamtbevölkerung wird dann etwas anders aussehen als heute. Die unterschiedlichen ethnischen Gruppen werden in einem neuen amerikanischen Typus aufgegangen sein.

KLINGONEN FÜRS LOTTERBETT

So ist gewiß auch zwischen den Cro-Magnon und Neandertaler-Bevölkerungen über viele tausend Jahre hinweg eine (sehr viel langsamere) Vermischung eingetreten. Es ist schwer, sich vorzustellen, daß die Neandertaler dabei völlig an die Wand gedrückt worden sein sollen. Die heutige Bevölkerung Europas gibt zwar nur dürftige Hinweise auf ihre frühere Zusammensetzung, aber charakteristische Züge der europäischen Physiognomie lassen sich auf neandertalische Merkmale zurückführen. Es ist nicht unsinnig, hier eine Verbindung zu vermuten, auch wenn die Neandertalismen unter heute lebenden Europäern abgeschwächt und manchmal ziemlich verwischt sind. Aber sie bleiben bei allen Überlagerungen doch erkennbar. All dies läßt auf Geschlechtsverkehr und Liebe zwischen Neandertalern und Cro-Magnons schließen, da ohne solche Aktivitäten *keine* menschliche Bevölkerung bestehenbleibt.

Deswegen besitzt die Idee sicherlich keine Gültigkeit, wonach die Neandertaler eine eigene Spezies waren, die sich mit den modernen *Homo sapiens* nicht fortpflanzen konnte. Gewiß stimmt auch die These nicht, daß es keine Umkehr mehr gegeben habe, nachdem erst einmal die Erkennungsschwelle in Richtung auf zwei separate menschliche Spezies überschritten worden sei. In der Natur paaren sich unter gewissen Bedingungen Hasen mit Hühnern, Elefanten mit Nashörnern. (Natürlich ohne Nachkommen zu zeugen.) Es ist demnach völlig undenkbar, daß sich Menschen nicht wenigstens von Zeit zu Zeit und immer wieder einmal mit einer *engverwandten Spezies* paaren würden, wie Schimpansen mit Bonobo*s*. Sogar Klingonen oder Ferengi würden dem *Homo sapiens* fürs Lotterbett taugen.

Aber die Exogamie – Hochzeit außerhalb des eigenen sozialen Verbandes – oder zumindest der fremdgängerische Sex zwischen modernen *Homo sapiens* und Neandertalern wird kulturell erschwert worden sein und dürfte auch physiologisch gewisse Probleme bereitet haben, zumindest was die nachfolgenden Schwangerschaften betraf, wie Überlegungen zu den Geburtsunterschieden bei Neandertalern und dem frühen *Homo sapiens* zeigen.

Irgendwo in der Nähe der Region der heutigen Sahara hatte letzterer sich vor rund 100 000 Jahren zu einem grazilen Typ gewandelt, der über gut zehnmal größere Gebiete streifte, als es den Neandertalern jemals möglich gewesen wäre. Wie alle Savannen- und Wüstenbewohner stark aufs Visuelle ausgerichtet, kamen die Vertreter des *Homo sapiens*, ob in kriegerischer oder friedlicher Absicht, häufiger in Kontakt mit anderen menschlichen Gruppen. Die Folge: ausgeprägte Entwicklung der Kommunikationsfähigkeit, rascher Ideen- und Technologietransfer, ein Leben in »Völkern«. Genetisch bedienten sie sich dabei, im Vergleich zu den Neandertalern, aus einem Supermarkt.[26] Der leichte Gang war durch die lauffreundliche Aufhängung der Hinterbeine möglich. Eine direkte Folge dieses nach oben gekippten Beckenwinkels war, daß der Kopf des Neugeborenen bei der Geburt gewissermaßen pfeilgerade nach unten aus dem Geburtskanal hervortrat. Der Gehirnschädel stülpte sich als schützende Kappe über den Gesichtsschädel, statt wie vordem hinter ihm zu liegen. Dieser zylinderförmige Kopf mit der extrem runden Stirn erlaubte einen fast beliebigen Gehirnzuwachs nach oben, ohne den Geburtsprozeß zu erschweren.

Die Selektion auf größeres Hirnvolumen, die beim modernen *Homo sapiens* problemlos verlaufen konnte, stieß beim Neandertaler auf Komplikationen. Ursprünglich nahm man an, daß der Geburtskanal der Neandertalerinnen riesig gewesen sein muß und daß dies eine natürliche strukturelle Anpassung an ihre sehr großen Köpfe und ihre kurze Statur sein könnte. Auch unter heute lebenden Menschen tendiert der Geburtskanal dazu, *dort* am größten zu sein, wo wir Bevölkerungen mit den größten Kopfumfängen im Vergleich zur Körperlänge finden. Alternativ dazu hätte der große Geburtskanal bedeuten können, daß das Gehirn im Mutterleib schneller wuchs als beim modernen Menschen oder daß die Gestationsperiode länger war. Diese Hypothese einer längeren Schwangerschaftsdauer, die Erik Trinkaus vor zwei Jahrzehnten postulierte, war besonders interessant

---

26) Einer der frühesten sehr Cro-Magnon-ähnlichen Skelettfunde (geschätzt auf 130 000 Jahre) stammt aus Äthiopien. Dort und in Indien finden sich auch heute noch die grazilsten europiden Menschentypen. Der Weg von Äthiopien nach Indien war geradezu vorgezeichnet – wie bei Moses' Flucht durchs Rote Meer. Einzige Vorbedingung: Der Meeresspiegel mußte etwas abgesenkt werden. Und das ist, wie wir gesehen haben, eine Kleinigkeit für Mutter Natur. Indien ist überhaupt die unbekannte Größe X, die noch niemals befriedigend in die Gleichung der Menschheitsgeschichte eingefügt wurde. So kommt kein Beobachter um den optischen Eindruck herum, daß Inder etwas grazilere Europäer sind, und die Verwandtschaft ist durch die Zugehörigkeit beider zur indoeuropäischen Sprachfamilie ausreichend belegt. Andererseits formulierte der australische Anthropologe A. P. Elkin zu Recht den Eindruck, daß die australischen Aborigines sehr *indisch* aussähen beziehungsweise umgekehrt: Man gewinnt bei vielen Indern den Eindruck, es könnte sich bei ihnen um Aborigines handeln. Indes, an den Schädeln allein läßt sich diese Ähnlichkeit weniger deutlich erkennen, da viele frühe Australierschädel eher *Homo-erectus*-Merkmale aufweisen. Obwohl man dies also aus den Fossilienfunden allein nicht schließen kann, muß der indische Subkontinent eine wesentlich größere Rolle bei der Besiedlung Australiens *und* Europas gespielt haben als die, die wir ihm heute zugestehen.

wegen ihrer evolutionären Implikationen. Sie hätte eine größere neuromuskulare Entwicklung und ein besser entwickeltes Immunsystem des Neandertal-Babys schon bei seiner Geburt bedeutet, aber das Neugeborene wäre damit auch vor vielen wichtigen Umwelteinflüssen bewahrt bzw. abgeschirmt geblieben, gerade während der ersten, frühesten Periode der rapiden Gehirnzunahme. Zudem hätten längere Schwangerschaften den Neandertaler-Müttern größere Abstände zwischen den einzelnen Geburten aufgezwungen, womit das Potential für ein größeres Bevölkerungswachstum von vornherein reduziert gewesen wäre. Die Neun-Monate-Schwangerschaft unserer Spezies hätte dann eine Reduktion von der »primitiven« Neandernorm repräsentiert, die Trinkaus auf elf bis zwölf Monate schätzte. Die Neandertaler wären auf diese Weise im Wettkampf um die Geburtenquoten ins Hintertreffen geraten, verglichen mit den modernen Menschen.

Die Idee einer längeren Schwangerschaft erwies sich letztlich als problematisch, (a) weil es alternative Erklärungen für den größeren Geburtskanal der Neandertalerinnen gab, besonders aber auch, (b) weil nicht klar war, ob ihr Geburtskanal *tatsächlich* größer war. (Der Durchmesser des Eingangs beim komplettesten bisher gefundenen Neandertaler-Becken – aus der israelischen Kebara-Höhle – ist *nicht* größer als beim modernen Menschen.)

DER SCHRECKEN DER GEBURT

Einmal abgesehen von den unterschiedlichen Gepflogenheiten, die den Sex zwischen den beiden Populationen erschwerten – die konservative Lebensform in kleinen, intimen Gruppen bewirkte beim Neandertaler entwicklungsgeschichtlich eine extreme Einschränkung der genetischen Vielfalt. Damit gingen zugleich eine Konzentration und rasche Weitergabe erworbener Adaptationen einher – wie der neandertaloiden Gesichtszüge und der gedrungenen körperlichen Wesensmerkmale –, und vermutlich förderte diese Lebensweise auch eine ungewöhnliche Introspektivität und geringe Kontaktfreude.

Die Adaptation auf einen massiven, kälteresistenten Gesichtsschädel hatte nach einem entsprechenden Gewichtsausgleich durch ein kegelförmig in die Länge gezogenes Hinterhaupt verlangt – weswegen Neandertaler an der hinteren Schädelbasis als Gegengewicht zusätzlich einen schweren Knochenwulst aufweisen. Auch der Großteil des Gehirns wurde, wie bei einem Tetris-artig gedrehten »L«, auf die rückwärtige Schädelhälfte verlagert. Der Geburtskanal der Neandertal-Mütter war aber, wie wir eben gesehen haben (trotz des breiten Beckens mit den weitausladenden Beckenflügeln), nicht breiter als beim modernen Menschen – nur länger und im Winkel stärker horizontal als vertikal ausgerichtet.

Der Schädel des Neander-Babys trat deshalb vermutlich zunächst mit dem harten Knochenwulst am Hinterkopf aus, bis der Gehirnschädel vollkommen sichtbar wurde. (Die runde Semmelform des Schädels reflektiert hier genau die Dimensionen des mütterlichen Geburtskanals.) Erst *dann* kam in der Drehung der Gesichtsschädel zum Vorschein. Der starke Augenbrauenwulst und das fehlende Kinn erwiesen sich hierbei als durchaus funktionale, die Geburt erleichternde Elemente (die kräftigen Bögen schützten die Augen davor, bei der Geburt zerdrückt zu werden, das fehlende Kinn konnte nicht hängenbleiben). Dem Wachstum des Gehirnschädels waren in dieser Konstellation aber offensichtliche Grenzen durch die Natur gesetzt. Dennoch besaßen Neandertaler ein um zehn bis 20 Prozent größeres Hirnvolumen als moderne Europäer.

Als *eine* Erklärung dieses Paradoxons bietet sich möglicherweise *nicht eine längere, sondern eher eine kürzere Schwangerschaft* an. Vielleicht brachten die Mütter habituell *Frühgeburten* zur Welt, sogenannte Sieben-Monats-Kinder, mit kleineren Köpfen? Das heißt, die Dinge könnten sich anders verhalten, als Erik Trinkaus meinte, nämlich *genau umgekehrt*. Die Gestationsperiode wäre nicht *länger* gewesen, weil das Gehirn (des Neandertaler-Babys) im Mutterleib schneller wuchs als das moderner Menschen. Sie war vielmehr *kürzer*, weil das Gehirn schneller wuchs. Bei so vielen anderen Aspekten haben wir gesehen, daß die Neandertaler *ultra-menschlich* waren. *Warum nicht auch bei der Verkürzung der Schwangerschaft?*

Wir können bei diesem Gedanken von der etablierten Tatsache ausgehen, daß der Mensch im Vergleich zu anderen Tierarten ohnehin »zu früh« geboren wird. Ein junges Pferd beispielsweise steht kurze Zeit nach der Geburt bereits auf den Beinen. Der Mensch kommt dagegen vergleichsweise halbfertig zur Welt und holt den Rest seiner fötalen

Entwicklung außerhalb des Mutterleibes nach. Vor allem der Kopf wächst in den ersten zwölf Monaten nach der Geburt massiv weiter.

Dieser entwicklungsgeschichtliche »Trick« der frühen Geburt wäre ohne mütterliche Fürsorge, ohne das soziale Gefüge menschlicher Gruppen undenkbar gewesen. Er läßt sich jedoch nicht beliebig zurückschrauben. Bei weniger als 32 Wochen ist das Baby – ohne medizinisch-technische Hilfsmittel, wie sie erst im 20. Jahrhundert zur Verfügung standen – nicht mehr lebensfähig. Die Überlebenschancen der Neandertaler-Babys wären bei einer kürzeren Gestationsperiode stark vermindert gewesen. Die Natur hätte daher automatisch zu schwache (grazile, nicht genügend robuste) Babys beziehungsweise in der falschen Jahreszeit geborene Kinder ausselektiert.[27]

Andererseits mußte dann auf die Aufzucht der Kinder besonders große gemeinschaftliche Sorgfalt verwendet werden. Das Modell Klein- oder Kernfamilie hätte hier kläglich versagt. Trotzdem blieb die Kindersterblichkeit unter den Neandertalern weiterhin extrem hoch. Wir wissen diesbezüglich ziemlich genau Bescheid, da mehr als die Hälfte aller Fossilfunde von Kindern stammen. Es war also, was als weiteres Argument zu Gunsten der Frühstart-These angeführt werden könnte, für Neandertal-Babys eine Frage von Leben und Tod, möglichst bald der Kindheit zu entwachsen. Ein Fünfjähriger glich einem heutigen Achtjährigen, mit zehn Jahren war das Neandertal-Kind bereits erwachsen. (Daß die Entwicklung der kleinen Neandertaler nach der Geburt stark an Tempo zunahm, zeigen ihre im Vergleich zu modernen Kindern besonders rasch ausgebildeten Zähne.)

Die Neandertal-Populationen befanden sich damit aber – gleichgültig, ob ihre Schwangerschaften nun sieben, acht oder neun Monate

---

27) Man könnte darüber spekulieren, ob Neandertalerinnen so etwas wie einen jahreszeitlich differenzierten, »falschen« Östrus besaßen (ähnlich dem heute bei weiblichen Strafgefangenen beobachteten periodischen Aussetzen der Regel), der durch gesellschaftliche Vorschriften verstärkt wurde, die den Sex nur zu bestimmten Jahreszeiten sanktionierten, um sicherzustellen, daß die Geburten ins Frühjahr fielen. Ähnlich mögen sich die Testikeln der Männer während der Zeit größter Kälte automatisch ins Körperinnere eingezogen haben, wie das heute noch nach jedem längeren Eintauchen in kaltes Wasser üblich ist. Denkbar ist auch, daß die Neandertal-Menschen deshalb in getrennten Männer- und Frauengruppen lebten, wie es heute noch zum Beispiel in Neuguinea üblich ist. Dennoch könnten sie – wie Storchenpaare – lebenslange Zweierbindungen oder gruppenübergreifende Partnerschaften gebildet haben, die gewissermaßen jedes Jahr im Mai sexuell neu aktiviert wurden. Im Gegensatz dazu deuten Erfahrungen mit *heutigen* Frühgeburten auf ein interessantes Phänomen, das hier zu berücksichtigen wäre: eine kalte Umgebung unmittelbar nach der Geburt erhöht die Überlebenschancen solcher Babys ganz beträchtlich!

dauerten – auf jeden Fall in einem phylogenetischen Engpaß, der zur tödlichen Venusfalle werden mußte, als sie auf die modernen *Homo sapiens* trafen. Denn: Wie hätte die Geburt eines Kindes von Eltern mit zwei so unterschiedlichen Reproduktionssystemen problemlos verlaufen können?

In dem einen Fall dürfte der massiv aufgeschwollene Schädel der Neander-Babys, verstärkt durch die überlange Schwangerschaft, wohl so mancher *Homo-sapiens*-Mutter buchstäblich den Leib zerrissen haben. Und andererseits brachten die *Neandertalerinnen* ihre pfeilköpfigen Cro-Magnon-Kinder wohl kaum leichter zur Welt – nur um immer wieder mitansehen zu müssen, wie die viel zu schwachen *Frühchen* kurz nach der Geburt dahinstarben. Aus dieser Situation heraus verstehen wir die Venus-Statuetten wesentlich besser. Die *Venus von Willendorf* vereint idealtypisch die *sapiens* und Neandertal-Merkmale, Grazilität und Robustheit. Einer solchen Frau würde jede Geburt problemlos gelingen. Sie war, im wahrsten Wortsinn, übermenschlich – eine »Göttin«.

Der fossile Bestand gibt keinen verläßlichen Aufschluß über die tatsächliche Mischbevölkerung, aber zumindest im Nahen Osten und in Osteuropa existieren durchaus Anzeichen für Hybridisierungen. Man kann davon ausgehen, daß der *selektive Druck* innerhalb einiger zehntausend Jahre mehrere stabile Mischformen hervorbrachte. Wo der starke Gesichtsschädel erhalten blieb, mußte der Hirnschädel hinten flach nach oben gedrückt werden, um die Gesamtdimensionen im Rahmen der *Homo-sapiens*-Richtlinien zu erhalten. Zierliche Schädel wurden mit überdimensionalen Gesichts*weichteilen* versehen. Viele physiognomische und andere äußerliche Züge der Neandertaler-Karosserie, die im Skelett kaum nachweisbar sind, dürften auf das leichtere Chassis des damaligen *Homo sapiens* aufgepropft worden sein. Der Schalter für die genetische Programmierung beider Gruppen wurde dabei – *unter massivem selektivem Ausfall* – um 180 Grad herumgeworfen. Die Begegnung zwischen Neandertaler und frühem *Homo sapiens* war im Nahen Osten und anderen Randgebieten bereits abgeschlossen, als sie in Europa einsetzte. Die erzwungene Grazilisierung brachte den Europäern den »Schrecken der Geburt«. Er wurde von diesem Zeitpunkt an ein europäisches Phänomen. Und blieb es bis in unsere Tage.

Der fossile Beleg spricht dafür, daß es Geschlechtsverkehr zwischen den beiden Gruppen gegeben hat. Die Breithüftigkeit der Neandertalerinnen ersetzte, wie wir gesehen haben, nach und nach das ursprüngliche, gazellenartige Schönheitsideal der Cro-Magnons. Außerdem gibt es Beispiele für den Übergang von der einen zur anderen Bevölkerung, und zwar in einer regelrecht graduell abgestuften Reihenfolge. Die Skelettfunde von Vindija (Kroatien) liefern einen fast lückenlosen Beleg über 100 000 Jahre Menschheitsgeschichte. Insbesondere bezeugen sie die Existenz eines ganzen Musterkoffers von späten Neandertalern in Zentraleuropa, deren morphologische Merkmale genau in der Mitte zwischen Neandertalern und den frühesten modernen Europäern liegen.

Die Augenbrauenbögen der Erwachsenen von Vindija weisen eine absolute Verkleinerung auf, die Stirn rundet sich, und viele andere Details beginnen sich im Vergleich zu den benachbarten (aber früheren) Neandertalern von Krapina und anderen europäischen Fundorten stark zu verändern. Sie entwickeln die Züge, die für die frühen modernen Europäer charakteristisch sind. Ein Übergangsmodell muß der Natur der Sache gemäß eine Ansammlung und Vermischung von charakteristischen Zügen der Vorfahren und der Nachkommen aufweisen, und so haben wir auch in Vindija ein Mosaik, das zwischen den Neandertalern und den frühen modernen Europäern oszilliert. Wir sehen der Evolution bei der Arbeit zu, wie sie sich Dinge zusammensucht, die zusammenpassen.

Allgemein kann man sagen, die Neandertaler wurden graziler, die Cro-Magnons schwerfälliger, wie nicht zuletzt eben die Willendorfer Venus belegt. Dennoch sollte man nicht annehmen, daß der genetische Input der beiden Gruppen sich gleichmäßig in einem Prozentsatz von 50 zu 50 verteilt hätte. Es ist möglich, daß beispielsweise nur etwa sechs Prozent des Gen-Materials der Neandertaler in die damalige Gleichung eingingen und daß nur noch Spurenelemente im heutigen Menschen erhalten geblieben sind. Sein auffallendstes Erbe – was sich allerdings aus den Knochenfunden nicht ablesen läßt – mag die helle Hautfarbe und starke Behaarung der Menschen in den einstigen Neandertaler-Gebieten sein. Auf jeden Fall läßt sich ein durchgängiger europäischer Typus mit erstaunlicher Uniformität von Spanien bis nach Afghanistan ausmachen. Das muß nichts mit den Neandertalern zu tun haben, aber es verblüfft dennoch, daß die Verbreitungsgebiete der beiden Bevölkerungen, damals und heute, auf der Landkarte so deckungsgleich sind. Der Kaukasier ist in China oder in Afrika jenseits der Sahara nicht anzutreffen. In der Nord-Süd-Achse Europas, von Skandinavien bis jenseits des Mittelmeers, können ebenso erstaunliche Konstanten beobachtet werden, die allerdings unter verschiedenen Pigmentierungsgraden verborgen liegen. Manche Skandinavier sehen tatsächlich aus wie gebleichte Saharabewohner und umgekehrt. Im Sommer wirken europäische sonnengebräunte Urlauber wie Berber. Ob sich darin eine stärkere Cro-Magnon-Komponente zeigt? Es ist wahrscheinlich müßig, solche Elemente und Komponenten auseinanderzudividieren. Als die Cro-Magnons, übrigens selbst gigantische, robuste Menschen, und die Neandertaler Europas aufeinandertrafen, entstanden die Vorläufer der modernen Europäer – großknochige Wesen, deren Nachfahren sich auch heute noch nicht selten durch die Masse der Einheimischen anderer Länder bewegen wie Thunfische in einem Heringsschwarm. Europäer gehören zu den größten und massivsten Menschen der Erde, und der Verdacht läßt sich nur schwer ausräumen, daß sich in ihnen ein früheres Erbe erhalten hat – daß in ihnen der Neandertaler nicht wirklich ausgestorben ist. Er hat sich nur einem Modellwechsel unterzogen. Aber, was selten erwähnt wird: Auch die Cro-Magnons gibt es nicht mehr. Was von ihnen übrigblieb? Wer weiß? Nur: direkt oder indirekt, so oder anders, sind wir auch *ihre* Nachfahren, sind sie auch *unsere* Vorfahren. Womit sich zuletzt wieder einmal die alte Regel der Vererbungslehre bewahrheitet hätte: daß Lebewesen aus gemischtrassiger Herkunft die besseren Überlebenschancen haben. Und daraus müßten sich doch auch gewisse Lehren für die Gegenwart ziehen lassen, in diesem Europa der vielen Völker, die sich unter einem gemeinsamen Dach zusammenfinden?

NACHWORT

Das Bild des Neandertalers, das in diesem Buch entworfen wird, ist natürlich eine Art wissenschaftliche Gedankenspielerei. Was nicht bedeuten muß, daß der Anteil der Wissenschaft dabei gering oder die Qualität dieser Wissenschaft wegen ihres hohen Grads an Spekulation schlecht ist. Im Gegenteil. Es war höchste Zeit, einmal (und vielleicht wirklich zum *ersten* Mal) die Humanität des Neandertalers in die Mitte des Blickfelds zu rücken. Es war nötig, das Bild des Neandertalers von allen unnötigen Behauptungen, er besitze eine menschenunähnliche Primitivität, zu entschlacken. Wir Menschen des 20. Jahrhunderts haben erstaunlich viel kollektive Intelligenz darauf verwendet, uns potentielle Kontakte mit außerirdischen Lebewesen vorzustellen. Was würden wir einem ET mitteilen, der in unserem Hinterhof einem UFO entstiege? Dabei haben die meisten Menschen schon die größten Schwierigkeiten, mit ihren eigenen halbwüchsigen Kids, mit dem geschiedenen Kindesvater oder mit einer paranoiden Schwiegermutter Kontakt aufzunehmen. Dennoch ist gegenseitiges Verständnis grundsätzlich *möglich*. Warum sollten wir uns also nicht auch die Gedankenwelt eines Neandertalers – eines Gegenentwurfs der Natur zu unserem eigenen Dasein – aneignen können? Warum sollten wir nicht Wege finden, in die geistige Welt des Neandertalers, des *Homo erectus*, des *Homo habilis* einzusteigen? Die heutige Anthropologie betrachtet es geradezu als Verbrechen, wenn wir von uns modernen Menschen auf frühere Existenzformen des Menschlichen schließen. Es scheint an der Zeit, solche Scheuklappen abzulegen. Auch der *Homo habilis* muß etwas mit uns gemein gehabt haben. Und sei es nur den Sinn für Humor.

Die Vorstellung, daß Sprache und symbolische Repräsentation zu den frühesten Errungenschaften der Menschheit gehören und daß der Neandertaler zu komplexer sprachlicher Äußerung fähig war, wird in der heutigen Wissenschaft so gut wie nirgendwo vertreten. Darin unterscheidet sich dieses Buch radikal von allen anderen. Üblicherweise wird angenommen, daß erst der *Homo sapiens* die volle Sprachfähigkeit erwarb. Sie habe sich, heißt es, am Übergang zum Oberen Paläolithikum komplett ausgebildet – vor rund 30 000 Jahren – und sei der eigentliche Motor der kulturellen Revolution gewesen, die damals einsetzte und bis ins elfte Jahrtausend vor der Gegenwart anhielt. (Erst dann kam der kulturelle Eifer zum Erliegen. Allerdings hat noch niemand behauptet, daß damit auch plötzlich die Fähigkeit zum Sprachgebrauch aufgehört hätte.)

Manche Forscher, wie beispielsweise der Paläolinguistiker Richard Fester, haben viel Eifer in die These investiert, daß Sprache ein rezentes Phänomen ist. Der Gleichklang solcher Wörter wie südchinesich *Kun*, norwegisch *Kona*, Quechua *Cona* für Frau, suaheli *Kuna* oder englisch *Cunt* für das weibliche Genital überzeugte Fester davon, daß alle heutigen Sprachen der Welt untereinander verwandt sind und zudem auf eine ursprünglich mutterrechtliche Organisation der menschlichen Gesellschaften hindeuten. Elemente einer »fremden« Neandertalersprache konnte er dabei nicht entdecken. Tatsächlich sind Festers Beispiele auf amüsante Art frappierend und nicht ohne weiteres von der Hand zu weisen. Sie unterstreichen allerdings nur, was wir intuitiv ohnehin wissen: daß die heutige Menscheit insgesamt eine große Familie bildet.

Dennoch wird damit mitnichten die These entkräftet, daß auch die Neandertaler bereits komplexe Sprachen kannten – und nicht nur sie, sondern auch alle anderen Hominiden. Elaine Morgans (umstrittene, aber nicht widerlegte) These einer aquatischen Phase in der frühen Entwicklung unserer Art deutet an, wann und zu welchem Zweck unser eigentümlicher Stimmapparat ursprünglich entstand – zur Kommunikation im Wasser. So ist es denn weitaus wahrscheinlicher, daß wir zunächst die Fähigkeit zum *Gesang* entwickelten und danach erst die des Sprechens. Auch Wale »singen« im Wasser, sie sprechen nicht. Jedenfalls gibt es keine andere Erklärung dafür, warum wir neben der Fähigkeit des Sprechens auch ein Talent zum melodischen Singen besitzen. Vermutlich verständigten sich unsere frühesten Vorfahren durch eine Art von Jodeln, wobei sie die Wasseroberfläche als Schalltrichter verwendeten. Eine weitere These dieses Buches, daß der Neandertaler als einer der Vorfahren des modernen Europäers (oder »Kaukasiers«) zumindest teilweise in den Genen heutiger Menschen fortlebt, wird in der heutigen Wissenschaft vermutlich auf noch weniger Gegenliebe stoßen.

Die Arbeiten Svante Pääbos und seiner Kollegen am Münchner Zoologischen Institut haben den *Neandertaler* – tatsächlich: das Original, den Mann aus dem Neandertal – genetisch in weite Ferne von uns gerückt. *Der letzte gemeinsame Vorfahre von Neandertaler und heuti-*

gem Homo sapiens wird vor rund 600000 Jahren angesiedelt. Ohne Zweifel: die Ergebnisse aus den Erbgut-Schnipseln des Zeitreisenden sind beeindruckend, nobelpreiswürdig. Aber ob der Neandertaler deshalb gleich ein Zimmer im Zoo buchen sollte, ist noch längst nicht klar. Erst wenn eine vergleichbare genetische Bibliothek vorliegt, die Material aus verschiedenen Individuen enthielte – Neandertalern, Cro-Magnons, Übergangs-Modellen und außereuropäischen Menschen der gleichen Epochen –, könnte man Aussagen darüber treffen, ob und wie weit der Neandertaler mit anderen Menschen seiner Zeit genetisch verwandt und vermischt war oder nicht. Dann wird beispielsweise auch die Frage geklärt werden, ob die Cro-Magnons Verwandte der Neandertaler waren oder als völlig unabhängige Neu-Zuwanderer nach Europa strömten und wenn ja, aus welcher Region Afrikas sie ursprünglich herüberkamen. Zuletzt wird man den Grad der *historischen Verwandtschaft* zwischen Neandertalern und heutigen Europäern bestimmen müssen. Hier stehen der Paläogenetik noch große Aufgaben bevor.

Unterdessen ist allein während des Zeitraums, in dem dieses Buch entstand, das Bild von der Urgeschichte Europas vollkommen auf den Kopf gestellt worden. Die Hannoverschen Jagdspeere, mit 400000 Jahren die ältesten Holzgeräte der Welt, deuten nicht nur an und für sich auf eine ausgefeilte Technik bei ihrer Herstellung hin. Sie legen auch eine komplexe Jagdtechnik der frühen Europäer nahe – eine Jagd auf Pferde, ein bekanntlich schnellfüßiges Wild. Die Vorstellung, der sehr viel spätere Neandertaler sei für eine ähnlich vorausschauende Großwildjagd mit speziellen Waffen unfähig gewesen, ist damit auf einen Schlag entkräftet worden. Die gesamte Geschichte der menschlichen Besiedlung Europas muß überdies umgeschrieben werden, seit aus der Höhle Gran Dolina bei Atapuerca in Nordspanien die mittlere Gesichtspartie eines elfjährigen Kindes gefunden wurde. Das Kind hatte vor 800000 Jahren gelebt – ein gesichertes Datum, das alle bisherigen europäischen Rekorde übertrifft. Damit sind alle Funde aus der benachbarten Sima de los Huesos praktisch deklassiert – die Gran-Dolina-Funde sind *dreimal so alt.* Doch die wirkliche Überraschung zeigte sich erst nach der Bearbeitung der Entdeckung im Labor. Das Kind von Gran Dolina mochte zu einer Bevölkerung gehören, die zu den Vorfahren der Neandertaler zählte. *Sein Gesicht war jedoch von dem eines heutigen Menschen nicht zu unterscheiden.*

Nun haben Kindergesichter es an sich, daß die Züge des späteren Erwachsenen darin noch wenig stark ausgeprägt sind. Andere Funde von insgesamt sechs Individuen zwischen drei und 20 Jahren deuten auf einen flachen Hirnschädel und eine ungewöhnliche Form der Zähne. Man hat dem neuen Alteuropäer den Namen *Homo antecessor* gegeben: der vorausgehende Mensch. Er gilt als Verwandter des afrikanischen *Homo erectus* beziehungsweise seines Vorläufers, des *Homo ergaster,* der schon früh bis nach China wanderte. Vor ungefähr einer Million Jahren soll er sich aufgemacht haben, das Mittelmeer zu umrunden, um dann in Spanien gefunden zu werden. (Es gehört zu den offenbar unumstößlichen Grundthesen der Paläanthropologie, daß Auswanderer aus Afrika stets den langen Weg zu Fuß wählen und Spuren nur in Spanien oder Südfrankreich hinterlassen, aber nirgendwo sonst entlang des Weges.)

Die im Gegensatz dazu in diesem Buch vertretene These, daß das Mittelmeer vermutlich schon in frühester Zeit in irgendeiner Form *per Schiff* überquert wurde, dürfte ebenfalls angezweifelt werden. Der einzige Grund für einen solchen Zweifel ist, daß man die Menschen von vor 50 000 oder 500 000 Jahren nicht für fähig hält, eine solche intellektuelle Leistung zu erbringen. Die Besiedlung Australiens vor 170 000 Jahren wird von vielen Wissenschaftlern noch sehr zurückhaltend eingeschätzt, als ein Datum, das weiterer Bestätigung bedarf. (*Eine* Bestätigung, die rechtzeitig zur Fertigstellung des Manuskripts eintraf: Australische Wissenschaftler, berichtet das Wissenschaftsmagazin *Nature*, fanden Steinwerkzeuge des *Homo erectus*, geschätztes Alter: 800- bis 880 000 Jahre, auf der indonesischen Insel Flores, rund 500 Kilometer östlich von Bali. Um dorthin zu gelangen, muß bereits der *Homo erectus* eine Menge von Seefahrt, von sprachlicher Kommunikation und alledem verstanden haben, was wir einzig dem *Homo sapiens* vorbehalten möchten.) Immerhin ist dies ein starkes Indiz dafür, daß die früheste Seefahrt zu Leistungen fähig war, die sehr wohl eine Besiedlung Australiens über Timor und Spaniens und Siziliens von Afrika her zuließ. Das Mittelmeer war keine Barriere. Die angebliche Isolation Europas ist ein Trugbild. Die Funde von Gran Dolinas haben die menschliche Familien- und Siedlungsgeschichte Europas völlig verändert. Wir blicken jetzt über Zeiträume hinweg, die sich wie ein europäischer Grand Canyon vor uns ausbreiten.

Vor 800 000 Jahren, so mutmaßte die Wissenschaft bisher, hätte es in Europa nur wilde Tiere gegeben, aber keine Menschen. Jetzt wissen wir, Europa ist ein Vorposten Afrikas mit einer lang zurückgehenden eigenen Besiedlungsgeschichte. Der Neandertaler ist in dieser Konstellation kein weit entfernter oder gar affenähnlicher Vorfahr mehr. Er ist ein später Nachkomme der frühen Europäer. Und das Bild, das wir von ihm haben, ändert sich weiterhin mit atemberaubender Geschwindigkeit. Jetzt glaubt der Wiener Anthropologe Michael Bujatti-Narbeshuber Hinweise gefunden zu haben, die auf die Frage, warum der Neandertaler vom Erdboden verschwand, eine weitere, ganz neue Antwort zulassen. Auf Kunstwerken und Höhlenzeichnungen, die der Wissenschaft seit fast einem Jahrhundert bekannt sind, identifizierte er ein neues Jagdobjekt: *den Neandertaler selbst*. Bujatti argumentiert, daß Abbildungen des Menschen im Paläolithikum deshalb so rar sind, weil mit ihnen ein Jagdzauber verbunden war. Dennoch gibt es eine ganze Reihe von Wiedergaben menschlicher Wesen. Bujatti hat sich diese Bilder genauer angesehen und sie mit den bisherigen und neueren Schädel- und Weichteilrekonstruktionen der Neandertaler verglichen. Ergebnis: Die Menschendarstellungen müssen Repräsentationen von Neandertalern sein. Denn: Daß es den Höhlenkünstlern möglich war, Tiere mit erstaunlicher Präzision abzubilden, wissen wir – ihre künstlerischen Fähigkeiten stehen außer Zweifel. Warum sollten sie dann, so fragte sich Bujatti, Menschen auf eine Weise darstellen, die, wie es ein Forscher formulierte, *die Grenzen des anatomisch Möglichen sprengen*? Antwort: Ganz einfach. Sie zeichneten die Menschen so, wie sie tatsächlich aussahen. Sie zeichneten *Neandertaler*. Die auffallend große, trompetenförmig hochgestellte Nase mit dem starken Höcker über dem Nasenbein, die flache Stirn, das stark vortretende Mittelgesicht, das fehlende Kinn, der langgezogene Schädel mit den runden Ohren, die Fettpolster, die sich wie dreifache Schmuckketten um den Nacken legen, der überdimensionale tonnenförmige Oberkörper, die starke Behaarung: All dies, meint Bujatti, deute auf eine völlig andere Anatomie – *die des Neandertalers*. (Auch die Formen der Brüste und des Penis wurden in eindeutig anderer Weise dargestellt.) Zweck dieser Darstellungen war, so Bujatti, neben der naturgetreuen Nachzeichnung auch die karikierende Überzeichnung sowie das Heruntermachen und Lächerlichmachen eines Feindes, den man fertigmachen möchte. Der

Neandertaler wurde also vom modernen Menschen, vom Cro-Magnon, *gejagt.* Er wurde als Beute-»Tier« angesehen und verfolgt. Diese Sicht der Dinge kommt einer *wissenschaftlichen Revolution* gleich. Denn unabhängig davon, ob sich Bujattis Thesen bestätigen lassen oder letztlich in ihr Gegenteil verkehrt würden – denn es ließen sich, umgekehrt, die Abbildungen ja auch als *Selbstportraits* interpretieren –, so liefern sie doch bereits jetzt *ein völlig neues*

ZEITGENÖSSISCHE DARSTELLUNG DES NEANDERTALERS, AUS EINER HÖHLE IN FRANKREICH

Bild des Neandertalers, und zwar anhand von *zeitgenössischen Originaldarstellungen aus dessen eigener Lebenszeit.*

Diese Illustrationen liefern uns *interpretierbare Aufzeichnungen eines zwischenmenschlichen Konflikts.* Damit werden zugleich, wie bei einer Hängebrücke, zwei Enden einer Schnur, die bisher zertrennt auseinander lagen, verknüpft: Und zwar der Beginn der in der Höhlenkunst »dokumentierten« Vorgeschichte mit dem Beginn der schriftfixierten Geschichte. Die geschichtsfähige Periode der Menschheit wird solcherart um gut 30 000 Jahre vorverlegt. Der Neandertaler tritt aus dem Dunkel der Urgeschichte, er betritt die Bühne geschichtlicher Zeit.

Und: Ob Jäger oder selbst Gejagter, so scheint er doch auf diese Weise nicht völlig ausgerottet worden zu sein. Die bisherigen Fossilienfunde lassen auf ein Nebeneinander von Homo sapiens und Neandertaler in Europa von rund 10 000 Jahren schließen. Vor ca. 28 000 Jahren verliert sich die fossile Spur – in West-Europa. Tatsächlich beweist das Fehlen neuerer Fossilien aber nichts weiter, als daß man bisher noch keine gefunden hat. Bujatti glaubt dagegen, übrigens in Übereinstimmung mit der australischen Forscherin Loofs-Wyssowa, den Neandertaler auch noch auf Abbildungen zu erkennen, die bis in die Babylonierzeit (4. Jahrtausend vor unserer Zeitrechnung) hereinreichen. Der haarige Stiermensch Enkidu im Gilgamesch-Epos: War er ein Neandertaler? Möglich wäre es. Bujatti ist überzeugt, daß sich Neandertaler, als Waldmenschen und steinzeitliche Sammler und Jäger, insbesondere im östlichen Teil ihres einstigen Siedlungsgebietes, in Osteuropa und in Vorderasien, wesentlich länger hielten, bis unmittelbar an die Grenze des Übergangs zur landwirtschaftlich seßhaften Lebensweise. Die biblische Geschichte von Esau und Jakob trifft genau diesen Punkt. Dort wird Esau, der Jäger, von Jakob, dem Ackerbauern, ausgetrickst. Aus Hunger gibt Esau für einen Teller Linsen sein Erstgeburtsrecht dahin. Und Esaus Äußeres wird als »rötlich, ganz rauh wie ein Fell« bezeichnet. Warum hätten sich die damaligen Schriftgelehrten eine solche Beschreibung einfallen lassen sollen? Als pures Hirngespinst? Wohl kaum. Vermutlich beriefen sie sich auf konkrete Überlieferungen. Und selbst neuzeitliche Berichte, die bis in das europäische Mittelalter hineinreichen, sprechen immer wieder von der Existenz sehr haariger, in den Wäldern lebender Menschen. Ob es sich dabei um stark dezimierte späte Nachfahren der Neandertaler handelte oder bloß um wüste Außenseiter, Landstreicher, sozial Ausgestoßene, wird sich kaum mehr entziffern lassen. Aber soviel scheint sicher: daß es heute wirklich keine Neandertaler mehr gibt. Und klar ist auch dies: Egal, *wie* sehr sich die Neandertal-Menschen tatsächlich von uns unterschieden, so sind sie doch unsere allernächsten Verwandten, Cousins und Cousinen ersten Grades gewesen, denen wir heute in aller Freundschaft und Liebe den Zugang über die Schwelle zu unserem Haus nicht mehr länger verehren sollten.

BIBLIOGRAPHIE

ADLER, Jerry (& CAREY, John), »Mysteries of Evolution – Harvard Paleontologist Stephen Jay Gould«, *Newsweek*, March 29, 1982

AITCHISON, Jean, *Words in the Mind*, Oxford UK/Cambridge USA, 1994

ALLCHIN, Bridget & Raymond, *The Birth of Indian Civilization*, Harmondsworth, 1968

ALTHEIM, Franz, *Reich gegen Mitternacht – Asiens Weg nach Europa*, Hamburg, 1955

ANONYM, »Braten selbst erlegt – Archäologen fanden in Niedersachsen vorzeitliche Speere«, S. 226–227, *DER SPIEGEL*, 11/1997

ANONYM, »Patschnasse Kornkammer«, in: *DER SPIEGEL*, 1/97, S. 138

ATTENBOROUGH, David, *The First Eden – The Mediterranean World and Man*, London, 1987

AUEL, Jean M., *The Clan of the Cave Bear*, London, 1990

AUEL, Jean M., *The Mammoth Hunters*, New York, 1991

AUEL, Jean M., *The Plains of Passage*, New York, 1991

AUEL, Jean M., *The Valley of Horses*, New York, 1991

Autorenkollektiv, »Das neue Bild vom Urmenschen – Gen-Forscher werfen den Neanderthaler aus unserem Stammbaum«, *Bild der Wissenschaft*, März 1998

BAR-YOSEF, Ofer, & VANDERMEERSCH, Bernard, »Modern Humans in the Levant«, *Scientific American*, April 1993

BARTRA, Roger, *Wild Men in the Looking Glass – The Mythic Origins of European Otherness*, University of Michigan Press, 1994

BELLWOOD, Peter, »The Austronesian Dispersal and the Origin of Languages«, *Scientific American*, Juli 1991

BENVENISTE, Emile, *Le vocabulaire des institutions indo-européennes*, Paris, 1969

BERNASCONI, Giorgina, »Die bahnbrechenden Ideen entspringen den Träumen«, *Die Weltwoche*, Nr. 4, 25. Januar 1996, S. 49

BINFORD, Lewis R., *Die Vorzeit war ganz anders*, München, 1984

BLUM, Deborah, *The Monkey Wars*, New York/Oxford, 1995

BLUMENSCHINE, Robert J., & CAVALLO, John A., »Scavenging and Human Evolution«, *Scientific American*, Oktober 1992

BOAZ, Noel T., *Quarry – Closing in on the Missing Link*, New York, 1993

BOULLE, Pierre, *Planet of the Apes*, New York, 1964

BOWLER, Peter. J., *Evolution – The History of an Idea*, Berkeley, 1989

BRACE, C. Loring, & METRESS, James, Eds., *Man in Evolutionary Perspective*, New York, 1973

BRACE, C. Loring, »Krapina, ›Classic‹ Neanderthals, and the Evolution of the European Face«, *Journal of Human Evolution*, S. 527–550, London, 1979

BRÄUER, Günther, & SMITH, Fred H. (Hg.), *Continuity or Replacement – Controversies in Homo sapiens Evolution*, Rotterdam-Brookfield, 1992

BRÄUER, Günther, »New Evidence on the Transitional Period Between Neanderthal and Modern Man«, *Journal of Human Evolution*, S. 467–474, Academic Press, London, 1981

BRIDGES, Patricia S., »Skeletal Biology and Behavior in Ancient Humans«, *Evolutionary Anthropology*, Bd., Nr. 4, 1995

BROWN, Michael Harold, *The Search for Eve*, New York, 1990

BUJATTI-NARBESHUBER, Michael, »Neanderthals Discovered in Upper Paleolithic Art – First Ethograms of a Homo Extinction Event«, *Conference Abstract,* Dept. of Anthropology, Museum of Natural History, Vienna, 23 April 1998

CALVERTON, V.F., *The Making of Man – An Outline of Anthropology*, New York, 1931CAMPBELL, Joseph, *The Soul of the Ancients*, (Audio) St. Paul, MN, 1990

CARLIN, John, »Who are the true native Americans?«, *Independent on Sunday*, 6. Oktober 1996, S. 13

CAVALLI-SFORZA, Luca L.; MENOZZI, Paolo, & PIAZZA, Alberto, *The History and Geography of Human Genes*, New Jersey, 1996

CAVALLI-SFORZA, Luigi Luca, & CAVALLI-SFORZA, Francesco, *The Great Human Diaspora – The History of Diversity and Evolution*, Reading, Massachusetts, 1995

CERAM, C. W., *Der erste Amerikaner*, Reinbeck, 1972

CHILDE, Gordon, *Vorgeschichte der europäischen Kultur*, Hamburg, 1960

CIOCHON, Russell L., & FLEAGLE, John G. (Hg.), *The Human Evolution Source Book – Advances in Human Evolution Series*, Englewood Cliffs, New Jersey, 1993

CLARK, Grahame, *The Identity of Man*, London, 1983

COHEN, Philip, »Monkeys make the grade in maths«, *New Scientist*, 2. März 1996, S. 2

CONSTABLE, George (& SOLECKI, Ralph. S.), »Die Neandertaler«, *Time-Life International*, 1973

COOK, V. J., & NEWSON, Mark, *Chomski's Universal Grammar – An Introduction*, Cambridge, Massachusetts, 1995

COON, Carleton S., »New Findings on the Origin of Races«, *Harper's Magazine*, Dezember 1962

COON, Carleton S., *The History of Man*, Harmondsworth, 1962

DARNTON, John, *Tal des Lebens*, München, 1996

DAVIES, David, *The Last of the Tasmanians*, London, 1973

DAWKINS, Richard, *Das egoistische Gen*, Heidelberg, 1994

DAY, Michael, *Guide to Fossil Man*, London, 1967

DE BEAUNE, Sophie A., & WHITE, Randall, »Ice Age Lamps«, *Scientific American*, März 1993

DEACON, Terrence, *The Symbolic Species – The Co-Evolution of Language and the Human Brain*, London, 1998

DEMES, Brigitte, »Another Look at an Old Face: Biomechanics of the Neandertal Facial Skeleton Reconsidered«, *Journal of Human Biology*, S. 297–303, London, 1987

DESMOND, Adrian, *The Ape's Reflexion*, London, 1979

DIAMOND, Jared, »Ten Thousand Years of Solitude«, *Discover*, März 1993

DIAMOND, Jared, *Der dritte Schimpanse – Evolution und Zukunft der Menschen*, Frankfurt/Main, 1998

DUERR, Hans Peter, *Nackteit und Scham – Der Mythos vom Zivilisationsprozess*, Frankfurt/Main, 1988

EBERL, Ulrich, »Das Erbe des Neandertalers«, *Bild der Wissenschaft*, 10, 1996

EISELEY, Loren, *The Immense Journey*, New York, 1957

ELKIN, A. S., *The Australian Aborigines*, Garden City, New York, 1964

ENGELN, Henning, »Der lange Weg zum Menschen«, *GEO*, S. 12–36, Nr. 1/95

FENEIS, Heinz, *Anatomisches Bildwörterbuch der internationalen Nomenklatur*, Stuttgart/New York, 1982

FERRIS, Timothy, »The Mind's Sky – Human Intelligence in a Cosmic Context«, Dove Audio, Beverly Hills, 1992

FESTER, Richard, & KÖNIG, Marie E. S./JONAS, Doris F., & JONAS, A. David, *Weib und Macht – Fünf Millionen Jahre Urgeschichte der Frau*, Frankfurt/M., 1980

FISCHMAN, Joshua, »The Living Neanderthal«, *Discover*, Februar 1992

FOLEY, Jim, »The Talk. Origins Archive«, jim.foley@symbios.com, Internet. (16. April 1996)

FOLGER, Tim, & MENON, Shanti, »... Or Much Like Us?«, *Discover*, Januar, 1997, S. 33

FOLGER, Tim, »Strong Bones, and Thus Dim-witted?«, *Discover*, Januar, 1997, S. 32

FORSTER, Peter, »Wandertrieb im Blut«, *Der Spiegel* 3, 1997, S. 152–153

FOUCAULT, Michel, *Archäologie des Wissens*, Frankfurt/M., 1990

FUHLROTT, J. C., »Menschliche Überreste aus einer Felsengrotte des Düsselthals, ein Beitrag zur Frage über die Existenz fossiler Menschen.« *Verh. d. naturhist. Vereins d. preuss. Rheinlande und Westphalens 16,* Bonn, 1859, Faksimile Nachdruck, 1992

GALLAGHER, Winifred, »How We Become What We Are«, *The Atlantic Monthly*, September 1994, S. 39–55

GEORGE, Uwe, Red., »Die Zentralsahara« (Satelliten-Karte), *GEO*, Nr. 7/97

GERASIMOV, Mikhail, *The Face Finder*, London, 1971

GIMBUTAS, Marija, *Die Sprache der Göttin*, Frankfurt/Main, 1996

GIMBUTAS, Marija, *Die Zivilisation der Göttin*, Frankfurt/Main, 1996

GOLDING, William, *Die Erben*, Frankfurt/M., 1964

GOOD, David, »In the Beginning Was the Word«, *New Scientist*, 2. März 1996, S. 41

GORE, Rick (& GARRETT, Kenneth, & SIBBICK, John), »The Dawn of Humans – Expanding Worlds«, *National Geographic*, März, 1997, S. 84–109

GORE, Rick (& GARRETT, Kenneth, & SCHLECHT, Richard), »Neandertals«, *National Geographic*, Bd. 189, Nr. 1, (Januar, 1996), S. 2–35

GOULD, Stephen Jay, *The Flamingo's Smile*, Harmondsworth, 1991

GOULD, Stephen Jay, *The Mismeasure of Mann*, New York & London, 1981

GOULD, Stephen Jay, *The Panda's Thumb*, Harmondsworth, 1990

GRIBBIN, J. & M., *Wie wenig uns vom Affen trennt*, Frankfurt am Main/ Leipzig, 1995

GRIBBINS, John, & CHERFAS, Jeremy, *The Monkey Puzzle*, London, 1982

GROLLE, Johann, »Siegeszug aus der Sackgasse – Neue Knochenfunde vom Urmenschen und die Entstehung des Homo Sapiens« (Serie), *DER SPIEGEL*, Nr. 42–44, 1995

GUSINDE, Martin, *Urmenschen im Feuerland*, Wien, 1946

HABERMAS, Jürgen, *Über Sprachtheorie*, Wien, 1970

HAECKEL Ernst, *Der Kampf um den Entwicklungsgedanken*, Leipzig, 1967

HAECKEL, Ernst, *Über unsere gegenwärtige Kenntnis vom Ursprung des
Menschen*, Bonn, 1898

HAGER, Lori D. (Hg.), *Women in
Human Evolution*, London/New York,
1997

HALBWACHS, Maurice, *Das kollektive
Gedächtnis*, Frankfurt/M., 1985

HARAWAY, Donna, *Primate Visions –
Gender, Race, and Nature in the
World of Modern Science*, New York,
1989

HARCOURT, Alexander H., »Sexual
Selection and Sperm Competition
in Primates: What Are Male
Genitalia Good For?«, *Evolutionary
Anthropology*, Bd. 4, Nr. 4,
1995

HARROLD, F. B., »Mousterian, Cha-
telperronian and Early Aurignacian in
Western Europe: Continuity or Dis-
continuity?«, in: MELLERS, S., &
STRINGER, C. (Hg.), *The Human
Revolution: Behavioural and Biologi-
cal Perspectives on the Origins of
Modern Humans*, Princeton, 1989

HAYDEN, Brian, »The cultural capaci-
ties of Neandertals: a review and
reevaluation«, *Journal of Human
Evolution*, S. 113–146, Academic
Press, 1993

HEBERER, Gerhard, &
SCHWIDETZKY, Ilse, & WALTER,
Hubert, »Anthropologie«, in:
Das Fischer Lexikon, Bd. 15, Frank-
furt/M., 1970

HEISS, Sebastian J., *Homo Erectus,
Neandertaler und Cromagnon –
Kulturgeschichtliche Untersuchungen
zu Theorien der Entwicklung des
modernen Menschen*, Frankfurt/M.,
1994

HENKE, Winfried; KIESER, Nina, &
SCHNAUBELT, Wolfgang, *Die
Neandertalerin – Botschafterin der
Vorzeit*, Gelsenkirchen/Schwelm,
1996

HOWELL, F. C., »Pleistocene Glacial
Ecology and the Evolution of ›Classic
Neandertal‹ Man«, in: *Southwestern
Journal of Anthropology*, Bd. 8.,
S. 377–410, Albuquerque, 1952

HOWELL, F. Clark, »Early Man«,
Time-Life International, London/
Amsterdam, 1969

HOWELLS, W. W., »Neanderthals:
Names, Hypotheses, and Scientific
Method«, *American Anthropologist*,
Bd. 76., S. 24–38, 1974

ITZKOFF, Seymour W., *The Form of
Man – The Evolutionary Origins of
Human Intelligence*, Ashfield,
Massachusetts, 1983

JOCHELSON, Waldemar, *The Yakut*,
New York City, 1933

JOHANSON, Donald C. (& FERO-
RELLI, Enrico, & GURCHE, John),
»The Dawn of Humans – Face-to-
Face with Lucy's Family«, *National
Geographic*, Bd. 189, Nr. 3 (März
1996) S. 96–117

JOHANSON, Donald, & EDGAR,
Blake (& Fotos von BRILL, David),
From Lucy to Language, London,
1996

JOLLY, Clifford, Ed., *Early Hominids
of Africa*, London, 1978

JONES; Steve, *The Language of the
Genes*, London, 1994

KERR, Philip, *Esau*, London, 1997

KLEIN, Richard G., *The Human
Career – Human Biology and
Cultural Origins*, Chicago/London,
1989

KNECHT, Heidi, »Late Ice Age
Hunting Technology«, *Scientific
American*, Juli 1994

KOHL, Karl-Heinz, *Entzauberter
Blick – Das Bild vom Guten Wilden
und die Erfahrung der Zivilisation*,
Frankfurt/M., 1986

KOHN, Marek, *The Race Gallery – The Return of Racial Science*, London, 1995

KÖNIG, Marie E. S., *Am Anfang der Kultur – Die Zeichensprache des frühen Menschen*, Frankfurt/M., 1985

KRAMER, Fritz, *Verkehrte Welten – Zur imaginären Ethnographie des 19. Jahrhunderts*, Frankfurt/M., 1977

KRINGS, Matthias, STONE, Anne, SCHMITZ, Ralf W., KRAINITZKI, Heike, STONEKING, Mark, & PÄÄBO, Svante, »Neandertal DNA Sequences and the Origin of Modern Humans«, Zoological Institute, University of Munich, et al., 1997

KROMER, Karl, *Die ersten Europäer*, Innsbruck, 1982

KUCKENBURG, Martin, *Lag Eden im Neandertal? – Auf der Suche nach den frühen Menschen*, München, 1997

KUNZIG, Robert, »The Face of an Ancestral Child«, *Discover*, Dezember 1997, S. 88- 101

KURTH, G., & EIBL-EIBESFELDT, I., (Hg.), *Hominisation und Verhalten*, Stuttgart, 1975

LADEFOGED, Peter, & MADDIESON, Ian, *The Sounds of the World's Languages*, Cambridge, Massachusetts, 1996

LAHR, Martin Mirazon, »The Multiregional Model of modern human origins: a reassessment of its morphological basis«, *Journal of Human Development*, S. 23–56, London, 1994

LARSEN, Clark Spencer, & MILNER, George R. (Hg.), *In the Wake of Contact – Biological Responses to Conquest*, New York, 1994

LAUSCH, Erwin (& STEPHAN, Tho-mas), »Als unsere Ahnen Mammuts jagten«, *GEO*, S. 130–148, Nr. 12/1990

LAWLOR, Robert, *Am Anfang war der Traum – Die Kulturgeschichte der Aborigines*, München, 1993

LE POINT, *Origines de l'homme – L'odyssée de l'espèce*, Numéro Exceptionnel, 6. Februar 1999

LEAKEY, Meave, (& GARRETT, Kenneth, & GURCHE, John), »The Dawn of Humans – The Farthest Horizon«, *National Geographic*, S. 38–51, Bd. 188, Nr. 3 (September 1995)

LEAKEY, Richard, & LEWIN, Roger, *The Sixth Extinction*, New York, 1996

LEBOYER, Frederick, *Birth Without Violence*, New York, 1975

LEVEQUE, Francois, & BAKER, Anna Mary, & GUILBAUD, Michel (Hg.), *Context of a Late Neandertal – Implications of Multidisciplinary Research for the Transition to Upper Paleolithic Adaptations at Saint-Cesaire, Charente-Maritime, France*, Madison, Wisconsin, 1993

LÉVI-STRAUSS, Claude, *The Savage Mind*, Chicago, 1970

LEWIN, Roger, »Forget Columbus — Did Europeans reach America in 25000 BC?«, *New Scientist*, No 2156, 17. October 1998, (Titelgeschichte)

LINDEN, Eugene (& LANTING, Frans), »Chimpanzees With a Difference: Bonobos«, *National Geographic*, Bd. 181, Nr. 3 (März 1992), S. 46–53

MACINTYRE, Ben, *Vergessenes Vaterland – Die Spuren der Elisabeth Nietzsche*, Leipzig, 1994

MARKL, Peter, »Grandiose Kunst von Neandertalern«, *Wiener Zeitung*, 2. August 1996

MATTHEWS, Robert, »Faith, hope and statistics«, *New Scientist*, 22. November, 1997, S. 36–39

MAYER, A.F.J.C., *Über die fossilen Überreste eines menschlichen Schädels und Skeletes in einer Felsenhöhle des Düssel- oder Neander-Thales*, Archiv für Anatomie, Physiologie und wissenschaftliche Medizin, Berlin, 1864

McCOWN, Theodore D., & KENNEDY, Kenneth A. R., Eds., *Climbing Man's Family Tree – A Collection of Major Writings on Human Phylogeny, 1699 to 1971*, New Jersey, 1972

McCRONE, John, »Faster than a speeding brain«, *New Scientist*, 20. April 1996, S. 44–48

McCRONE, John, *Als der Affe sprechen lernte – Die Entwicklung des menschlichen Bewußtseins*, Frankfurt/M., 1992

McINNIS, Doug, »And the Waters Prevailed – Two Geologists Trace Noah´s Flood to the Violent Birth of the Black Sea«, *Earth*, August 1998, S. 46–54

McKie, Robin, »The people eaters«, New Scientist, No. 2125, 14. März 1998, S. 42–46,

McMINN, Robert M. H., HUTCHINGS, Ralph T. & LOGAN, Bari M., *Das Skelett – Ein Faltatlas*, Weinheim, 1987

McMINN, Robert M. H., HUTCHINGS, Ralph T. (& ROHEN, J. W.), *Photographischer Atlas der Anatomie des Menschen*, Stuttgart/New York, 1983

MELLARS, Paul, *The Neandertal Legacy – An Archaeological Perspective from Western Europe*, New Jersey, 1996

MENON, Shanti, »Art in Australia, 60000 Years Ago«, *Discover*, Januar 1997, S. 33/34

MENON, Shanti, »The Piltdown Perp«, *Discover*, Januar 1997, S. 34

MENON, Shanti, »Neanderthal Noses«, *Discover*, March 1997

MIELE, Frank, »How Humans Explain Human Origins«, in: *Skeptic*, Bd. 5, Nr. 3/ 1997, S. 52–56

MILLAR, Ronald, *The Piltdown Men*, London, 1972

MITHEN, Steven, *The Prehistory of the Mind*, London, 1996

MONTAGU, Ashley (Hg.), *The Origin & Evolution of Man – Readings in Physical Anthropology*, Toronto, 1973

MORGAN, Elaine, *The Aquatic Ape Hypothesis*, London, 1997

MORGAN, Elaine, *The Descent of the Child – Human Evolution from a New Perspective*, Harmondsworth, 1994

MORGAN, Elaine, *The Descent of Woman – The Classic Study of Evolution*, London, 1998

MORRIS, Desmond, *The Naked Ape – A Zoologist's Study of the Human Animal*, London, 1967

MURIE, Adolph, *A Naturalist in Alaska*, New York, 1963

NITECKI, Matthew H., & NITECKI, Doris V. (Hg.), *Origins of Anatomically Modern Humans*, New York/London, 1994

NOUGIER, Louis-René, *Die Welt der Höhlenmenschen*, Reinbeck, 1992

O'CONNOR, J. D., *Phonetics*, Harmondsworth, 1978

ORGILL, Douglas, & GRIBBIN, John, *Brother Esau*, New York, 1984

PARKER, Steve, *The Dawn of Man*, London, 1992

PERETTO, Carlo (Hg.), »Homo: Journey to the Origins of Man's History – Four Million Years of Evidence« (Ausstellungskatalog), Venedig, 1985

PFEIFFER, John E., *The Emergence of Man*, New York, 1972

PHILLIPS, J. A., »Eve – The History of an Idea«, Harper & Row, San Francisco, 1984

PINKER, Steven, *The Language Instinct*, Harmondsworth, 1994

PITTS, Michael, & ROBERTS, Mark, *Fairweather Eden – Life in Britain half a million years ago as revealed by the excavations at Boxgrove*, London, 1998

POIRIER, Frank E., »Fossil Evidence – The Human Evolutionary Journey«, Saint Louis, 1977

PRIDEAUX, Tom (& SMITH, Philip E. L., & KLEIN, Richard), »Cro-Magnon Man«, *Time-Life*-Bücher, 1973

RAINIER, Chris, »Where Echoes of Spirits Still Dwell – The Faces of New Guinea«, *Smithsonian*, Oktober 1997, S. 82–90

RAK, Yoel, »The Neanderthal: A New Look at an Old Face«, Journal of Human Evolution, S. 151–164, *Academic Press*, London, 1986

RAPHAEL, Max, *Wiedergeburtsmagie in der Altsteinzeit*, Frankfurt/M., 1979

REDMAN, Charles L., *The Rise of Civilization – From Early Farmers to Urban Society in the Ancient Near East*, San Francisco, 1978

REICHHOLF, Josef H., *Das Rätsel der Menschwerdung,* München, 1993

RELETHFORD, John H., »Genetics and Modern Human Origins«, *Evolutionary Anthropology*, Bd. 4, Nr. 2, 1995

RENFREW, Colin, *Before Civilization – The Radiocarbon Revolution and Prehistoric Europe*, Harmondsworth, 1983

RICKELS, Laurence A., *Der unbetrauerbare Tod*, Wien, 1989

RÖDER, Brigitte, HUMMEL, Juliane, & KUNZ, Brigitta, *Göttinnendämmerung – Das Matriarchat aus ärchäologischer Sicht*, München, 1996

RUSPOLI, Mario, *Die Höhlenmalerei von Lascaux*, Augsburg, 1998

SANTA LUCA, A. S., »A Re-Examination of Presumed Neandertal-like Fossils«, *Journal of Human Evolution*, S. 6119–636, London, 1978

SATALOFF, Robert T., »The Human Voice«, *Scientific American*, December 1992

SCHAAFHAUSEN, H., *Der Neanderthaler Fund*, Bonn, 1888

SCHMIDBAUER, Wolfgang, *Biologie und Ideologie – Kritik der Humanethologie*, Hamburg, 1973

SCIENTIFIC AMERICAN, »Mysteries of the Mind« (Sonderausgabe), 1997

SEARLE, John R., *The Mystery of Consciousness*, London, 1997

SENTKER, Andreas, »Helden der Steinzeit – Forscher demontieren das Lehrbuchwissen vom Neanderthaler«, DIE ZEIT, S.43–44, 25. März 1999

SHREEVE, James, »Sunset on the Savannah«, *Discover*, Bd. 17, Nr. 2, S. 116–125 (Juli 1996)

SHREEVE, James, *The Neandertal Enigma – Solving the Mystery of Modern Human Origins*, New York, 1995

SMITH, F.H., »Upper Pleistocene Hominid Evolution in South-Central Europe: A Review of the Evidence and Analysis of Trends«, *Current Anthropology*, Bd. 23., S. 667–686, 1982

SPENCER, Frank, *Piltdown – A Scientific Forgery*, London/Oxford/New York, 1990

STINER, Mary C., *Honor Among Thieves – A Zooarchaeological Study* of Neandertal Ecology, Princeton, New Jersey, 1994

STRAUS, Lawrence Guy, »The Upper Paleolithic of Europe: An Overview«, Evolutionary Anthropology, Bd. 4, Nr. 1, 1995

STREIT, Bruno, Hrsg., Evolution des Menschen, Heidelberg, 1995

STRINGER, C. B., »Towards a Solution to the Neanderthal Problem«, Journal of Human Evolution, S. 431–438, Academic Press, London, 1982

STRINGER, Christopher, & GAMBLE, Clive, In Search of the Neanderthals – Solving the Puzzle of Human Origins, London, 1993

STRINGER, Christopher, & McKIE, Robin, Afrika – Wiege der Menschheit, München, 1996

TACKENBERG, Kurt (Hg.), Der Neandertaler und seine Umwelt, Bonn, 1956

TANNER, Nancy M., Der Anteil der Frau an der Entstehung des Menschen, München, 1997

TATTERSALL, Ian, »Evolution Comes to Life«, Scientific American, August 1992

TATTERSALL, Ian, The Fossil Trail, New York, 1995

TATTERSALL, Ian, The Last Neanderthal – The Rise, Success, and Mysterious Extinction of Our Closest Human Relatives, New York, 1995

TAYLOR, Gary, Cultural Selection – Why Some Achievements Survive the Test of Time – And Others Don't, New York, 1996

TAYLOR, Timothy, Prehistory of Sex – Four Million Years of Human Sexual Culture, New York, 1997

THEWS, Klaus, »Die Softies der Eiszeit«, Stern, S. 54–68, Nr. 24/96

THORNE, Alan G., & WOLPOFF, Milford H., »The Multiregional Evolution of Humans«, Scientific American, April 1992

THWAITES,Tim, »Ancient mariners – Early humans were much smarter than we suspected«, New Scientist No. 2125, 14. März 1998, S. 6

TOTH, Nicholas, & CLARK, Desmond, & LIGABUE, Giancarlo, »The Last Stone Axe Makers«, Scientific American, Juli 1992

TRINKAUS, E., & SMITH, F. H., »The Fate of the Neandertals«, in: DELSON, E. (Hg.), »Ancestors: The Hard Evidence«, S. 325–333, New York, 1985

TRINKAUS, Erik & SHIPMAN, Pat, The Neandertals – Changing the Image of Mankind, London, 1994

TRINKAUS, Erik, & SHIPMAN, Pat, Die Neandertaler – Spiegel der Menschheit, München, 1992

TRINKAUS, Erik, »Sexual Differences in Neanderthal Limb Bones«, Journal of Human Evolution, S. 377–397, London, 1980

TRINKAUS, Erik, »The Neandertal face: evolutionary and functional perspectives on a recent hominid face«, Journal of Human Evolution, S. 429–443, 1987

TRINKAUS, Erik, The Shanidar Neandertals, New York, 1983

TUDGE, Colin, The Day Before Yesterday – Five Million Years of Human History, London, 1996

UNITED EXHIBITS GROUP, The story of human evolution (Ausstellungskatalog), Merseyside, 1997

VALLOIS, H.V., »Neandertals and Praesapiens«, Journal of the Royal Anthropological Institute, Bd. 84, S. 11–130, 1954

VIRCHOW, Rudolf, »Untersuchung des Neanderthal-Schädels«. *Zeitschrift für Ethnologie*, 4, 1872

WAECHTER, John, *Prehistoric Man – The fascinating story of man's evolution*, London, 1977

WALKER, Alan, & SHIPMAN, Pat, *The Wisdom of Bones – In Search of Human Origins*, London, 1996

WEINER, J. S., *The Piltdown Forgery*, London/New York/Toronto, 1955

WEINERT, Hans, *Entstehung der Menschenrassen*, Stuttgart, 1941

WEINGART, Peter; KROLL, Jürgen, & BAYERTZ, Kurt, *Rasse, Blut und Gene*, Frankfurt/Main, 1992

WENDT, Herbert, *From Ape to Adam – The First Million Years of Man*, London, 1974

WERNICK, Robert (& WAILES, Bernard), »Steinerne Zeugen früherer Kulturen«, *Time-Life*-Bücher, 1983

WHITE, Edmund, & BROWN, Dale (& CAMPBELL, Bernard G., & HOWELL, F. Clark), »Die ersten Menschen«, *Time-Life International*, 1980

WILSON, Allan C., & CANN, Rebecca L., »The Recent African Genesis of Humans«, *Scientific American*, April 1992

WOLPOFF, M. H., & BROSE, D. S., »Early Upper Paleolithic Man and Late Middle Paleolithic Tools«, *American Anthropologist*, Bd. 73., S. 1156–1194, 1971

WOOD, Peter, & VACZEK, Louis, & HAMBLIN, Dora Jane, & LEONARD, Jonathan Norton, »Der Weg zum Menschen«, *Time-Life*-Bücher, 1980

WOODFORD, James, »Unveiled: outback Stonehenge that will rewrite our history«, S. 1 & 29, 32, 33, in: *Sydney Morning Herald*, 21. September, 1996

YOKOCHI, Chihiro, ROHEN, Johannes W., & WEINREB, Eva Lurie, *Photographische Anatomie des Menschen*, Stuttgart/New York, 1991

ZIMMER, Carl, »Cyberpaleontology«, *Discover*, November 1997, S. 96–109

ZOLLIKOFER, Christoph S. E., & PONCE DE LEON, Marcia S., & MARTIN, Robert D., & STUCKI, Peter, »Neandertal Computer Skulls«, *Nature*, Bd. 375, 25/5/1995

REGISTER

A

Aborigines   89, 186, 189, 198 f., 203
Abriß der Geschichte   51
Abstammungslehre   45
Acheulium s. Paläolithikum, franz.
Adaptation, sekundäre   76, 207
Afrikanische Eva   18, 20, 137, 173,
   201 f.
Afrikanische-Invasions-Hypothese
   202
Aiello, Leslie   142
Alter Mann von La Chapelle   56, 87,
   105
Altes Testament   37
Altsteinzeit, jüngere   36
American Sign Language (ASL)   119
Anthropologie   23, 25, 106, 165 f.,
   197, 199
Anthropometrie   58
Aquatic Ape Theory (AAT)   124
Archaismus   103 f.
Ardipithecus ramidus   63
Artificial Life (AL)   136
Asimov, Isaac   118
Assalsenke   129
Auel, Jean M.   16, 118
Aufrechter Gang s. Bipedalismus
Aurignacium s. Paläolithikum, franz.
Australopitecus   64–70, 109, 111, 172
Australopitecus aethiopicus   65
Australopitecus afarensis   63 ff.
Australopitecus africanus   65 f., 130
Australopitecus anamensis   64
Australopitecus boisei   51, 66, 130
Australopitecus robustus   66, 199
Ayla und der Klan des Höhlenbären
   118

B

Bächler, Emil   58
Bergier, Jacques   38
Biologie   31
Bipedalismus   64, 126, 136

Bordes, François   91
Boule, Marcellin   14 f., 16, 20, 54 f.,
   110
Boxgrove-Mann   201
Brace, Loring
Broca-Zentrum   66, 140 ff.
Brückner, Eduard   54
Bujatti-Narbeshuber, Michael   219 f.
Burroughs, Edgar Rice   60
Busk, Georg   48

C

Cann, Rebecca L.   18
Cave, Alec   55
Charroux, Robert   38
Chatelperronium s. Paläolithikum,
   franz.
Cheléen s. Paläolithikum, franz.
Cook, James   190 f.
Coon, Carleton S.   13 f., 81 f., 99 ff.,
   199 f., 202
Crelin, Ed   116
Cro-Magnon-Mensch   15 f., 21, 23,
   38, 54, 69, 91f., 107, 117, 137, 162,
   167, 186, 189 ff., 193 ff., 201, 204 ff.,
   210 ff., 217, 220
Crompton, Robin   64

D

Däniken, Erich von   38
Darwin, Charles   31, 43, 45, 50, 60,
   116 f.
Dawkins, Richard   28
Dawson, Charles   57
Deacon, Terence   140
Desoxyribonukleinsäure (DNS)   22,
   28, 137 f., 184
Diamond, Jared   21, 23
Diluvium s. Pleistozän
Dimorphismus, sexueller   168 f.
Dinosaurier   75
Domestizierung   24
Drone-Ton   93

Druck, evolutionärer   135
Dubois, Eugène   43
Dunbar, Robin   108 f., 142

E

Early Anatomically Modern Humans
    (EAMHs)   164, 169 f., 179
Eiszeit   54, 70 ff.
Elektronenspinresonanz-Methode
    93
Elkin, A.P.   206
Eoantropus dawsoni   57
Die Erben der Welt   117
Eskimo s. Inuit
Evolution   166, 199
Evolution, konvergente   132
Evolutionstheorie   43, 46
Exogamie   205

F

Fester, Richard   216
Feuerland   83 ff.
Flinders   187
Flußpferd   74
Frayer, David W.   164, 168
Freud, Sigmund   26, 31, 99
Fuhlrott, Johann Carl   42 f., 53
Fundorte, allgemein
 – Altamira   90, 107
 – Ariendorf   88
 – Churfürsten-Berge   58
 – Combe-Grenal   87, 161
 – Corrèze-Region   54
 – Cro-Magnon   53
 – Dordogne-Region   16
 – Drachenloch   58
 – Ehringsdorf   58
 – Engis   47
 – Erkrath   41
 – Feldhofer Grotte   41
 – Gran Dolina   217 f.
 – Jebel Qafzeh   178
 – Jersey   72
 – Königsaue   80
 – Karmel-Gebirge   175
 – Kebara   116, 178, 207
 – Krapina   55, 189, 211
 – La Chapelle-aux-Saints   13,
    54 ff., 87, 105
 – La Chauvet   107
 – La Naulette   52
 – Lascaux   90, 107
 – La Sima de los Huesos   90, 217
 – Lehringen   88
 – Le Ferrassie   90
 – Le Moustier   57, 90
 – Levallois-Perret   86
 – Monte Verde   203
 – Neandershöhle   40 ff.
 – Neandertal (Neander-Thal, Nean-
    derthal)   16, 40 ff.
 – Ötztal   22
 – Piltdown   57
 – Pompeji   183
 – Pontnewydd   53
 – Rheindalen   80, 88
 – Saccopastore   58
 – Salzgitter-Lebensted   80
 – Schöningen (b. Helmstedt)   36
 – Shanidar   17, 90, 102, 109
 – Sipka   54
 – Spy   53 f.
 – Sungir   170
 – Tabun   103, 111
 – Teschik-Tasch   86
 – Turkana-See   130
 – Vezère-Tal   57
 – Vindija   211
 – Vogelherdhöhle   91

G

Galaburda, Al   140
Gall, Franz Joseph   49
Gamble, Clive   86
Gedächtnis, eidetisches   108
Gehirnexpansion   67
Gen   28 f.
Gen, egoistisches   28
Genesis   45
Genetik   138
Gen-Transplantat   22
Gesichtsdreieck   133
Gestalt-Sehen   145
Gestationsperiode   208
Gibraltar 1 Cranium   47

Gilgamesch-Epos 221
Goethe, Johann Wolfgang von 116
Golding, William 117
Goodall, Jane 24
Gorjanovic-Kramberger, Dragutin 55
Grazilisierung 164 ff., 205 f., 209 f.
Günz-Eiszeit 54
Gusinde, Martin 59, 83, 85, 155

H

Haeckel, Ernst 50, 53
Der häßliche kleine Junge 118
Hannoversche Jagdspeere 217
Hardy, Sir Alister 124
Hauser, Otto 57
Hayden, Brian 86
Heberer, Gerhard 9
Heidelberg-Mensch s. Homo heidelbergensis
Hinton, Martin 57
Höhlenbär 51, 58, 73, 75, 82, 87, 93, 99
Höhlenhyäne 75, 82
Höhlenlöwe 75
Holliday, Trent 196
Holozän 74
Hominiden 29, 63 ff., 115, 117, 123, 126, 130, 132 ff., 166, 196, 216
Homo (Spezies) 27
– Homo antecessor 218
– Homo erectus 43, 66 ff., 70, 104, 109, 115, 130, 142 ff., 196, 200 ff., 206, 215, 218
– Homo ergaster 218
– Homo habilis 66 f., 109, 117, 130, 142 f., 144, 179, 199, 215
– Homo heidelbergensis 57
– Homo primigenius 53
– Homo sapiens 14, 16, 21, 51 f., 67 ff., 86, 91, 109, 116, 118, 131, 143, 165 ff., 171, 173, 179, 191 f., 196, 200, 202, 204 ff., 210, 215, 217 f., 220
– Homo sapiens neanderthalensis 20, 53, 68, 172
– Homo sapiens sapiens 26, 31, 68
Hrdlička, Ales 14, 58

Huxley, Thomas 48
Hybridformen 191, 210

I

Ibex-Kult 86
Inuit 85, 106, 110, 171, 173

J

Jakut-Sprache 148
Johnson, Sir Harry 52

K

Das Kapital 60
Kaukasier 212
Keith, Sir Arthur 57
King, William 53
KNM-ER 1470-Schädel 142
Kolosimo, Peter 38
Knight, Chris 171
Kraftgriff 71, 111
Krämer, Augustin 59
Kreol-Sprache 143
K-Strategie 131 f., 170
Kunstsprache, pentatonische 125

L

Laitman, Jeffrey 115
Levallois-Technik 86
Lieberman, Philip 115 f., 177 f.
Lohest, Max 54
Loofs-Wyssowa 220
Lucy 21

M

Magdalenium s. Paläolithikum, franz.
Mammut 51, 72 ff., 82, 98, 172, 185
Maori 37
Marx, Karl 60
Maslow, Abraham 29
Mayer, August Franz 49 ff.
McCrone, John 20
McGregor-Rekonstruktionsversuch 97
Menschenaffen s. Primaten

Mindel-Eiszeit 54
Missing Link 29
Mithen, Steven 144
Mitochondrien 137 f., 184
Mittelmeerraum 129, 135, 183, 193, 195 f., 202, 212
Morgan, Elaine 124 f., 127 f., 216
Mortillet, Gabriel de 54
Moschusochse 82
Müller, Max 139
Mulismus 189
Multipler-Ursprung-Hypothese 202 f.

N

Nachkommen s. K-Strategie, r-Strategie
Nashorn 72, 74
Naturhistorischer Verein der Preussischen Rheinlande und Westphalens 43
Neander (»neuer Mensch«; d.i. J. Neumann), Joachim 39 f.
Neanderstuhl 41
Neandertal-Museum (Mettmann b. Düsseldorf) 22
Neumann, Joachim 39 f.

O

Östrus-Zyklus 174, 209

P

Pääbo, Svante 22, 184, 216
Paläanthropologie 22 f., 25, 27, 39, 53, 63, 170, 193, 196 ff., 199, 201, 218
Paläolithikum, französisches 54, 194
Paläolithikum, Oberes 69, 79, 90 ff., 167, 170, 172, 178 f., 185, 191, 195
Paläolithikum, Mittleres 175, 179
Paläolithikum, Unteres 91
Paläontologie 23, 176, 201
Pauwells, Louis 38
Peking-Mensch 67
Penk, Albrecht 54
Pfeiffer, John 91
Phrenologie 48
Pidgin-Sprache 143

Pithecanthropus 117
Pithecus 50 f.
Pleistozän 43 f., 54, 74
Plesiomorphie 198
Polarwolf 162
Polymerase-Kettenreaktion (PCR) 22
Präzisionsgriff 70, 111
Primaten 23, 27, 29, 63 f., 115, 118 ff., 124
Psychologie, behavioristische 27

Q

Quarry, Forbes 46

R

Rak, Yoel 177
Ramapithecus 63
Rassen 197 ff., 204
Rehoboter-Mischling 203
Reichholf, Josef H. 82
Rentier 74, 82, 172
Riss-Eiszeit 54
Robinson, George 187
Rotes Meer 130, 135
r-Strategie 131 f., 170

S

Säbelzahntiger 73, 82, 185
Sagittal-Leiste 50, 65 f.
Sarasin, Fritz 111
Sauerstoffisotopmethode 54
Schaaffhausen, Herrmann 43 ff., 53 f.
Scheurmann, Erich 59
Schmerling, Philippe Charles 47
Schmitz, Ralph 47
Schrift 36
Schwalbe, Gustav 58
Schwarzes Meer 129
Selektion 209 f.
Selknam-Volk 83
Senke von Denakil 130
Sexualität 25, 27 ff., 131 ff.
Shea, John 177 f.
Shreeve, James 157, 174, 176
Sinusöffnung 97
Skythen 38

Smith, Fred H.   24
Soffer, Olga   29, 162, 164 f., 170
Solecki, Ralph   17
Solstitium   89
Solutréen s. Paläolithikum, franz.
Somatologe   110
Sozialdarwinismus   28
Speziation   128
Spezies, phyletische   176
Sprachzentrum s. Broca-Zentrum
Sprache   65, 115 ff.
Sprach-Gen   138
Steinheim-Mensch   57
Steinzeit s. auch Paläolithikum   54, 79
Stekelis, Moshe   116
Stoneking, Mark   18
Strauss, William   55
Stringer, Christopher   200 f.

T

Tabun 2-Schädel   103
Tänzerin vom Galgenberg   160
Tang-Baby   132
Tasmanier   186 ff., 203
Tattersall, Ian   20, 23, 25
Thissen, Jürgen   47
Tibia   64
Toba-Vulkan   75
Tobias, Philip   141
Todesvorstellung   37, 72 f., 155 ff.
Totem und Tabu   26
Trinkaus, Erik   80, 100
Turk, Ivan   93
Turkana-See   130
Turkana Boy   22, 67, 196

U

Über Beständigkeit und Umwandlung
   der Arten   45

Universalgrammatik   146 ff.
Ursprung der Arten   45, 50, 117
Usurpation, genetische   184

V

Velikovsky, Immanuel   38
Venus von Willendorf   159 f.,
   210 f.
Virchow, Rudolf   48, 50, 52 f., 103
Vokalisation   136

W

Waldelefant   74
Wandel, G.   9
Wells, H.G.   51 f., 60
Die Welträtsel   50
Werkzeugkultur   57, 69, 86
Wernicke-Zentrum   141
Westenhöfer, Max   124
Wildpferd   82
Wilson, Allan C.   18, 137 f.
Wollnashorn   51, 74, 185
Wolpoff, Milford H.   30, 178,
   200 ff.
Woodward, Arthur Smith   57
Würm-Eiszeit   54, 73 ff.

Y

Yamana-Volk   83 f., 155 ff.

Z

Zeitpfeil   36, 38
Zeitwahrnehmung   35 ff.
Zollikoffer, Christoph   107
Zukunftsvorstellung   38
Zwischenkieferknochen   116